“十四五”时期国家重点出版物出版专项规划项目

大规模清洁能源高效消纳关键技术丛书

面向能源互联网的电力通信网诊断技术与应用

李莉　吴润泽　著

中国水利水电出版社
www.waterpub.com.cn
·北京·

内 容 提 要

在当前我国“双碳”战略目标背景下，本书针对电力通信规划发展需求和目标，较为全面地论述了面向能源互联网的电力通信网发展要求，对当前的电力通信发展状况进行诊断分析，并提出了电力通信诊断分析理论和技术方法。全书内容涉及广泛，共6章，包括绪论、现代电力通信技术、电力领域知识图谱、电力通信业务重要度分析及应用、电力通信网脆弱性诊断与关键节点识别、电力通信网诊断分析方法。

本书可供从事电力系统通信研究和规划建设的科技人员参考，也可供相关学科师生学习参考。

图书在版编目（CIP）数据

面向能源互联网的电力通信网诊断技术与应用 / 李莉，吴润泽著. -- 北京 ：中国水利水电出版社，2022.7

（大规模清洁能源高效消纳关键技术丛书）
ISBN 978-7-5226-0875-4

Ⅰ. ①面… Ⅱ. ①李… ②吴… Ⅲ. ①电力通信网－故障诊断 Ⅳ. ①TM73

中国版本图书馆CIP数据核字(2022)第136035号

书　　名	大规模清洁能源高效消纳关键技术丛书 **面向能源互联网的电力通信网诊断技术与应用** MIANXIANG NENGYUAN HULIANWANG DE DIANLI TONGXINWANG ZHENDUAN JISHU YU YINGYONG
作　　者	李莉　吴润泽　著
出版发行	中国水利水电出版社 （北京市海淀区玉渊潭南路1号D座　100038） 网址：www.waterpub.com.cn E-mail：sales@mwr.gov.cn 电话：（010）68545888（营销中心）
经　　售	北京科水图书销售有限公司 电话：（010）68545874、63202643 全国各地新华书店和相关出版物销售网点
排　　版	中国水利水电出版社微机排版中心
印　　刷	天津嘉恒印务有限公司
规　　格	184mm×260mm　16开本　13.5印张　322千字
版　　次	2022年7月第1版　2022年7月第1次印刷
印　　数	0001—3000册
定　　价	**98.00**元

凡购买我社图书，如有缺页、倒页、脱页的，本社营销中心负责调换

《大规模清洁能源高效消纳关键技术丛书》
编　委　会

Preface

序

世界能源低碳化步伐进一步加快，清洁能源将成为人类利用能源的主力。党的十九大报告指出：要推进绿色发展和生态文明建设，壮大清洁能源产业，构建清洁低碳、安全高效的能源体系。清洁能源的开发利用有利于促进生态平衡，发展绿色产业链，实现产业结构优化，促进经济可持续性发展。这既是对我中华民族伟大先哲们提出的“天人合一”思想的继承和发展，也是党中央、习主席提出的“构建人类命运共同体”中“命运”质量提升的重要环节。截至2019年年底，我国清洁能源发电装机容量9.3亿kW，清洁能源发电装机容量约占全部电力装机容量的46.4%；其发电量2.6万亿kW·h，占全部发电量的35.8%。由此可见，以清洁能源替代化石能源是完全可行的。

现今我国风电、太阳能等可再生能源装机容量稳居世界之首；在政策制定、项目建设、装备制造、多技术集成等方面亦具有丰富的经验。然而，在取得如此优势的条件下，也存在着消纳利用不充分、区域发展不均衡等问题。目前清洁能源消纳主要面临以下困难：一是资源和需求呈逆向分布，导致跨省区输电压力较大；二是风电、光伏发电的出力受自然条件影响，使之在并网运行后给电力系统的调度运行带来了较大挑战；三是弃风弃光弃小水电现象严重。因此，亟须提高科学技术水平，更加有效促进清洁能源消纳的质和量，形成全社会促进清洁能源消纳的合力，建立清洁能源消纳的长效机制，促进清洁能源高质量发展，为我国能源结构调整建言献策，有利于解决清洁能源产业面临的各种技术难题。

“十年磨一剑。”本丛书作者为实现绿色能源高效利用，提高光、风、水、热等多种能源综合利用效率，不懈努力编写了《大规模清洁能源高效消纳关键技术丛书》。本丛书从基础研究、成果转化、工程示范、标准引领和推广应用五个环节着手介绍了能源网协调规划、多能互补电站建模、测试以及快速调节技术、多能协同发电运行控制技术、储能运行控制技术和全国集散式绿色能源库规模化建设等方面内容。展现了大规模清洁能源高效消纳领域的前沿技术，代表了我国清洁能源技术领域的世界领先水平，亦填补了上述科技工程领域的出版空白，望为响应党中央的能源转型战略号召起一名“排头兵”的作用。

这套丛书内容全面、知识新颖、语言精练、使用方便、适用性广，除介绍基本理论外，还特别通过实测建模、运行控制、测试评估等原创性科技内容对清洁能源上述关键问题的解决进行了详细论述。这里，我怀着愉悦的心情向读者推荐这套丛书，并相信该丛书可为从事清洁能源消纳工程技术研发、调度、生产、运行以及教学人员提供有价值的参考和有益的帮助。

中国科学院院士 卢强

2020 年 2 月

Foreword 前言

现代新型电力系统作为电能输送网络，为人类社会的经济发展做出了巨大的贡献，同时随着能源互联网的发展需要，在达成我国“双碳”战略目标的基础上，需要解决高比例新能源接入的问题，从而减少化石能源大量使用造成的环境污染。

目前，我国能源互联网正处于全面建设阶段，先进的通信技术正逐步应用到电网中，且应用范围逐渐扩大，其中主要包括无线通信技术、下一代网络技术、电力线载波通信技术、光纤通信技术、IP技术和物联网技术。我国的电力通信网经过几十年的建设，形成了以光纤通信为主，微波、载波、卫星等多种通信技术并存的企业专用网络，覆盖了全国大部分电网。骨干传输网承载能力和可靠性水平的提升，为电力生产业务的安全性提供了充分保障，为综合管理业务的发展铺平了道路，这与光纤通信等先进技术在电力通信网中的应用不无关系。

本书较为全面系统地介绍了电力通信网诊断分析关键技术和我国电力通信网的现状及发展。全书共分6章，第1章绪论，介绍了能源互联网的定义、特征及其国内外研究现状，概述了能源互联网发展条件下电力通信网诊断分析体系现状和需求；第2章现代电力通信技术，对电力通信网的现状和体系结构进行了分析，并从骨干网、光传输网、终端接入网三个方面进行了详细介绍，详细阐述了电力通信网产生的背景、电力通信网的组成发展及特性和现代通信关键技术，着重介绍了电力通信骨干网和终端接入通信技术；第3章电力领域知识图谱，电力通信诊断的后期和服务目标是电力通信规划，也是电力通信规划的依据，借助知识图谱工具阐述了电力通信规划知识图谱构建方法及模型，内容包括知识图谱概述、机器学习理论、面向电力领域的知识图谱构建，并列举了面向电力通信专业的知识图谱案例；第4章电力通信业务重要度分析及应用，对电力传统业务及面向能源互联网的新型业务进行介绍，并根据诊断分析的线路和节点业务属性，对电力通信业务重要度进行了评判，给出了业务重要度计算方法，并列举计算实例；第5章电力通信网脆弱性诊断与关键节点识别，给出基于复杂网络理论的双层耦合网络脆弱性分析方法，同时针对节点重要性从基于级联失效、网络流介数和层级结构的角度给出节点重要度评价方法，从而识别网络中的重要节点；第6章电力通信网诊断分析方法，首先介绍诊断分析中用到的几种方法，包括层次分析法、模糊综合评价法、反熵权法、数据包络分析法、主成分分析法、D-S证据理论法、TOPSIS法，然后给出了基于多级可拓的电力通信网诊断分析方法，通过拓扑水平和网络发展规模水平，构建诊断分析实例，给出电力通信网发展水平指标并对电力通信网发展水平结果进行横向和纵向联合分析。

本书内容繁杂，涉及多个专业领域，参考了国内外最新的技术文献，研究了国际、国内标准，深入了解业界最新发展动态等，希望本书对读者学习了解电力通信诊断分析和规划技术的现状和发展有所裨益。

由于能源互联网的深入发展和现代通信技术日新月异，许多通信技术还在不断研究中，书中难免存在疏漏和不足之处，恳请广大专家、学者和电力工作者批评指正。

作者

2022年1月

Contents 目录

第1章

绪　论

1.1　能源互联网

1.1.1　发展背景

能源互联网是以可再生能源优先，以电力能源为基础，多种能源协同、供给与消费协同、集中式与分布式协同，大众广泛参与的新型生态化能源系统。能源互联网的提出和发展由环境、经济、社会、技术和政策等诸多因素驱动，既是能源系统自身发展的趋势，也有外部对能源系统提出的迫切需求。随着传统化石能源的逐渐枯竭以及能源消费引起的环境问题日益严峻，未来人类发展与传统能源结构不可持续的矛盾不断尖锐，世界范围内对能源供给与结构转变的需求愈发高涨，从而催生新型能源结构与供给方式的提出。以深入融合可再生能源与互联网信息技术为特征的能源互联网的提出，将是实现能源清洁低碳替代和高效可持续发展的关键之一。

发展能源互联网将从根本上改变对传统能源利用模式的依赖，推动传统产业向以可再生能源和信息通信网络为基础的新兴产业转变，是对人类社会生活方式的一次根本性革命。2015年政府工作报告首次提出“互联网＋”行动计划，能源与互联网正不断实现深度融合，极大地促进了国内能源互联网的发展。2016年2月，国家发展和改革委员会、国家能源局、工信部联合发布国家能源互联网纲领性文件《关于推进“互联网＋”智慧能源发展的指导意见》（发改能源〔2016〕392号），提出了能源互联网的路线图，明确了推进能源互联网发展的指导思想、基本原则、重点任务和组织实施。2016年4月，国家发展和改革委员会印发了《能源技术革命创新行动计划（2016—2030年）》（发改能源〔2016〕513号）；同年12月，国家能源局印发了《能源技术创新“十三五”规划》，将能源互联网作为未来我国15个重点能源技术创新领域之一，提出了顶层架构设计、能源与信息深度融合、能源互联网衍生应用等重点创新方向。2017年6月，国家能源局公布首批“互联网＋”智慧能源（能源互联网）示范项目。

2020年9月，习近平主席在第七十五届联合国大会一般性辩论上郑重宣布：“中国将提高国家自主贡献力度，采取更加有力的政策和措施，二氧化碳排放力争于2030年前达到峰值，努力争取2060年前实现碳中和。”碳达峰是指全球或国家等主体的碳排放在由升转降的过程中达到最高点。碳中和主要通过植树造林、节能减排等形式，抵消自身产生的二氧化碳或温室气体排放量，实现正负抵消，达到相对“零排放”。

2021年3月18日，全球能源互联网发展合作组织在北京举行“中国碳达峰碳中和成果发布暨研讨会”，对外发布了中国碳达峰、碳中和系列研究报告，包括《中国2030年前碳达峰研究报告》《中国2060年前碳中和研究报告》《中国2030年能源电力发展规划研究及2060年展望》。同时提出建设能源互联网，综合水风光互补一体化清洁能源，促进形成清洁能源消纳生态圈，加大“源-网-荷-储”互动应用，从而提升清洁能源消纳力度。能源互联网协调多样化电源接入，增强电网调节能力，构建多方参与的清洁能源消纳，构建资源有效协调机制，提升能源优化配置和高效利用。

目前，能源互联网已经受到了国内外政府和研究机构的高度重视，其理念与技术也已在国内引起了越来越广泛的关注，正在由以基础性研究为主的概念阶段向以应用性研究为主的起步阶段转变。

1.1.2 能源互联网定义

以电力为核心的能源互联网包括多种能量生产、传输、存储和消费网络，结构复杂、设备繁多、技术复杂。能源互联网是以互联网的开放对等理念和体系架构为基础形成的新型能源供给形式。

1. 能源·互联网

能源·互联网利用互联网技术协调广域内的电源、储能设备与负荷，由对传统化石能源的过度依赖向包含分布式可再生能源在内的综合能源利用进行转变，综合运用先进的电力电子技术、信息技术和能源管理技术，将大量由分布式能量采集，储存装置及各类负载构成的新型电力网络互联，实现能量双向流动的对等交换和共享网络。正如里夫金在其著作《第三次工业革命》中提出，互联网技术与可再生能源相结合，将促进能源开采、配送和利用从传统的集中式向分布式智能化转变，从而利用电网建立能源互联与能源共享的网络。以美国的FREEDM为典型代表，效仿网络核心路由器，提出了能源路由器的概念并且进行了原型实现。借助能源路由器，实现能源互联网的构建。借助互联网路由器工作原理，收集能源相关信息，分析决策后指导能源网的运行调度，利用能源信息控制能源流向与分配。

2. 互联网＋能源

“互联网＋能源”是基于互联网，实现能源开采、传输、存储、消费和能源市场深度融合的能源产业发展新形式。基于互联网应用理念，将先进信息技术和能源产业深度融合，推动能源互联网新技术、新模式、新业态的兴起。以欧洲的 e－Energy 为典型代表，结合各地区分布式能源发展状况和运行模式，增加了分布式能源域，形成了欧洲智能电网概念模型。E－Engergy 打造基于信息和通信技术的能源供应系统，连接能源供应链各个环节业务流程，实现示范应用形成能源需求和供给的互动。E－Energy 基于互联网应用从市场、技术、系统的层面全方位地探索了信息与通信技术如何与能源系统融合发展，并描绘出不同能源系统之间的耦合、互联、交易潜力。德国联邦经济和能源部于 2016 年开启了能源转型的第二阶段探索“能源转型数字化”智慧能源展示计划（SINTEG）。

3. 能源·互联·网

“能源·互联·网”以坚强智能电网为网架基础、以信息平台为支撑、以智能控制为手段，能够承载资源优化配置，可有效支撑可再生能源大规模开发利用和各种用能设施“即插即用”，从环节上实现“源-网-荷-储”协调互动，从服务上保障个性化、综合化、智能化服务需求，促进能源生态圈形成和新业态、新模式发展。能源互联网是推进我国能源革命的重要战略支撑，对于提高可再生能源比重，促进化石能源清洁高效利用；提高能源综合利用效率，促进能源市场开放和产业升级，形成新的经济增长点，提高国际能源合作水平，具有重要意义。

1.1.3 能源互联网的内涵和功能

能源互联网涵盖了综合能源的新发展，也是电网发展的更高阶段，其目标是以电能替代为核心，以新型电力系统为基础承载平台，将先进信息通信技术、人工智能技术、控制技术与先进能源技术深度融合应用，为能源结构向清洁低碳转型和构造多元主体、清洁能源灵活便捷接入的智慧能源系统提供支撑。能源互联网首先要实现多种能源系统的开放互联，构建多能协同能源网络，并在物理互联的基础上，进一步通过互联网技术推进能源资源的数字化，实现数据开放与共享。

1. 能源互联网的内涵

（1）分布式能源的灵活应用。以电能作为二次能源，可以支撑的能源品种最多、转化最方便、技术最成熟，还可实现能源全过程的数字化管理、智能化决策、互动化服务。

（2）大范围能源优化配置。电能是可再生能源规模化开发利用的最佳选择，作为能源传输载体更为安全、灵活、环保，能源使用形式更为便捷、优质，有利于能源整体效率提升。

（3）信息与能源深度融合。利用大数据、云计算、物联网、移动通信等信息通信技术，融合互联网协同共享的理念，大幅提高能源系统的可观性和可控性，提高“源-网-荷-储”的协调运行能力。

2. 能源互联网的功能

（1）以电能作为二次能源，依托智能电网实现综合能源的转化和消纳，实现包含数字化管理、智能化决策、互动化服务在内的综合能源全流程管理。

（2）通过加快可再生能源送出通道建设、强化清洁能源全网统一调度、建立跨区域旋转备用共享机制等措施，实现清洁能源全国优化配置。

（3）构建开放共享的能源互联网生态环境，改善能源综合效率，提高可再生能源比重，大幅提升大众参与程度，有力支撑能源生产和消费革命。

1.2 能源互联网与清洁能源消纳

1.2.1 “双碳”背景下的新能源消纳

碳中和一般是指国家、企业、产品、活动或个人在一定时间内直接或间接产生的二氧化碳或温室气体排放总量，通过植树造林、节能减排等形式，以抵消自身产生的二氧化碳或温室气体排放量，实现正负抵消，达到相对“零排放”。而碳达峰指的是碳排放进入平台期后，进入平稳下降阶段。碳达峰与碳中和一起，简称“双碳”战略。可再生能源作为能源互联网输送的主导能源，主要包括风力发电、太阳能光伏发电等多种发电形式。可再生能源是国家扶持发展的战略性新兴产业，也是我国“双碳”大背景下低碳能源体系的重点。大量间歇性、波动性的可再生能源接入电网，对电网的安全稳定运行带来影响。因此，高比例可再生能源消纳必须解决的关键问题可以从以下几个角度考虑：

（1）电力难以储存或者储存容量限制使得电能基本通过“即发即用”的模式来实现供需联动。需求侧具有不确定性，因此用电负荷曲线并非平滑，通常在日间存在用电高峰而在夜间可能会出现低谷，且高峰与低谷之间有一定差距。因此，需要通过建设富余机组满足用电高峰需求，另外也需要通过“削峰填谷”的方式来调节整个电力系统的供需平衡。

（2）风光的不可控性使得风能与太阳能在发电与用电上表现为时间与空间错配，新能源大规模并网对电力系统的调节能力提出了更高的挑战。时间错配体现在风光出力与用电负荷时间的不匹配，例如，风电在晴天等无风条件下出力将大大降低，而光伏在阴天及夜间出力也将出现骤降。空间错配在我国表现为风光装机主要集中于西北、华北地区，与用电负荷较高的中东部地区存在空间错位现象。

（3）如何做好清洁能源发展的科学布局，提升清洁能源的消纳水平。做好能源规划和建设布局需要统筹多样化能源，建立“跨界思维”。能源互联网建设需要从广域能源互联网、区域能源互联网、局域能源互联网、微电网四个方面建设。广域能源互联网是以电力系统为核心，以互联网及其他前沿信息技术为基础，实现广域范围内各种类型能源系统的紧密耦合，协同规划能源互联网络、“源-网-荷-储”深度互动。区域能源互联网构建主动配电网、实现配用电协同发展，需在配电网规划、多能源荷预测深化发展。局域能源互联网重在提高国家基础设施利用率和能源供应安全，通过数字化、网络化、智能化等现代科学技术，促进综合能源系统科学、有序发展。

“双碳”背景下的新能源消纳因地制宜发展分布式能源、虚拟电厂、微型电网、综合能源系统、智慧能源系统、风光储一体化、发供用一体化、海上陆面地下能源资源相结合等能源系统，不断创新能源利用模式、能源管理方式、能源发展形式，减少清洁能源长距离输送，提高清洁能源就地生产和消纳水平。从“源-网-荷-储”各个环节进行节能，并通过协同实现整体节能；经济效率高，降低能源转型过程中的成本；能源基础设施的利用效率高。

1.2.2 能源互联与协同优化

能源互联网各环节广泛互联，能源网络分布宽广，集中式、分布式等各类设施及主体能够广泛接入，跨地域、跨能源品种互通互济，能源系统与信息系统、社会系统可实现融合发展。能源互联网推动冷、热、气及可再生能源等不同形式的能源互联互动，不同能源间协同优化、有效互补，“源-网-荷-储”协调。能源互联网从功能上具备灵敏感知、智慧决策、精准控制等能力，数字化、智能化水平高，各类设施“即插即用”。

能源互联网的互联属于跨层互联，包括物理互联和数据互联。物理互联是实现能源系统的类互联网化，表现为冷、热、电、气、交通等能源系统的多能互联。能源互联网中物理实体的构建可根据层级由小到大、自下而上逐步完成，包括跨区级、区域级和园区级。广域能源互联涉及电力自由跨区传输，实现全球能源高效配置可实现大规模可再生能源的接入，提升清洁能源的消纳水平。“区域”是一类集合的总称，一般指在管理、组织、产权、功能等方面具有地理相似性的区域，可以统一的方式考虑其内部的能量开采、传播、消费等环节。区域能源互联网是能源互联网的一种区域级形式，包括光伏电站等源侧设备、智能配电系统等设施，一般覆盖范围涉及学校、工业园区、商业等负荷以及储能电站等。局域能源互联属于园区级，主要是解决分布式发电和微网接入实现能源及含源系统的即插即用，如：实现各种负荷（电动车、分布式能源等）即插即用，电、热、冷、气、油等多能互联，提高能源使用效率和可再生能源消纳能力，提升电、热、冷等能量的传输和转换效率。微电网是可以实现自我供应、保持供需平衡的小型电力系统。地理位置紧邻的微电网可根据运行安全与稳定性的需要，利用开关状态的改变形成新的拓扑结构，从而构成互联微电网。互联微电网（Networked Microgrids，NMGs）是指邻近的微电网可借助通信网相互连接，构成分布式能源更加丰富的微电网互联，从而加强系统的可靠性和韧性。数据互联是指利用互联网形式有效管理能源系统中各种资源，可以利用大数据、物联网、云计算、移动通信等技术手段，进行能源状态的监控、不同形式能源的互联、能源之间的协作和优势互补，最终实现多样化能源的可控、可观、可管。

我国对能源互联网的发展思路是“互联网+智慧能源”，通过利用互联网机制促使能源的生产、传输、存储、消费以及能源市场深度融合的能源产业发展形态。能源互联网的协同运行保证能源互动，实现在生产、输送、存储、消费等各个环节的耦合，使得不同形式能源在诸多环节可相互转化。借助先进的设施设备和科学技术，进行科学合理的调整，从而实现电能、热能和可再生能源之间良好关系的有效协调。根据不同地区的实际发展要求，建设专门的能源管理站，根据能源使用情况进行科学合理地调整。能源互联网的协同优化一方面保证能源的实际使用效果，另一方面满足能源体系在实际运行中的使用要求。能源互联网在协同运行中的不足表现为，参与主体多、系统复杂、资源的多样性及异构性、能源管理身份差异性大等。借助互联网虽然可以实现信息快速交换与传输，但在能源协同运行中仍然存在能源信息交互困难、能量流动成本高等问题。因此，能源互联网的协同优化可以从以下角度考虑：

（1）设置科学合理的发展目标。在进行能源绿色规划时，要确保其目标的实现，促进我国能源互联网的健康可持续发展。

（2）以综合能源协同优化为目标进行能源互联网的横向和纵向规划。确保各种资源实际使用的合理性，确保其配置的科学性，完善能源信息平台的实际建设，根据电能、热能等数据信息进行科学合理区域调整，确保实际运行中能源的合理接入。

（3）实现相关能源系统的整体优化。在实际中开展综合能源协同优化过程中，充分利用合理的措施，运用多种方式和方法来保证实际能源供应的水平和效果。

（4）提供高效的综合能源协同规划管理。在开展综合能源协同优化时，应制定完善合理的信息沟通和共享方式，通过能源利用进行科学合理的调整，增强注重能源实体间的信息交互。

能源互联网协同优化的基本方法是通过各类能源设备的选址定容和能源网络拓扑优化来实现系统的能源、经济、环境等目标。能源系统中电源侧存在分布式光伏、风电、热/电联供、气/热/电三联供等复杂电源，负荷侧包括电动汽车、储能等双向负荷，其协同优化是一个多目标优化问题。能源互联网在各级类型中都存在大量的不确定、不精确和不可量化因素，能量流的复杂性和不确定性对基于互联网模式的能源互联形态提出了挑战。广域能源互联协同优化重点是能源系统优化调度，主要目标是消纳大规模可再生能源，提高多能源利用率，确保运行的稳定、安全和高效。区域能源互联的协同优化则是以构建物理机理模型为主的仿真模型。通过数学公式和物理机理模拟发电机、热电联产机组、冷/热/电三联供、能量路由器、电网、热网等关键设备及网络功能模型，基于固定数学模型计算其某个时间断面或某个时间段内的资源变化，构造随时间进行演进的系统进行验证。除基于能量枢纽模型开展单一时间尺度的优化调度外，还包括多主体博弈运行优化、多时间尺度运行优化等多个维度。优化分析方法随时间演化的能力，直接影响其效果与价值。局域能源互联的协同针对多能互补、能效分析等能源互联网综合评价方法与指标体系方面，利用能源互联网相关数据开展能源政策推演、多能交易、商业模式验证、虚拟电厂、需求响应、用户行为分析、多能互补评价、新能源消纳分析和经济效益分析等相关研究。

1.2.3 能源互联中的“源-网-荷-储”互动

能源互联中的“源-网-荷-储”互动能够合理利用系统内各种能源，有效提升清洁能源的消纳空间，提高能源的利用效率，并减少对环境产生的污染。区域能源互联网整体框架结构如图 1-1 所示，它以省、市、镇、厂区、建筑等功能单元为实体，打破能源系统各环节的相互作用障碍，实现横向冷、热、电、气的互补，以及纵向“源-网-荷-储”的相互作用，以促进该地区能源的高质量发展、空中互助和高质量能源开发。作为能源互联网的核心和纽带，电力系统的“源-网-荷-储”互动运行模式可以在整个能源行业中得到更广泛的应用，对推动整个能源系统的资源优化配置具有重要意义。

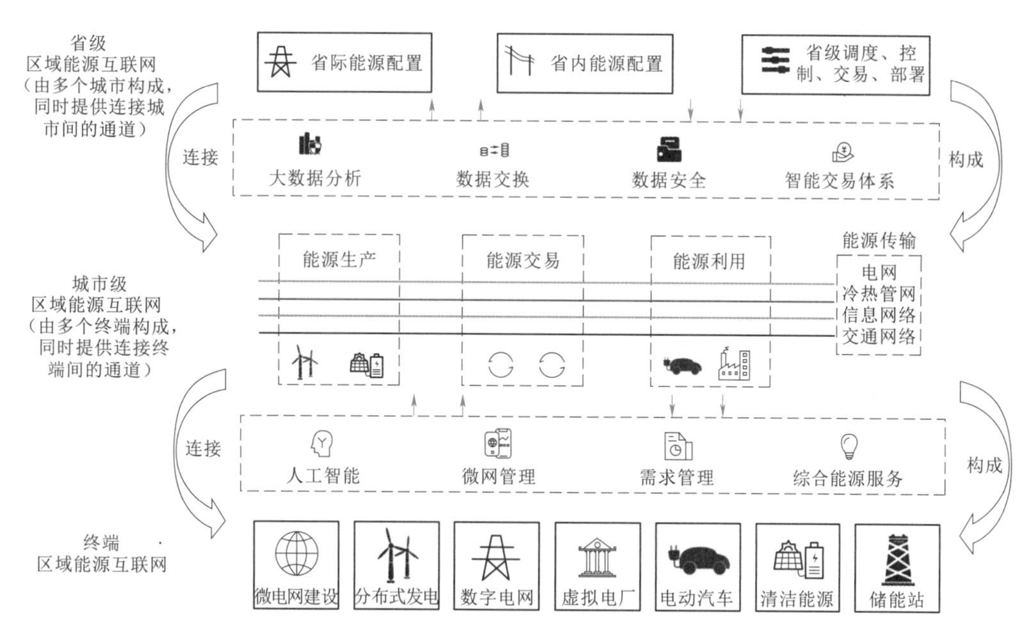

图 1-1 区域能源互联网整体框架结构

电力系统“源-网-荷-储”互动运行是指通过源源互补、源网协调、网荷互动、网储互动和源荷互动等多种互动形式，最大限度地利用能源资源的运行模式和技术。其主要内涵包括以下方面：

（1）源源互补：通过灵活的发电资源与清洁能源之间的协调和互补，即不同电源之间的有效协调和互补，缓解因环境变化导致的清洁能源出力随机这一缺点，有效提高清洁能源的利用效率，降低电网的旋转备用，增强系统的独立调节能力。

（2）源网协调：基于现有电源、电网协同运行模式，通过更为先进的调控技术有效规避新能源大规模并网时对主网的扰动。通过新能源和传统电源共同调节电网，使新能源朝着“稳定能源”的方向迈进。

（3）网荷互动：在与用户签订协议、采取激励措施等需求响应措施的基础上，将电力负荷在一定程度上转化为电网的可调节资源，根据电网实时状态，通过需求响应措施主动调节负荷以改变潮流分布，助益电网安全经济可靠运行。

（4）网储互动：充分发挥储能装置的双向调节功能，在用电低谷时作为负荷充电，在用电高峰时作为电源释放电能。受益于其快速精准的充放电能力，参与电网提供调峰、调频、备用、需求响应等多种服务，增加能源互联的灵活性。

（5）源荷互动：智能电网由多个电源和负载组成，时间和空间分布较为广泛。电源侧和负荷侧可以作为可调度资源参与电力供需平衡控制。负荷的灵活变化已成为平衡供电波动的重要手段之一。引导用户改变用电习惯和行为，聚集各种灵活可调的资源参与电力系统调峰和新能源的消费。

1.2.4 综合能源调控体系

综合能源系统指的是规划、建设和运行等过程中，通过对能源的产生、输送、分配、转换、存储、使用等环节进行有机协调与优化，形成一体化能源产供销系统，主要由能源供应、能源运输与分配、能源转换环节（如冷热电三联供机组、发电机组、锅炉、空调、热泵等）、能源存储环节（如储电、储气、储热、储冷等）、终端综合能源供用单元（如微网）和大量用户终端共同构成。综合能源系统是能源互联网的物理载体。综合能源调控体系体现了优化“源-网-荷-储”互动。在能源调度过程中需要广泛应用5G、大数据、人工智能、区块链、移动互联等支撑前沿技术，构建低时延响应互动调控体系。综合能源调控体系利用系统内各种能源，可以有效提升清洁能源的消纳空间，提高能源的利用效率，并减少对环境产生的污染。

该体系主要包含两个层面：

（1）充分了解交互对象，分析其交互特征，建立交互模型，计算交互对象的交互潜力，以及在不同的市场机制和外部环境下能够发挥多大的响应能力。互动调节可以通过源源互补、源荷互动等形式，研究供电侧和柔性负荷之间的交互特性。

（2）提高不确定环境下的实时分析调控能力，掌握“源-网-荷-储”互动环境下的电网安全分析方法，在协同优化和互动控制技术领域实现突破。采用包含峰谷分时电价在内的需求响应机制，以市场机制引导负荷侧的用电行为，在尽量不影响用电体验的前提下给电网增加额外的平衡资源，有利于减少电网峰谷差，解决电网短时尖峰负荷问题。基于“源-网-荷-储”互动运行，可有效削减短时尖峰负荷从而提高电网投资效率。实现“源-网-荷-储”互动的实现条件是各类新技术的突破，并完善与之配套的宏观政策措施、市场机制、商业模式，做到技术与政策的有机结合。

当受新能源大发、负荷快速攀升、电网事故等因素影响导致系统备用不足时，源荷互动、网荷互动、网储互动可通过负荷侧和储能侧的灵活调节解决电力平衡难题。互动调控还可提升电网事故应急处置能力。在跨区电力通道发生故障、失去大电源等大功率缺失的极端状况下，仅靠发电侧的调节能力不能满足全网功率平衡的需求。此时，精准切负荷、网荷互动、网储互动可将电网的故障处置调控资源扩大到海量的柔性负荷，调用全网可调节资源共同参与事故处置，有助于保障电网安全稳定运行。

(1) 储能作为分布式结构的核心，使得储能云网具有多种应用模式，主要包括新能源运营、工业园区综合能源服务、系统级备用电源租赁托管、交易结算、虚拟电厂等多种模式。例如，工业园区综合能源服务模式中，在用户侧通过“储能云网＋微网”合作，实现园区办公用电、充电桩用电、数据中心供电和紧急备电等，实现多能源的高效、互补、节约、共享。

(2) 微网是由分布式能源、能量变换装置、负荷、监控和保护装置等汇集而成的小型发配电系统，包含了分布式可再生能源接入设计、运行、控制、保护的整体集成技术，是一个能够实现自我控制和管理的自治系统。

(3) 虚拟电厂是利用物联网和先进通信技术，聚合分布式电源、储能、可调负荷等各类分布式资源形成的电源协调管理系统。虚拟电厂是储能云网平台的重要应用之一，微网可以看作是虚拟电厂的职能单元。通过储能云网平台将分布式储能资源或零散分布、不可控的负荷资源转化为随需应变的“虚拟电厂”资源，利用虚拟电厂的聚合功能，形成规模化“削峰填谷”响应，实现储能资源的最大化利用。

(4) 能源管理服务主要包括家庭能源管理（HEMS）、企业能源管理、区域和城市能源管理，通过先进的信息通信技术手段，合理有效地利用水、电、油、气、光、风、储能等多种能源。通过能源管理服务，为政府和企业用户提供覆盖碳排放监测与管理、碳排放数据分析、碳资产管理等全链条数字化服务，还有助于家庭和个人实时了解和管理能耗情况，提高家庭用能效率。此外，在能源服务中，还伴随着相关数据服务，挖掘能效管理的大数据，为社会和区域等更大范围的能源管理提供信息支撑。

(5) 根据碳市场的发展历程和发展现状，电力行业是最早参与碳市场的行业之一，其碳市场建设处于全国领先水平，且碳市场的交易主体集中在电力企业等重点排放单位，电力行业及相关企业值得重点关注。一方面，碳交易促进能源结构转型，为电力企业创造新的利润点；另一方面，随着绿色电力交易正式启动，电力市场服务运营平台的需求进一步增加，能源互联网企业可提供电力交易平台相关新业务。

(6) 能源互联网是智慧园区应用的主要技术之一，以电力为中心的综合能源服务在园区中应用最为典型。与此同时，为响应国家优化能源结构、节能提效的能源战略，越来越多的机构和企业开发智慧园区能源系统，为园区和企业提供创新管理和运营服务。能源互联网是一个整体性、包容性的概念，具有丰富的内涵与外延。在能源互联网建设的具体实现过程中，能源互联网将从概念层面落实到实体层面。区域能源互联网作为能源互联网的重要物理载体，对提高区域内的整体能效水平、新能源消纳水平、能源安全水平具有重要意义。

1.3 高性能通信网对能源互联网的发展意义和作用

1.3.1 发展意义

在智慧能源的大环境下，能源在供给和消费的各个环节都会与互联网信息技术相融合。为了实现能源互联网的安全高效优化运行，其通信与数据将发挥极为重要的作用。能源互联网中的信息感知、传输、分析、应用以及安全等各环节均需要信息通信作为支撑，进而实现人、物、能源、设备之间的全程互联和广泛互动。信息通信是能源互联网的神经系统。因此，能源互联网背景下的新一代电力信息通信网，将吸收互联网的开放理念，贯通能源互联网全业务，支撑原来纯粹的电网向综合性平台转变，成为能源配置、交易、消费和用户服务等功能的直接载体。

(1) 信息物理一体化融合是能源互联网的建设基础。一方面，能源互联网的主要目标即是实现跨环节的“源-网-荷-储”协调互动、跨系统的多能协调互补、跨区域的资源优化配置，要实现跨环节、跨系统、跨区域的协调优化，急需信息的大范围即时性传输、处理和交互，解决系统资源的合理分配和系统性能效能的优化问题，提高信息处理、实时通信、精准控制、自主协调能力；另一方面，能源互联网将推动互联网与能源生产、传输、存储、消费以及能源市场深度融合的能源产业发展新形态，具有设备智能、多能协同、信息对称、供需分散、系统扁平、交易开放等主要特征，这些特征也要求大力推进能源系统与信息通信系统的深度融合，在物理感知基础上，通过计算、通信、控制有机融合与深度协作，实现物理域和信息域的紧密结合，使物理系统具备更高的灵活性、自治性、可靠性、经济性和安全性。未来的能源互联网将以电为核心构建和运行，信息和能源系统融合的核心是加快发展电力领域信息物理系统，即实现电力系统和信息系统深度融合。

(2) 低时延电力信息通道支撑能源互联网稳定运行。在能源互联网生产、输送、消费、管理各环节，通过广泛部署具有感知能力、计算能力和执行能力的各种智能设备，应用先进传感器，形成连接电网上层应用和终端用户的综合性信息通道，实时监测和感知分布式电源、电网运行状态、配电线路、用户负荷等状态，实现超长距离、大范围广域复杂环境下采集监控结果的实时性、准确性和完整性，支撑系统态势感知、预警预控和故障自愈，最终突破资源、时空和环境约束，实现广域电力调度和交易，确保能源互联网稳定运行。

（3）信息流控制能源流促进清洁能源开发利用。在能源互联网的海量运行数据、交互数据的基础上，构建大数据的应用模型，应用各种高级智能算法，开展智能辅助决策分析，通过将水电、风电、光伏发电等分散孤立的能源和信息等流动性因素用信息流控制能源流的方式统一管理起来，实现清洁能源生产、输送和分配系统的整体优化、实时调整、广域共享，实现清洁能源资源优化配置。

1.3.2 作用分析

高性能通信网是推动电网向新一代能源互联网转型升级的关键。电网连接能源生产和消费，是能源输送和转换利用的网络枢纽，处于能源系统的中心环节。电力通信网技术的不断升级，推动着电网向以新型电力系统为核心的能源互联网转型升级。

（1）大量电气设备、数据采集设备和计算设备通过电网、通信网两个实体网络互连，实现设备智能化，推动传统电力系统向智能电网升级。智能电网广泛使用广域传感和测量、高速信息通信网络、先进计算和柔性控制等技术，实现了发电、输电、变电、配电、用电和调度六大环节的信息化、自动化、互动化，形成“电力流、信息流、业务流”高度一体融合的现代电网。

（2）电力通信网将促进电网自动化系统、大容量传输网、泛在传感网等融合发展，系统智能化与再电气化共同推动智能电网向新型电力系统升级。新型电力系统通过电力通信网、智能化电力设备、工业级传感网、智能家居等技术和设备，实现对电网状态的深度认知、数据资源的高效利用、用户之间的灵活互动以及电力与其他能源、交通系统的互联互通，并以其基础性、统一性、开放性和综合性，成为能源互联网的核心。

（3）新一代电力通信网的建设，将融合现代信息技术、智能控制技术和多能转换技术，持续推动以新型电力系统为核心的能源互联网发展。能源互联网具有物理、能量、信息及社会空间高度耦合的特征，电力通信网将通过跨时间空间、物理环境、行业领域的信息集成、共享与挖掘，实现多种能源形式的协同互补及高效经济利用，随着高比例可再生能源接入和多种新型用能形态的高度协同运行，未来新型电力系统将逐步演变成为能源互联网。

1.4 能源互联网对电力通信网的性能需求

支撑电网作为能源互联网平台的电力通信网面临“多维数据全向交互、海量异构业务接入、高速广域协同控制、多元用户服务提供”新形势，相应的性能需求及分析如下：

（1）泛在化需求。能源互联网包含大量异构设备，其中能源系统的生产、供应、运输、储存和销售等各环节都需要与信息通信技术深度融合，海量异构业务接入要求电力通信网具备更高的泛在性。

（2）可靠性需求。作为能源输送、转换核心的电力系统需具备实时调节能力，这意味着电力通信网需要具备与之匹配的可靠数据传输、处理能力，如此方可满足能源互联网高速广域协同控制。

（3）灵活性需求。多场景叠加的能源系统是一个极为复杂的系统，需要各类信息通信技术手段来支撑各种生产场景正常运行，如骨干网的光纤通信、用户端的载波通信和接入侧 4G/5G/B5G 等通信方式，方可支持各类信息通信设备与能源系统顺利融合。

（4）安全性需求。支撑电网作为能源互联网平台的电力通信网需要更加开放，伴随而生的就是网络安全问题，能源行业是国民经济基础行业，关系国计民生，其安全运行是保障人民生产和生活正常运行的重要基础。

1.5 面向能源互联网的电力通信网诊断分析技术要求

面向能源互联网的电力通信网应满足统筹发展、快速决策要求，建立科学、动态的诊断分析技术体系。电力通信网诊断分析体系面向规划与发展评估，其技术需求包括两个方面，一方面要建立诊断通用技术基础标准，加强通用专家可侵入性，有效避免属地家族式遗传缺陷，建立差异化发展特性下的统筹发展诊断技术；另一方面，需要满足多目标、多业务对网络的差异化需求，指标维度、口径、深度灵活调整、便捷切换，诊断分析结果作为规划、建设、运维全过程常态化、基础型快速诊断决策的依据。

面向能源互联网的电力通信网诊断技术应满足资源柔性调度要求，考虑传输资源、计算资源、存储资源的地缘分布特性对网络架构及承载能力的影响因素，研究基于网络结构的节点重要度、基于通道压力的路由策略，建立与电网结构高度耦合的电力通信网流量预测、控制算法，支撑规划、工程前期方案，指导网络架构设计、设备选型，为通信资源与整个电力云资源部署的高度契合提供技术支撑。

面向能源互联网的电力通信网诊断技术应满足开放边界安全、差异化可靠保障要求，提出电力通信网络非数值型信息量化思路，为电力通信策略生成奠定理论基础，并就当前运行风险方向开展探索应用，通过应用总结抽象完善基础理论，作为重大专项诊断分析技术主体。

1.6 电力通信网诊断技术概述

目前，诊断主要是指故障诊断，即查找电力通信网的故障原因。而电力通信网诊断主要是通过对电力通信网现状的评估分析从而对其发展方向和建设重点进行分析。国内外相关研究方向中，对通信网整体性的研究主要是以节点和网络的可靠性技术进行评估，且大部分针对公共通信网，其研究内容以网络性能为主，面向无线网、IP网等公网通信性能评估和可靠性作为重点。面向电力通信网络的技术评估研究多是针对网络可靠性、风险某个方面的评估。电力通信网柔性诊断技术则主要面向电力通信网的发展状况进行诊断分析，同时兼顾技术、经济研究电力通信网络在某发展阶段存在或潜在的问题，给出发展建议作为诊断分析结论。

电力通信网诊断分析主要针对电力通信网的网络架构、网络规模发展状况、网络可靠性和业务运维状况等情况。电力通信网可靠性评估的研究主要包括电力通信网通信通道可靠性和电力通信网可靠性管理两个方向。在通信通道可靠性方面，对电力通信网网络单元属性和传输业务进行分析的基础上，通过有效性测度对电力通信网可靠性进行了研究，建立了通信电路的有效性模型，并提出了业务有效性风险的概念，将可靠性与风险分析结合起来；在电力通信网可靠性管理方面在对电力系统可靠性管理的特殊性分析基础上，也有研究指出了电力通信网设计、实施、运维和战略可靠性所包含的研究内容，同时分析说明建立电力通信网可靠性评估体系等存在的问题，并对电力通信系统运行中影响其可靠性的因素进行了梳理，从可靠性因果关系和网络分层的角度提出了电力通信系统可靠性研究的思路和方法。

关于电力通信网的诊断分析从网络规模发展状况、网架结构、网络性能和业务支撑四个角度分析。电力通信网架结构可以从基于图形的拓扑角度进行可靠性分析，电力通信网网元的健康度诊断也是电力通信网诊断分析的关键内容之一，可以针对网络结构中的节点传输能力、线路和节点等元素的重要度进行分析。针对网络节点重要度评价，现有经典方法包括介数法、节点收缩法等。介数法是较为经典的方法，但存在计算复杂的缺点。节点收缩法综合考虑节点的度和节点在网络中的位置来计算节点重要度，是近年来众多通信领域专家研究的热点并得到了不断的改进，包括以无权网络的最短路径为基础，提出凝聚度的概念，并根据网络中节点收缩前后网络凝聚度变化衡量节点重要性。节点收缩法计算复杂度较低，且避免了因删除末端节点后导致的网络无法连通的情况，但存在无法区分环网中位置条件相同节点的重要性与节点收缩范围不易控制的问题。总之，以上评价方法侧重于单一网络指标特性，无法对处于复杂电力系统运行环境中的通信网节点重要度作出更加全面、细致的评价结论。

关于电力通信网评估算法研究多数针对运行网络的分析，没有从发展角度对通信网整体状况进行研究。运行网络的评估是针对具体网络、系统的单层次的评估，没有对物理资源到网络架构纵向演化进行分析，即未能反映网络设计的纵向水平。针对于通信网运行的评估更关注细节、突发事件概率及应对策略，是一种动态的评估；而针对通信网规划的诊断则是从大资源保障入手，考虑自然常态因素，是一种静态的评估。

此外，电力通信网业务为逻辑星形结构，上下行数据严重不匹配度，站点布置及光缆路径方式受限于电网结构，且多梯度的可靠性要求使得电力通信网有别于公共通信网。公网通信规划主动性较电力通信网高，网络结构设计整体性强、更灵活，而电力通信网的建设是局部建设设计，更侧重整体应用设计，因此对于电力通信网规划重在“选”，选技术、选资源、选网络架构，局部建设调整。电力通信网诊断不但需要能呈现现有网络的问题，还要能反映造成问题的关键因素，并且能给予相应的指导方案。

参 考 文 献

[1] 薛禹胜，赖业宁. 能源思维与大数据思维的融合（一）大数据与电力大数据. 电力系统自动化[J]. 2016，40（1）：1-8.
[2] [美] 杰里美·里夫金. 第三次工业革命 [M]. 张体伟，译. 北京：中信出版社，2012.
[3] 别朝红，王旭，胡源. 能源互联网规划研究综述及展望 [J]. 中国电机工程学报，2017（22）：4-21，316.
[4] 史连军，周琳，庞博，等. 中国促进清洁能源消纳的市场机制设计思路 [J]. 电力系统自动化，2017，41（24）：83-89.
[5] 李建林，马会萌，袁晓冬，等. 规模化分布式储能的关键应用技术研究综述 [J]. 电网技术，2017（10）：289-299.
[6] 国家电网有限公司网站. 国网江苏电力连续 13 年实现新能源全额消纳 [J]. 电力安全技术，2019，21（1）：45.
[7] 刘飞，陶昕，张祥成，等. 基于电网消纳能力的新能源发展策略研究 [J]. 电气技术，2019（6）：50-55.
[8] 霍沫霖，郭磊，张哲. 区域能源互联网的发展现状与政策建议 [J]. 中国电力，2020，53（12）：241-247.
[9] 唐跃中，夏清，张鹏飞，等. 能源互联网价值创造、业态创新与发展战略 [J]. 全球能源互联网，2022，5（2）：105-115.
[10] 李鹏，杨莘博，谭忠富，等. 终端能源互联网平台典型应用场景及商业模式研究 [J]. 电力建设，2022，43（3）：112-122.
[11] 席嫣娜，张宏宇，高鑫，等. 基于区块链的能源互联网大数据知识共享模型 [J]. 电力建设，2022，43（3）：123-130.
[12] 赵壮，张宏立，王聪. 区域能源互联网的“源-网-荷-储”运行优化研究 [J]. 可再生能源，2022，40（2）：238-246.

[13] 曹源，陈淑婷，胡新苗，等. 电力大数据在能源互联网建设下的价值变现 [J]. 中国科技信息，2022 (6)：142-143.

[14] 肖迁，李天翔，贾宏杰，等. 面向区域能源互联网的边云协同架构及其优化策略研究 [J/OL]. 中国电机工程学报，2022-02-07：1-16.

[15] 孙宏斌，郭庆来，卫志农. 能源战略与能源互联网 [J]. 全球能源互联网，2020，3 (6)：537-538.

[16] 郭健，曹军威，杨洋，等. 面向用户需求的区域能源互联网价值形态研究框架及应用分析 [J]. 电网技术，2020，44 (2)：493-504.

[17] 赵鹏，蒲天骄，王新迎，等. 能源互联网数字孪生系统框架设计及应用展望 [J]. 电网技术，2022，42 (2)：447-459.

[18] 张晶，胡纯瑾，高志远，等. 能源互联网技术标准体系架构设计及需求分析 [J]. 电网技术. 2022，46 (8)：11.

[19] 孙宏斌，潘昭光，孙勇，等. 跨界思维在能源互联网中应用的思考与认识 [J]. 电网技术，2021，45 (16)：63-72.

[20] 孙珂，曹阳，陈天一，等. 大电网脆弱性评估的潮流介数分析方法 [J]. 电力电容器与无功补偿，2021，42 (1)：7.

[21] 谭跃进，吴俊，邓宏钟. 复杂网络中节点重要度评估的节点收缩方法 [J]. 系统工程理论与实践，2006，26 (11)：6.

第2章

现代电力通信技术

2.1 电力通信网概述

我国的电力通信网经过几十年的建设，已经初具规模，通过卫星、微波、载波、光缆等多种通信方式构建而成一个覆盖全国大部分电力集团电网和省电力公司电网的主干网架，也是电网二次系统的重要组成部分。电力通信网建设模式由电网的结构、运行管理模式、经济性等因素决定，为电力调度、生产、经营和管理提供不可或缺的通信服务。

电力通信网是坚强智能电网数据交换的基础，是坚强智能电网建设的支撑技术，也是坚强智能电网各种管理和控制信息的传输平台，通信技术水平及服务保障能力不断提高，为各种电力业务的可靠传输提供了根本保证。智能电网需要利用先进的通信、信息和控制等技术，实现多元化分布式电源和不同特征电力用户的灵活接入和方便使用，提高电网的资源优化配置能力，提升电网的服务能力，带动电力行业及其他相关产业的技术升级，满足我国经济社会全面、协调、可持续发展要求。

电力通信网与其他公用通信网的主要区别有：①电力通信承载着电力系统实时控制业务，如继电保护信号、安全自动装置信号、远动信号等，实时性和可靠性要求很高；②电力通信站点的设置密度大，但总体通信容量和业务颗粒相对较小；③电力通信路由走向主要沿发电厂和变电站等电力设施，一般偏离大城市。这些特点决定了电力通信网存在的必要性和必然性，其作用是公网通信系统无法替代的，所以世界上很多大型电力公司都有属于自己的电力通信网。

电力通信网是贯穿电力运行的纽带，从发电、送电、变电到配电，为每一个环节的转换和运行提供了实时的数据支持。典型的电力通信网覆盖范围如图 2 - 1 所示。由于电力系统的特殊性，电力的产生、输送、分配和消费是在同一时间完成的，所以电网调度系统要在极短的时间内保证电能的质量，保持频率、电压、波形合格，同时要对事故进行预处理，面对紧急事件要迅速有序地找到故障点，排除故障。电力通信网为电网调度自动化的实现提供保障性的服务。一个高效率、可靠的电力通信网是保证电网安全稳定运行、为客户提供稳定可靠的电力供应的基础。

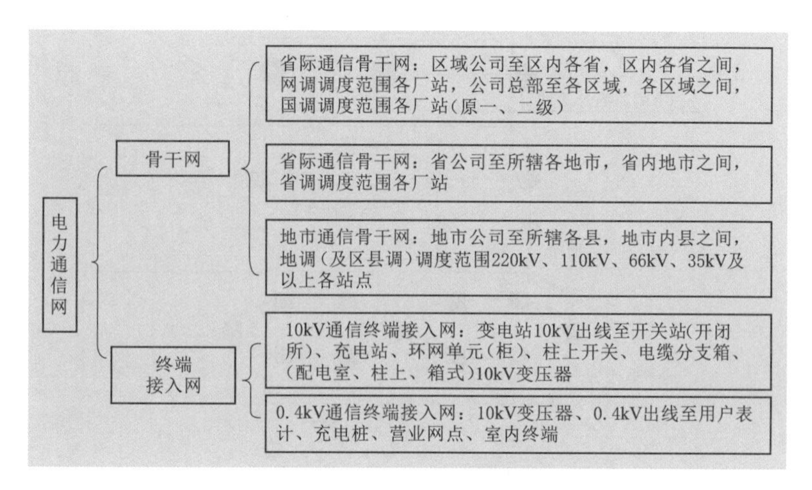

图2-1　典型的电力通信网覆盖范围

作为电力系统的支撑和保障系统，电力通信网不仅承担着电力系统的生产指挥和调度，同时也为行政管理和自动化信息传输提供服务。电力系统服务于整个国家，因此电力通信网是全国性网络，按覆盖电力系统各个环节的电压等级划分，电力通信网主要分为电力通信骨干网和电力通信终端接入网两大类。传输网承载能力和可靠性水平的提升，为保护、安全控制、调度自动化等生产类业务通道的安全性提供了充分保障，为交换网、综合数据网、电视电话会议系统等业务应用系统的发展铺平了道路。然而，中低压配电网通信一直是电力通信网络中的薄弱环节，存在覆盖率低、网架结构相对薄弱、通信网运行维护管理人员严重不足等问题。

2.1.1　电力通信骨干网

近年来IP（Internet Protocol）数据业务迅速发展，尤其视频业务的发展对运营商传送网络提出了新的要求：一方面传送网络需要提供适应这种业务容量爆炸性增长的海量带宽；另一方面传送网络需要提供快速灵活的业务调度和完善便捷的网络维护管理能力。电力通信骨干网的承载能力是全面提升电力通信网服务质量的关键。为满足电力系统通信高带宽、大颗粒度的业务快速增长需要，需要在原有的骨干网络的基础上大幅扩容，使之更好地满足建设要求，传输技术更能适应未来业务的发展需要，但同时应尽量避免原有基础投资的浪费。电力通信骨干网拓扑示意如图2-2所示。

省际通信骨干网指公司总部（分部）至省公司、直调发电厂及变电站以及分部之间、省公司之间的通信系统。

省级通信骨干网指省（自治区、直辖市）电力公司至所辖地市电力公司、直调发电厂及变电站，以及辖区内各市地公司之间的通信系统。

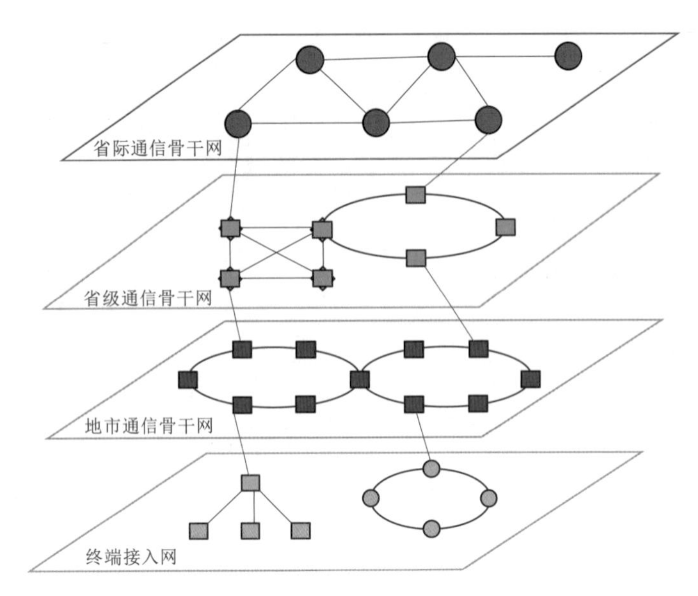

图 2-2 电力通信骨干网拓扑示意图

地市通信骨干网指地市公司至所属县公司、地市及县公司至直调发电厂和 35kV 及以上电压等级变电站等的通信系统。

面向电力通信骨干网的电力业务主要为电网配变自动化调度、电力市场能源信息流统筹调控以及电工装备信息管理与记录等生产调度与管理工作，属于电网的核心业务，需要较高的通信可靠性与充足的通信带宽。可以从能源互联网监控平台、“源-网-荷-储”协同互动、生产管理三个主要应用场景简要分析电力通信骨干网承担的电力业务通信需求。

1. 能源互联网监控平台

能源互联网监控平台是一种防范能力较强的综合系统，主要由前端采集设备、传输网络、监控运营平台三部分组成，以实现物与物之间的联动反应。该监控平台可被广泛应用于智能建筑、智能电网、分布式能源、工业控制、商业连锁、智慧城市、数据中心等领域。通过监控平台的数据，可指导实际工作，提高工作效率。

2. “源-网-荷-储”协同互动

能源互联网的发展解决了大规模分布式电源、储能设备及用电负荷的广泛接入，并通过负荷聚合商实现批量分散负荷的协同控制。除了聚合商与用户的分布式交互，“源-网-荷-储”协同互动过程也离不开电力云平台的集中式调控，其中“源-网-荷-储”的刚性调控与电力智能调度系统主要通过电力光纤专线进行通信，快速响应电网大功率缺额故障、电网故障应急处置、可调节发电资源充裕性不足等场景，为之提供紧急服务，确保供电安全。

3. 生产管理

能源互联网的发展将有助于实现良好的电网生产管理。考虑到信息管理与信息存储安全性问题，电力设备的生产、设备采购、生命周期管理、维护、退役整个过程需要电力云平台的参与。

2.1.2 电力通信终端接入网

电力通信终端接入网结构如图 2-3 所示，电力通信终端接入网的服务对象在地理上分布较分散，并且各类电力业务的通信方式具有多样性，包含 NB-IoT、Zigbee、WiFi、5G、B5G 等，这些通信技术的可靠性、时延要求等通信性能存在较大差异。以下将以需求响应、分布式能源和电动汽车这三大应用场景为例对电力通信终端接入网典型业务进行简要分析。

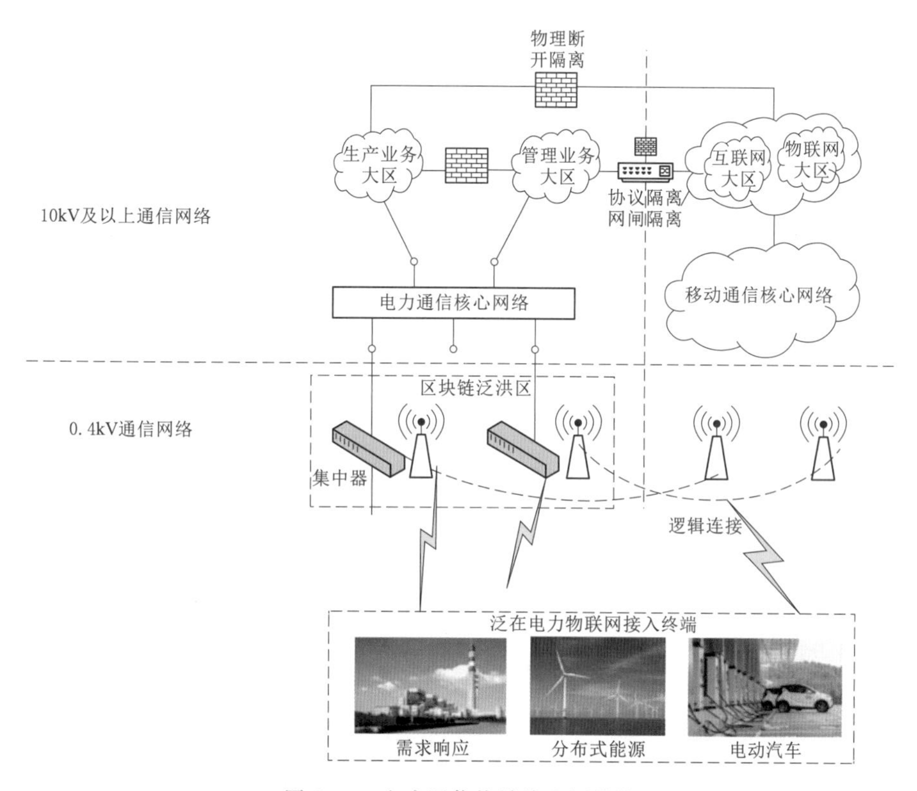

图 2-3 电力通信终端接入网结构

1. 需求响应

需求响应是指电力用户针对需求响应实施机构发布的价格信号或激励机制做出响应，从而改变自身电力消费模式的市场化参与行为。它能够替代现有的有序用电、负荷管理，在用户资源参与的前提下，进行削峰填谷，以市场化手段提升电网企业用户服务满意度。

2. 分布式能源

分布式能源是一种建在用户端的能源供应方式，既可独立运行，也可并网运行，是以资源、环境效益最大化确定方式和容量的系统，将用户多种能源需求，以及资源配置状况进行系统整合优化，采用需求应对式设计和模块化配置，是分散式供能方式。当今能源互联网技术也正迅猛地发展，将分布式能源系统与能源互联网技术结合在一起，符合节能环保和建设节约型社会的要求。

3. 电动汽车

可再生能源的充分利用已被公认是解决能源危机和环境问题的有效途径，在新能源不断开发利用的潮流下，电动汽车因在节能减排和能源安全等方面表现出的重要意义，成为人们关注的焦点。

2.2 电力通信骨干网相关技术

2.2.1 WDM 技术

2.2.1.1 WDM 技术基本原理

波分复用（Wavelength Division Multiplexing，WDM）技术是光纤通信的传输技术，它利用了一根光纤可以同时传输多个不同波长的光载波的特点，将光纤可能应用的波长范围划分为若干个波段，每个波段被用作一个独立的信道来传输一种预定波长的光信号。该技术充分利用了单模光纤低损耗区带来的巨大带宽资源，根据每个通道中光波的频率或波长不同，将光纤的低损耗窗口划分为多个通道。以光波作为信号的载体，传输端利用波分复用器将不同指定波长的信号进行组合，发送到光纤进行传输。接收端利用波分复用器将光载波分离，以携带不同波长的不同信号。由于不同波长的光载波信号可以视为彼此独立，因此可以在一根光纤中实现多个光信号的复用传输。波分复用原理图如图 2-4 所示。

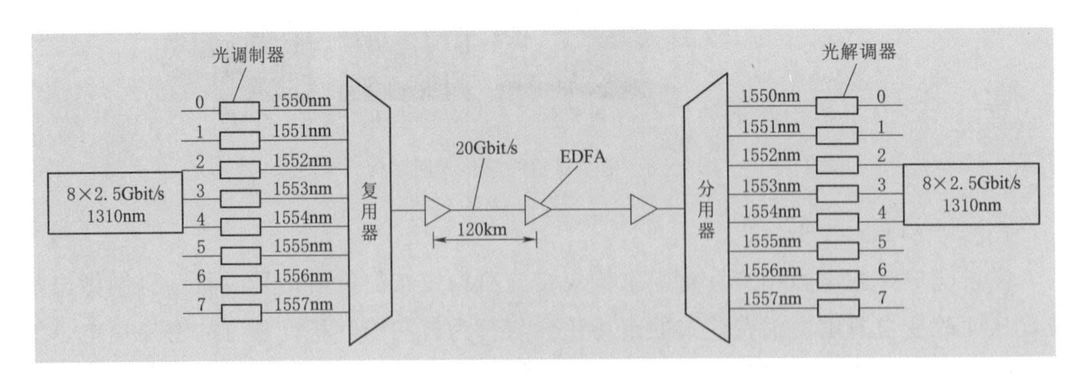

图 2-4 波分复用原理图

2.2.1.2 WDM 技术主要特点

根据波分复用器件的不同，可以将波长间隔小于等于 1000GHz（约 8nm）的

WDM系统称为密集波分复用（Dense Wavelength Division Multiplexing，DWDM）系统，将波长间隔小于50mm的WDM系统称为粗波分复用（Coarse Wavelength Division Multiplexing，CWDM）系统，而将波长间隔大于等于50mm的WDM系统称为宽波分复用（Wideband Wavelength Division Multiplexing，WWDM）系统。

1. WDM传输方式的主要优势

（1）可以充分利用光纤的巨大带宽资源，使一根光纤的传输容量很快地扩大几倍至几十倍乃至几百倍。

（2）节省光纤资源，使 N 个波长信号复用起来在单根光纤中传输。对于双纤单向WDM系统，单向节约了 $N-1$ 根光纤，双向节约 $2(N-1)$ 根光纤，而对于单纤双向WDM系统，则双向节约 $2N-1$ 根光纤。

（3）WDM与光纤放大器结合可以大大延长电再生中继的距离，节约大量电再生器，简化了维护管理，极大地降低了长途网成本。

（4）由于同一根光纤中传输的信号波长彼此完全独立，因而可以很容易完成各种不同电信业务的综合和分离，包括数字信号和模拟信号以及不同协议的数字信号等各类客户层信号的综合和分离。

（5）可以相对灵活地根据实际业务量需要来逐步增加波长进行扩容。

（6）利用WDM的波长选路来实现网络光层的交叉连接和保护恢复，从而形成透明、具有高度生存性的光传送网络。

2. WDM传输方式的主要缺点

WDM传输方式的主要缺点是波分复用器件引入的插入损耗较大，减少了系统可用功率。虽然靠光纤放大器可以补偿功率的损失，但会遭受光纤非线性的影响，波长数较多时需仔细设计。此外，波长数较多时，需要精确地选择激光器波长并始终维持其波长稳定性，同时还需要相同波长的备用器件，不甚方便。目前靠WDM方式已经实现了总容量为10.9Tbit/s（273×40Gbit/s）的超大容量传输实验，实际网络中，信道数为32～160波分复用系统已大规模应用，波分复用技术已成为发展超大容量光传送网的坚实基础。

2.2.1.3 WDM技术的应用与发展

1. 光分插复用器

目前采用的光分插复用器（Optical Add－Drop Multiplexer，OADM）只能在中间局站上、下固定波长的光信号，使用起来比较僵化。而未来的OADM对上、下光信号将是完全可控的，就像现在分插复用器上、下电路一样，通过网管系统就可以在中间局站选择一个或几个波长的光信号，使用起来非常方便，组网十分灵活。

2. 光交叉连接设备

与OADM相类似，未来的光交叉连接设备（Optical Cross Connect，OXC）将类似现在的数字交叉连接设备（Digital Cross Connect，DXC）能对电信号随意进行交叉连接一样，可以利用软件对各路光信号进行灵活的交叉连接。OXC对全光网络的调度、业务的集中与疏导、全光网络的保护与恢复等都会发挥重大作用。

3. 可变波长激光器

到目前为止，光纤通信用的光源（即半导体激光器）只能发出固定波长的光波，尚不能做到按需随意改变半导体激光器的发射波长。随着科技的发展会出现可变波长激光器，即激光器光源的发射波长可按需要进行调谐发送，其光谱性能将更加优越，而且具有更高的输出功率、更高的稳定性和更高的可靠性。不仅如此，可变波长的激光器光源的标准化更利于大批量生产，降低成本。

4. 全光再生器

目前光系统采用的再生器均为电再生器，都需要经光电光（Optical/Electrical/Optical，O/E/O）转换过程，即通过对电信号的处理来实现再生（整形、定时、数据再生）。电再生器设备体积大、耗电多、运营成本高，且速率受限。掺铒光纤放大器（Erbium Doped Fiber Application Amplifier，EDFA）虽然可以作为再生器使用，但它只是解决了系统损耗受限的难题，而对于色散受限，EDFA是无能为力的，即EDFA只能对光信号放大，而不能对光信号再生整形。未来的全光再生器则不然，它不需要O/E/O转换就可以对光信号直接进行再定时、再整形和再放大，而且与系统的工作波长、比特率、协议等无关。由于它具有光放大功能，因此解决了损耗受限的难题，并且其可以对光脉冲波形直接进行再整形，所以也解决了色散受限的难题。

2.2.2 SDH技术

同步数字体系（Synchronous Digital Hierarchy，SDH）具有自动选线，方便上下线路，强大的维护、控制和管理功能，统一标准，方便传输高速率业务等优点，能够很好地满足通信网快速发展的需要。SDH技术与一些先进技术的结合，如WDM技术、异步传输模式（Asynchronous Transfer Mode，ATM）技术和Internet技术，使得SDH技术的作用越来越重要。

2.2.2.1 SDH技术基本原理

SDH传输网是由一些SDH网元（Network Element，NE）组成的，在光纤上进行同步信息传输、复用和交叉连接的网络。SDH规范了全世界的网络节点接口（Network to Network Interface，NNI），从而简化了信号的互通以及信号的传输、复用和交叉连接过程。SDH技术结构图如图2-5所示。

SDH采用的信息结构层称为同步传送模块（STM-*N*），其最基本的模块是STM-1。STM-4有4个STM-1同步多路复用器，STM-16有16个STM-1或4个STM-4同步多路复用器。SDH使用块帧结构来传输信息，每个字节包含8位。整个框架结构分为段开销、STM－N净负载以及管理单元指针三个区域。段开销区域主要用于网络的运行、管理、维护和分配，以保证信息的正常、灵活传输，它又分为再生段开销和复用段开销。STM－N净负载区域用于存储真正用于信息业务的数据，以及用于通道维护和管理的少量通道开销字节。管理单元指针区域用于指示STM－N帧净负载区域中信息的第一个字节的确切位置，以便在接收时能够正确分离净负载。在SDH的帧传输过程中，帧以从左到右、从上到下的串行码流排列，每个帧的传输时间为125s。

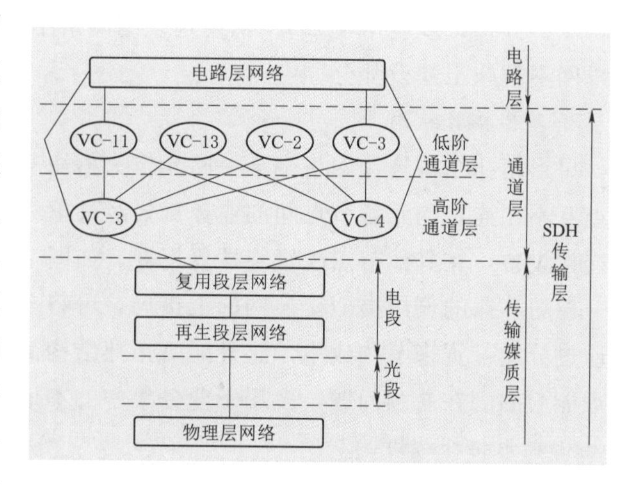

图2－5　SDH技术结构图

SDH传输业务信号时，进入SDH的各种业务信号的帧需要经过映射、定位和复用三个步骤。映射是通过码速调整将各种速率的信号加载到相应的标准容器中，然后增加通道开销（Path Over Head，POH）的过程为了形成虚拟容器（Virtual Container，VC），帧相位的偏差被称为帧偏移；定位是将帧偏移信息接收到支路单元（Tributary Unit，TU）或管理单元（Administrative Unit，AU）的过程，通过支路单元指针或管理单元指针的功能实现；复用是将多个低阶信道层的信号适配到高阶信道层的方法，或将多个高阶信道层信号适配到复用层的过程。多路复用的概念相对简单。多路复用是通过字节交错将TU组织成高阶VC或AU的STM－N的过程。由于TU指针和AU指针处理的VC分支信号已经相位同步，因此复用过程是同步的，复用原理与数据相似。

2.2.2.2　SDH基本拓扑结构及特点

SDH网络由SDH网元设备通过光缆互连而成，其基本拓扑结构有链形、星形、树形、环形和网孔形。

1. 链形拓扑结构

典型的SDH链形拓扑结构如图2－6所示，其中链状拓扑结构两个端点配备终端复用器（Termination Multiplexer，TM），在中间节点配置分插复用器（Add/Drop Multiplexer，ADM）或再生中继器（Regenerative Repeater，REG）。网中的所有节点一一串联，首尾两端开放。

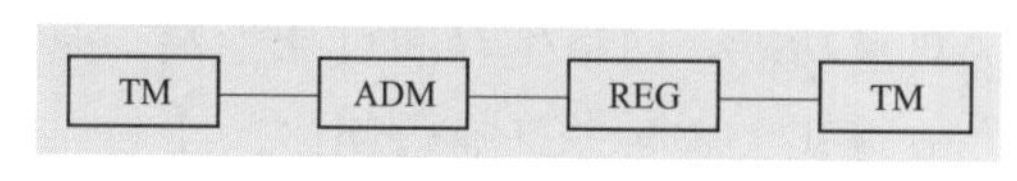

图2－6　典型的SDH链形拓扑结构

此网络拓扑结构的特点是：①简单经济，一次性投入少，容量大；②通常采用线路保护方式，多应用于SDH初期建设的网络结构，如专网（铁路网）或SDH长途干线网不易施工建设部分。

2. 星形拓扑结构

星形拓扑结构选择网络中某一网元作为枢纽节点与其他各节点相连，其他各网元节点互不相连，网元各节点间的业务需要经过枢纽节点转接。在枢纽节点配置数字交叉连接设备，在其他节点配置终端复用器，如图2-7所示。

枢纽节点的作用类似交换网的汇接局，可将多个光纤终端统一合成一个终端，从而通过分配带宽来节约成本。这种网络拓扑结构简单，但存在枢纽节点的安全保障和处理能力的潜在瓶颈问题，多用于业务集中的本地网（接入网和用户网）。

3. 树形拓扑结构

树形拓扑结构可看成是链形拓扑和星形拓扑的组合，3个方向以上的节点应配置DXC，其他节点配置ADM和TM，如图2-8所示。

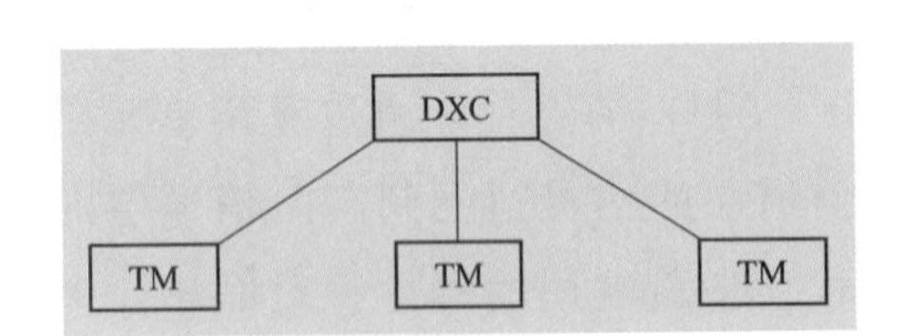

图2-7 SDH星形拓扑结构

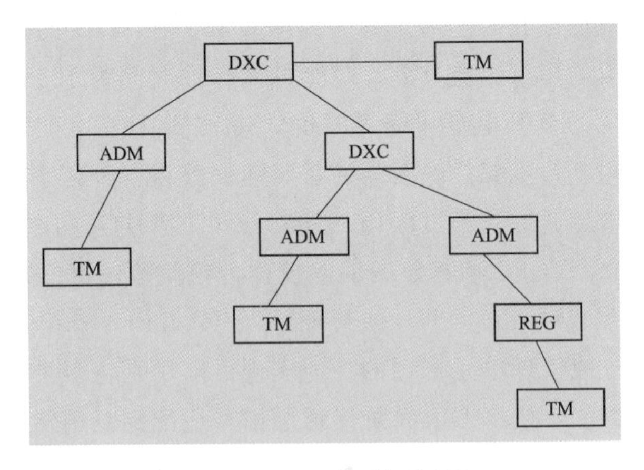

图2-8 SDH树形拓扑结构

这种网络拓扑适合于广播业务，但不利于提供双向通信业务，同时也存在枢纽节点可靠性不高和光功率预算等问题。

4. 环形拓扑结构

环形拓扑结构实际上是指将链形拓扑首尾相连，从而使网上任何一个网元节点都不对外开放的网络拓扑形式。通常在各网络节点上配置ADM，也可采用DXC，如图2-9所示。

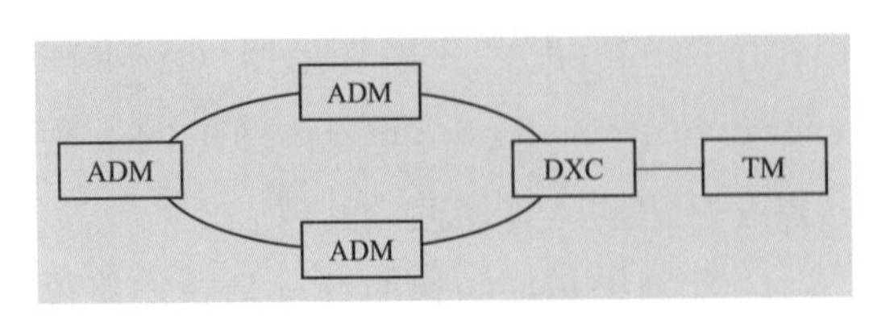

图2-9 SDH环形拓扑结构

环形拓扑结构是当前使用最多的网络拓扑形式，其结构简单且具有较强的自愈功能，网络生存和可靠性高，是组成现代大容量光纤通信网络的主要基本结构形式，常用于本地网、局间中继网。

5. 网孔形拓扑结构

网孔形拓扑结构将所有网元节点两两相连，是一种理想的拓扑结构。每个节点需配置 DXC，为任意两网元节点间提供两条以上的传输路由，如图 2－10 所示。

这种拓扑结构可靠性更强，不存在瓶颈问题和失效问题。但由于 DXC 设备价格昂贵，若拓扑结构都采用此设备进行高度互连，会导致投资成本增大且结构复杂，系统的有效性降低。因此一般在业务量大且密度相对集中的节点之间采用网孔形拓扑结构连接，例如国家一级干线网。

2.2.2.3 SDH 线性网络保护机制

SDH 线形网采用与传统准同步数字系列（Plesiochronous Digital Hierarchy，PDH）网络近似的线路保护倒换方式，可分为 1+1 保护和 1：n 保护。

1. 1+1 保护

1+1 的保护结构，即每一个工作系统都配有一个专用的保护系统，两个系统互为主备用。如图 2－11 所示，在发送端，SDH 信号被同时送入工作系统和保护系统，接收端在正常情况下选收工作系统的信号。同时接收端复用段保护（Multiplex Section Protection，MSP）功能不断监测收信状态，当工作系统性能发生劣化时，接收端立即切换到保护系统选收信号，使业务得到恢复。

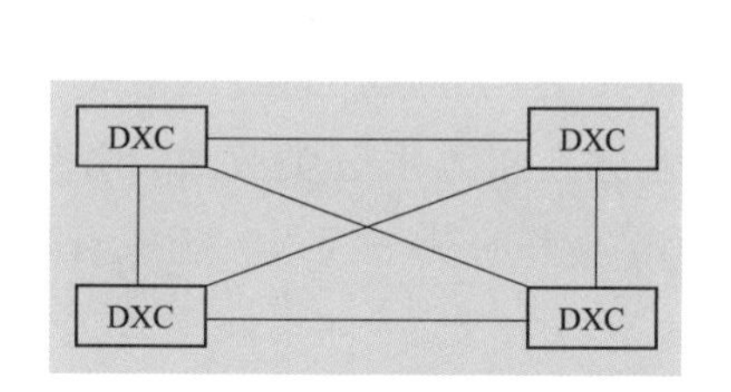

图 2－10　SDH 网孔形拓扑结构

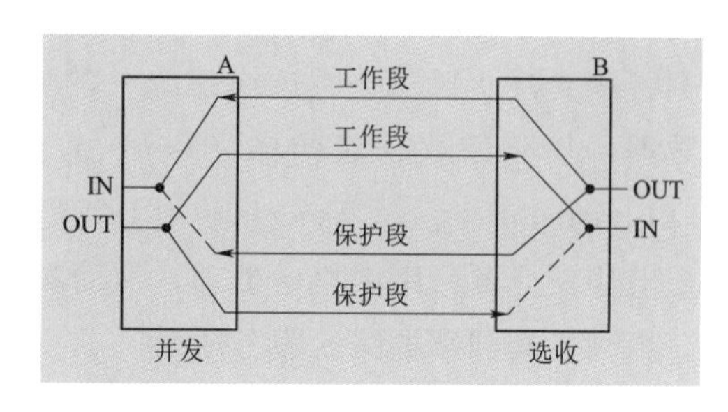

图 2－11　1+1 保护

这种保护方式采用“并发优收”保护策略，不需要自动保护倒换（Automatic Protection Switching，APS）协议。工作系统的发端永久地桥接于工作段和保护段，保护倒换由收端根据接收信号的好坏自动进行。因此 1+1 保护简单、快速而可靠。但由于是专用的保护，1+1 不提供无保护的附加业务通路，信道利用率较低。

2. 1：n 保护

1：n 的保护方式中，n 个工作系统共享 1 个保护系统。一个 1：n 的特例 1：1 的情形，如图 2－12 所示。正常情况下，工作系统传送主用业务，保护系统传送服务级别较低的附加业务。当复用段保护功能监测的主用信号劣化或失效时，额外业务将被丢弃，发端将主用业务倒换到保护系统上，而收端也切换到保护系统选收主用业务，

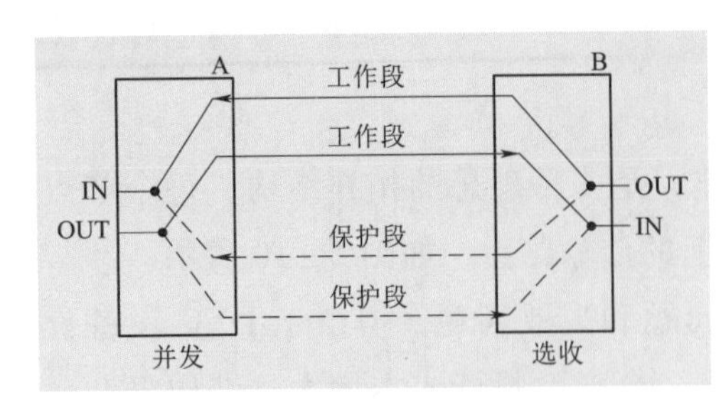

图2-12 1∶1保护

主用业务得到恢复。

这种方式需要自动保护倒换协议，其中K1字节b5～b8的“0001”～“1110”（1～14）指示要求倒换的工作系统的编号，因此n的值最大为14。相对于1+1保护方式，1∶n保护倒换速率慢一些，但信道利用率高。

2.2.3 MSTP技术

由于传统的SDH技术主要为话音业务传送设计，虽然也可以传输几乎所有的数据格式（IP、ATM等），但存在传送突发数据业务效率低下、保护带宽至少占用50%的资源、传输通道不能共享等问题，导致资源利用率低。对于SDH技术的未来走向，业界有两种声音：一是SDH技术需要不断增强和完善，以确定其作为下一代网络架构基础的地位；二是IP网络架构才是通信的未来，简化或放弃SDH的技术才是明智之举。

多业务传送平台（Multi-Service Transport Platform，MSTP）技术是为下一代SDH技术应运而生的。MSTP技术就是依托SDH技术平台，进行数据和其他新型业务的功能扩展，并对网络业务支撑层加以改造，以适应多业务应用，实现对二层、三层的数据智能支持。MSTP通过构建统一的城域多业务传送网，将传统话音、专线、视频、数据、基于IP的语音传输（Voice over Internet Protocol，VoIP）和交互式网络电视（Internet Protocol Television，IPTV）等业务在接入层分类收敛，并统一送到骨干层对应的业务网络中集中处理，从而实现所有业务的统一接入、统一管理、统一维护，提高了端到端电路的服务质量。

2.2.3.1 MSTP基本概念

MSTP是基于SDH发展演变而来的。MSTP采用SDH平台，实现时分复用（Time Division Multiplexing，TDM）、ATM、以太网等业务的接入、处理和传送，提供统一网管的多业务节点接口。

MSTP可以将传统的SDH复用器、数字交叉连接器、TM终端、网络二层交换机和IP边缘路由器等多个独立的设备集成为一个传输或网络设备的处理单元，优化了数据业务对SDH虚容器的映射，从而提高了带宽利用率，降低了组网成本。

MSTP的关键点是除应具有标准SDH传送节点所具有的功能外，在原SDH上增加了多业务处理能力，主要功能特征如下：

（1）支持多种业务接口：MSTP支持话音、数据、视频等多种业务，提供丰富的业务（TDM、ATM和以太网业务等）接入接口，将业务映射到SDH虚容器的指配功能，并能通过更换接口模块，灵活适应业务的发展变化。

(2) 带宽利用率高：具有以太网和 ATM 业务的点到点透明传输和二层交换能力，支持带宽统计复用，传输链路的带宽可配，带宽利用率高。

(3) 组网能力强：MSTP 支持链、环（相交环、相切环），甚至无线网络的组网方式，具有极强的组网能力。

2.2.3.2 MSTP 的功能模型

基于 SDH 的多业务传送节点的 MSTP 设备应具有 SDH 处理功能、ATM 业务处理功能和以太网 IP 业务处理功能，关于 MSTP 设备的功能模型在 YD/T 1238—2002《基于 SDH 的多业务传送节点技术要求》中进行了规定，其功能块模型如图 2-13 所示。

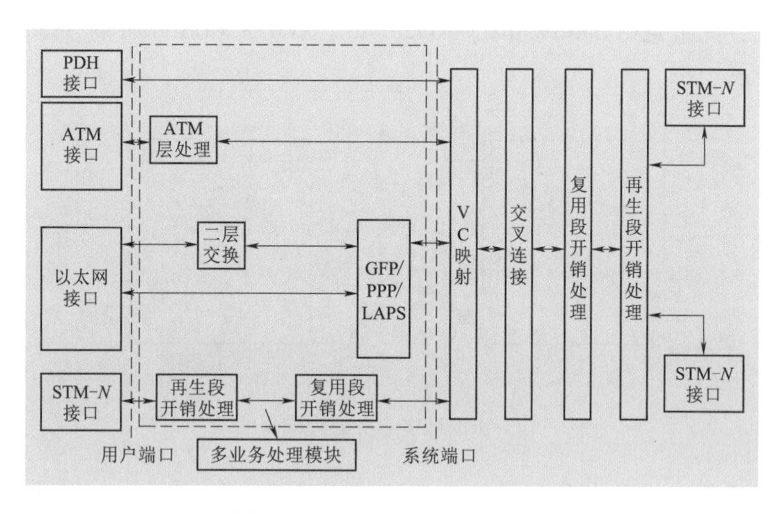

图 2-13 MSTP 的功能块模型

从图 2-13 中可知，MSTP 设备是由多业务处理模块（含 ATM 处理模块、以太网处理模块等）和 SDH 设备构成的。多业务处理模块端口分为用户端口和系统端口。用户端口与 PDH 和 SDH 接口、ATM 接口、以太网接口连接，系统端口与 SDH 设备的内部接口连接。

2.2.3.3 各业务在 MSTP 上传送实现

1. PDH/SDH 业务在 MSTP 上传送实现

MSTP 的用户端口提供了标准的 PDH 和 SDH 接口，支持 VC12/3/4 级别的连续级联与虚级联。对从 PDH 接口输入到用户端口的 PDH 各等级信号可通过系统端口直接进行映射复用定位和加开销处理，最终形成 STM-N 帧结构，以线路信号发送出去。对从 SDH 接口输入到用户端口的 SDH 各等级信号，进行去复用段开销和再生段开销处理后，通过系统端口映射至 VC 虚容器中，再经过 VC-n 交叉连接，加入复用段开销和再生段开销，最终形成 STM-N 的帧结构以线路信号发送出去。

2. 以太业务在 MSTP 上传送实现

以太网处于开放式系统互联通信参考模型（Open System Interconnection Reference Model，OSI）的物理层和数据链路层，遵从网络底层协议。以太网业务是指在 OSI 第二层采用以太网技术来实现数据传送的各种业务。

从图 2-13 中可知，MSTP 对 SDH 设备的改造主要体现在对以太网业务的支持上。就以太网业务在 MSTP 上的传送实现过程来看，以太网处理模块能提供以太网点到点透传功能、支持以太网二层交换功能，并且可实现多个用户端口业务占用一个系统端口带宽的共享和多个系统端口业务占用一个用户端口带宽的汇聚功能，如图 2-14 所示。以太网处理模块不仅融合了弹性分组环（Resilient Packet Ring，RPR）技术，还在以太网和 SDH 间引入智能的中间适配层 RPR 和多协议标签交换来处理以太网业务的按需分配带宽（Bandwidth on Demand，BoD）和服务质量（Quality of Service，QoS）要求。

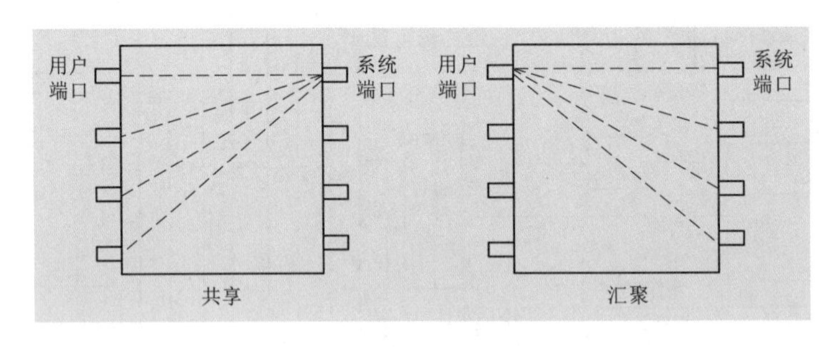

图 2-14　以太网多业务处理模块的端口

以太网的透传方式是指以太网接口的信号不经过二层交换，直接映射进 SDH 的 VC 虚容器中，再通过 SDH 设备实现点对点传输；以太网的二层交换方式则是在用户侧的以太网数据通过以太网端口进入，经过业务处理，选择在进入 VC 映射之前进行二层交换、环路控制，再通过链路接入规程（Link Access Procedure & SDH，LAPS）/通用成帧规程（Generic Framing Procedure，GFP）协议进行封装、映射至 SDH 的 VC 中，并经过 VC-n 交叉连接，再加入复用段开销和再生段开销，最终形成 STM-N 的帧结构以线路信号发送出去。

接下来主要分析 MSTP 承载以太网业务的核心技术，即封装和映射过程中相关技术。对于以太网承载，应满足透明性，映射封装过程应支持带宽可配置。在这个前提之下，不论是否进行交换，对于二层交换功能的要求，都应该支持如生成树协议（Spanning Tree Protocol，STP）、虚拟局域网（Virtual Local Area Network，VLAN）、流控、地址学习、组播等辅助功能。我国行业标准中规定以太网数据帧的封装方式可以选用下述三种技术：

(1) 通过点到点协议（Point to Point Protocol，PPP：属于 IETF 系列 RFC）转

换成高级数据链路控制（High-Level Data Link Control，HDLC）帧结构，再映射到SDH的VC中。

（2）SDH链路接入规程（属于ITU-TX.85），将数据包转换成LAPS帧结构映射到SDH的VC中。

（3）通过通用成帧规程协议进行封装。其中PPP和LAPS封装帧定位效率不高，而GFP封装采用高效的帧定位方法，是以太网帧向SDH帧映射的比较理想的方法。

GFP封装协议可透明地将上层的各种数据信号封装映射到SDH/光传送网（Optical Transport Network，OTN）等物理层通道中传输。

GFP封装协议可以把异步传送的以太网信号适配到同步传输平台SDH上。对以太网业务帧的处理是在每个以太网帧结构上增加GFP-Header（8bit），用以标识以太网帧的长度和类型，用GFP空闲帧（长度4bit）填充帧间的空隙。

GFP有帧映射GFP（GFP-F）和透明映射GFP（GFP-T）两种封装映射方式，如图2-15所示。①GFP-F是面向协议数据单元（Protocol Data Unit，PDU）的，其封装方式适用于分组数据，把整个分组数据（PPP、IP、RPR、以太网等）封装到GFP负荷信息区中，对封装数据不做任何改动，并根据需要来决定是否添加负荷区检测域；②GFP-T封装方式适用于采用8B/10B编码的块数据，从接收的数据块中提取出单个的字符，然后把它映射到固定长度的GFP帧中，映射得到的GFP帧可以立即进行发送，而不必等到此用户数据帧的剩余部分完成全部映射。

PLI 2byte	cHEC 2byte	负荷头 4byte	业务数据(PPP、IP、RPR等) 2byte	FCS 4byte

（a）GFP-F帧

PLI 2byte	cHEC 2byte	负荷头 4byte	$N\times$[536, 520]块	FCS 4byte

（b）GFP-T帧

图2-15　GFP封装映射方式

GFP适用于点到点、环形、全网状拓扑，无须特定的帧标识符，安全性高，可以在GFP帧里标示数据流的等级，可用于拥塞处理。具有通用、简单、灵活和高效等特点，标准化程度高，是目前正在广泛应用的、先进的数据封装协议。大多数厂商的MSTP产品都采用GFP封装方式。

映射过程中的关键技术即虚级联（Virtual Concatenation，VCAT）技术。

实际应用时，数据包所需要的带宽和SDH的VC带宽并不是完全匹配。例如IP包可能需要高于VC-12带宽，但又低于VC-3的带宽，可行的办法是用级联的办法将X个VC-12捆绑在一起组成VC-12-X，在它所支持的净荷区C-12-X中建立链路。这种方式容易配置，不要求负载平衡，没有时延差的问题，便于管理，适用于支持高速 IP 包传送。

级联方式分为连续级联与虚级联两种：

（1）连续级联是把被级联的各个 VC－n 连续排列，在传送时它们被捆绑成为一个整体来考虑。级联后的 VC 记为 VC－n－Xc，其中 X 表示有 X 个 VC－n 级联在一起，通常以 VC－n－Xc 中第一个 VC－n 的通道开销 POH 作为级联后的 VC－n－Xc 的 POH。

（2）虚级联是指被级联的各个 VC－n 并不连续排列，级联后的 VC 记为 VC－n－Xv，其中 X 也表示被级联 VC－n 的数目。组成虚级联的各个 VC－n 可能独立传送，因此各 VC－n 都需要使用各自的 POH 来实现通道监视与管理等功能，接收端对组成 VC－n－Xv 的各 VC－n 在传送中引入的时延差必须给予补偿，使各 VC－n 在接收侧相位对齐。连续级联和虚级联示意如图 2－16 所示。

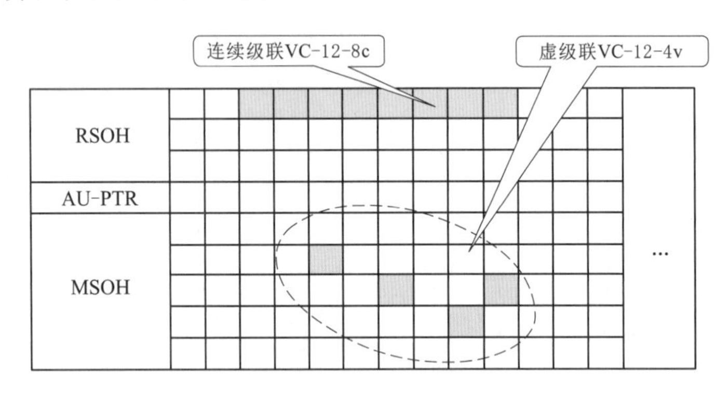

图 2－16　连续级联与虚级联示意图

数据帧的映射采用 VC 通道的连续级联、虚级联或多链路点对点协议（Multi－link Point to Point Protocol，ML－PPP）来保证数据帧在传输过程中的完整性。采用连续级联需所有相关节点支持该项功能。虚级联技术首先将信号封装在几个标准的容器中，然后各自通过网络独立传送，最终在接收端将信号组合还原，从而实现带宽利用率的最优化。它与链路容量调整机制（Link Capacity Adjustment Scheme，LCAS）等技术配合，可以实现带宽的动态调整。以太网帧映射到 SDH 虚容器的对应关系见表 2－1。

表 2－1　以太网帧映射到 SDH 虚容器的对应关系

以太网接口业务速率/(Mbit/s)	未采用级联映射方式		采用级联宽带映射方式	
	虚容器	映射效率/%	虚级联（或连续级联）	映射效率/%
10	VC－3（48.384Mbit/s）	20	VC－12－5v/c	92
100	VC－4（149.760Mbit/s）	67	VC－3－2v/c，VC－12－46v/c	100
200	VC－4－2v/c	67	VC－3－4v/c	100
1000	VC－4－8v/c	83	VC－3－22v/c	94

在映射过程中还有一个关键技术就是链路容量调整方案（LCAS），如果虚级联中一个 VC - n 出了故障，整个虚级联组将失效，但数据传输具有可变带宽的要求，可采用虚级联和 LCAS 协议相结合解决此状况。例如，MSTP 现行分配 46 个 VC - 12 的虚级联来承载一个 100Mbit/s 的 FE 业务，如果其中的 6 个 VC - 12 出现故障，剩余的 40 个 VC - 12 能无损伤地（比如不丢包和无较大延时）将此 FE 业务传送过去；如果故障恢复，FE 业务也相应恢复到原来的配置。

虚级联最大的优势在于它可以使 SDH 为数据业务提供大小合适的带宽通道，避免了带宽的浪费。虚级联技术可以以很小的颗粒（如 2Mbit/s）来调整传输带宽，以适应用户对带宽的不同需求。由于每个虚级联的 VC 在网络上的传输路径是各自独立的，所以当物理链路有一个路径出现中断时，不会影响从其他路径传输的 VC。

3. ATM 业务在 MSTP 上传送实现

对于 ATM 接口，在映射入 VC 之前，MSTP 系统还能提供统计 ATM 复用功能和 VP、VC 交换功能。可对多个 ATM 业务流中的非空闲信元进行抽取，复用进一个 ATM 业务流，从而节约了 ATM 交换机的端口数，提高了 SDH 通道的利用率。对于宽带数据业务的映射，MSTP 还应该支持低阶和高阶的 VC 级联功能，包括相邻级联和虚级联。

2.2.4 OTN 技术

光传送网（Optical Transport Network，OTN）技术是一个基于波分复用 WDM 技术并在光层组织的传输网络技术。它是受一系列 ITU - T 建议（如 G.872：定义由光通道层、光复用段层和光传输段层组成的体系结构，G.709：定义 OTN 的网络节点接口，G.798：定义光传送网设备的功能特征）。通过可重构光分插复用器（Reconfigurable Optical Add－Drop Multiplexer，ROADM）技术、光传送体系（Optical Transmission Hierarchy，OTH）技术引进 G.709 封装控制飞机，将解决传统 WDM 网络无波、亚波长业务调度能力弱、组网能力弱、防护能力弱等问题。

2.2.4.1 OTN 基本组成结构

OTN 结构如图 2 - 17 所示，OTN 可定义为传送 SDH 信号的光层的扩展，其中又可以将光层分为若干子层，即 OTN 的光层分为光通道层（Optical Channel layer，OCH）、光复用段层（Optical Multiplexer Section layer，OMS）和光传输段层（Optical Transmission Section，OTS）。这种子层的划分方案既是多协议业务适配到光网络传输的需要，也是网络管理和维护的需要。

1. 光通道层（OCH）

OCH 负责为来自电复用段层（复用段和再生段）的不同格式的客户信息（如 PDH、SDH、ATM 信元等）选择路由、分配波长和灵活地安排光通道路径连接、开

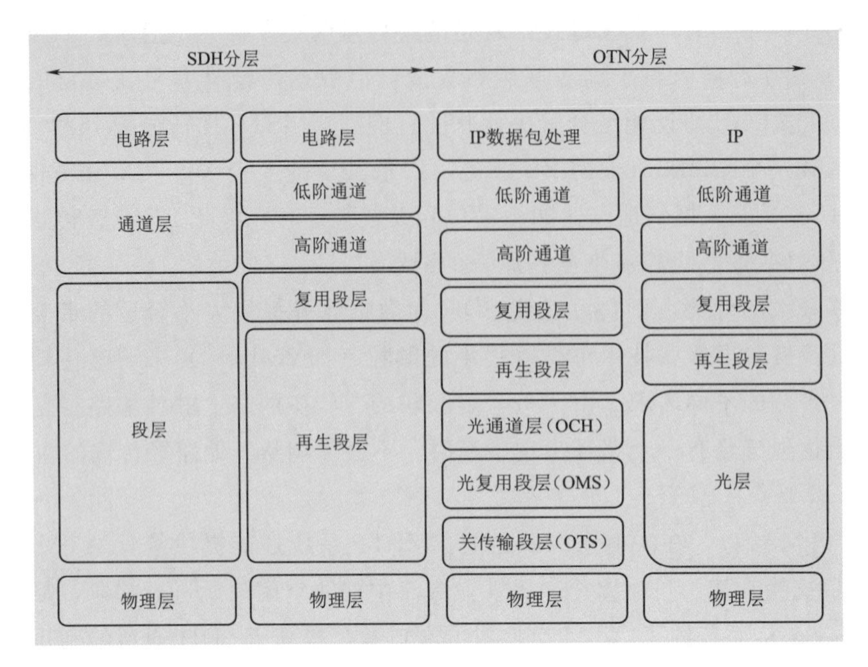

图 2-17　OTN 结构图

销处理和监控功能等，从而提供端到端透明传输的光通道联网功能。

OCH 所接收的信号来自电通道层，它是 OTN 主要功能的载体，根据 G.709 的建议，OCH 又可以进一步分为光通道净荷单元层（Optical Channel Payload Unit，OPU）、光通道数据单元（Optical Channel Data Unit，ODU）和光通道传送单元（Optical Channel Transport Unit，OTU）。

2. 光复用段层（OMS）

OMS 保证相邻两个波分复用传输设备间多波长信号完整传输，并提供网络功能。该层网络功能包括：①为灵活的多波长网络选路重新安排光复用段连接；②为保证多波长光复用段适配信息的完整处理光复用段开销；③为网络的运行如复用段生存性和管理提供光复用段监控功能。

3. 光传输段层（OTS）

OTS 为光复用段信号在不同类型的光传输介质（如 G.652、G.653、G.655 光纤等）上提供传输功能，包括对光放大器的监控功能。

由于上述的光通道层、光复用段层和光传输段层所传输的信号均为光信号，故称为光层。

2.2.4.2　OTN 的主要特点及区别

1. OTN 的主要特点

(1) 建立在 SDH 的经验之上，为过渡到下一代网络指明了方向。

(2) 借鉴并吸收了 SDH 的分层结构、在线监控功能、保护和管理功能。

(3) 可以对光域中光通道进行管理。

(4) 采用前向纠错 (Forward Error Correction, FEC) 技术,提高了误码性能,增加了光传输的跨距。

(5) 引入了终端行为管理系统 (Terminal Compliance Management, TCM) 监控功能,一定程度上解决了光通道跨多自治域监控的互操作问题。

(6) 通过光层开销实现简单的光网络管理 (业务不需要 O/E/O 转换即可取得开销)。

(7) 统一的标准方便各厂家设备在 OTN 层互联互通。

2. OTN 与 SDH 的主要区别

(1) OTN 与 SDH 传送网的主要差异在于复用技术不同,但在很多方面又很相似,例如,都是面向连接的物理网络,网络上层的管理和生存性策略也大同小异。

(2) 由于 WDM 技术独立于具体的业务,同一根光纤的不同波长上接口速率和数据格式相独立,使得运营商可以在一个 OTN 上支持多种业务。OTN 可以保持与现有 SDH 网络的兼容性。

(3) SDH 系统只能管理一根光纤中的单波长传输,而 OTN 系统既能管理单波长,也能管理每根光纤中的所有波长。

2.2.4.3 OTN 技术组网保护机制

OTN 目前可提供下述几种保护方式。

(1) 光通道 1+1 波长保护,如图 2-18 所示。

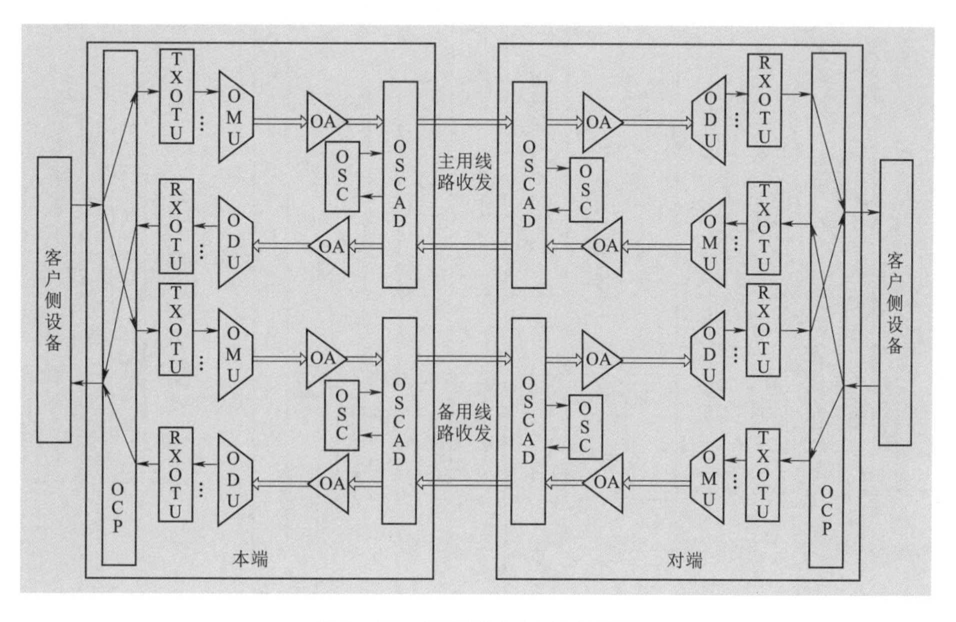

图 2-18 光通道 1+1 波长保护

(2) 光通道1+1路由保护，如图2-19所示。

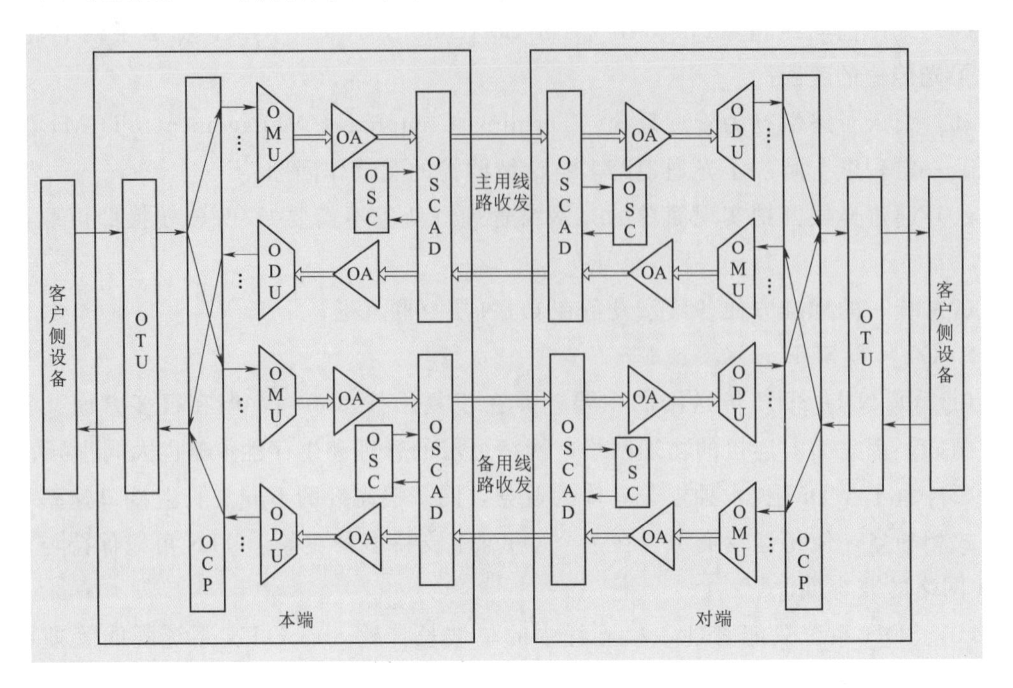

图2-19 光通道1+1路由保护

(3) 1+1光复用段保护，如图2-20所示。

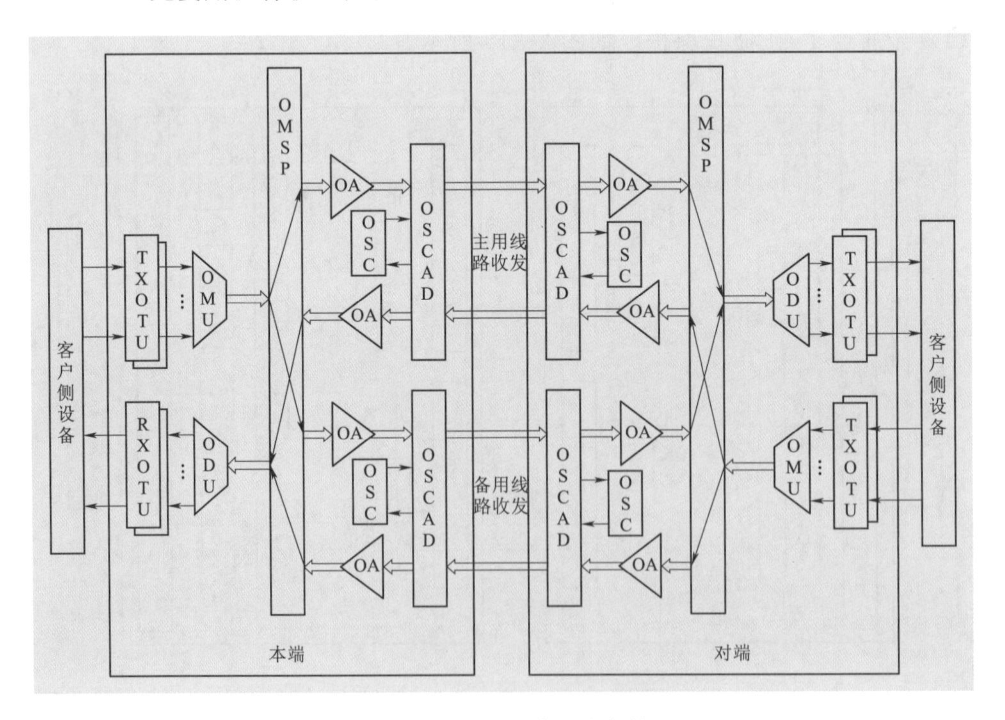

图2-20 1+1光复用段保护

（4）光线路1∶1保护，如图2－21所示。

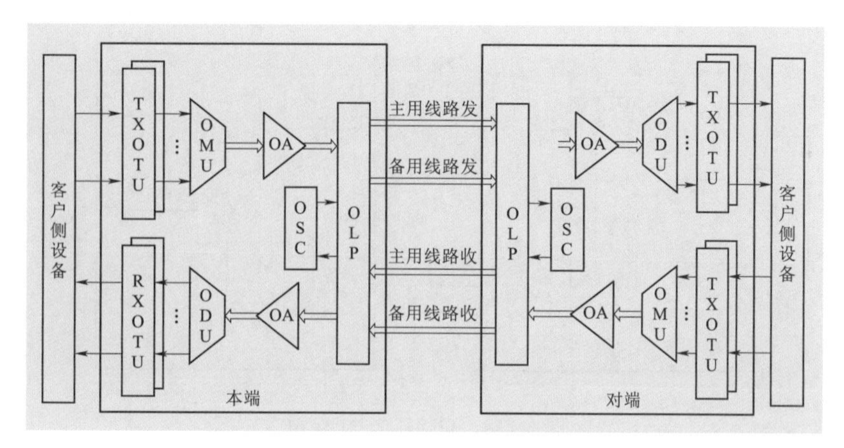

图2－21　光线路1∶1保护

（5）OCh1＋1保护，如图2－22所示。

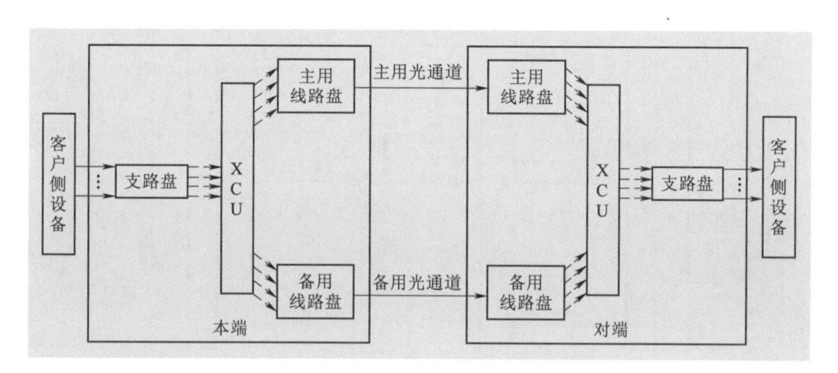

图2－22　OCh1＋1保护

（6）OCh 1∶2保护，如图2－23所示。

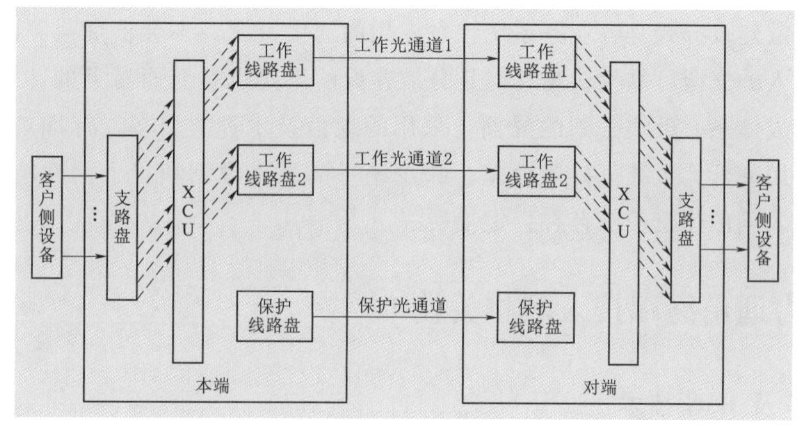

图2－23　OCh 1∶2保护

(7) ODUk 1+1保护，如图2-24所示。

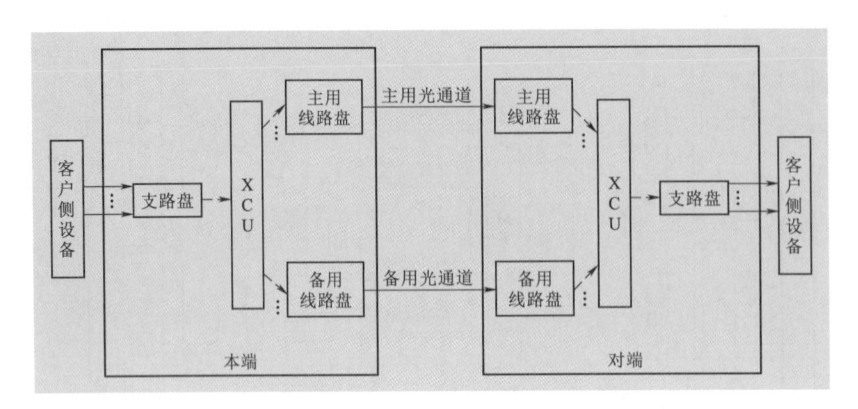

图2-24　ODUk 1+1保护

(8) ODUk 1∶2保护，如图2-25所示。

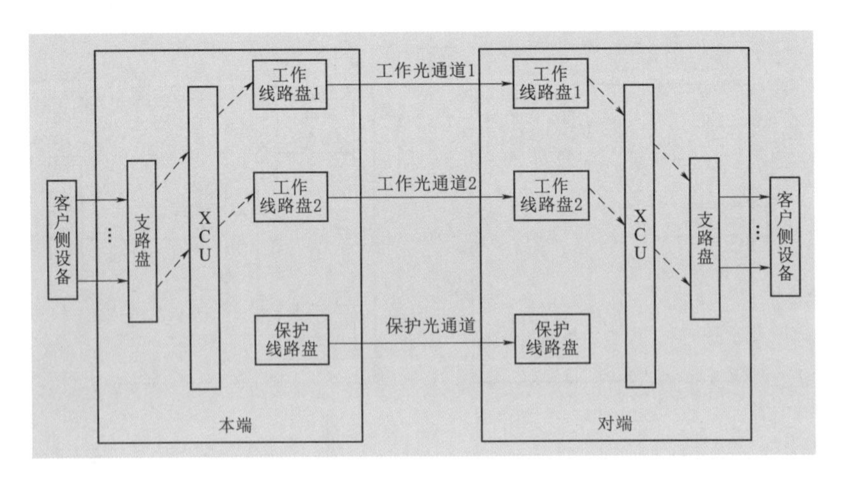

图2-25　ODUk 1∶2保护

这种分散建设方式是各业务系统独享专用的通信资源，不会出现业务间的冲突干扰，业务接入的安全可靠性较高。但是分散建设的不足也是显而易见的，终端通信接入网呈现自成体系、条块分割的局面，采用的通信技术种类繁多，标准规范不完善、网络资源利用率低、系统可扩展性差、缺少统一的网络规划和接入网性能评价体系，导致整个接入网的建设投资存在一定浪费。

2.3　电力通信终端接入网相关技术

2.3.1　5G及B5G技术

5G网络通信技术为跨领域、全方位、多层次的产业融合提供了基础设施服务，可以为广大人民群众提供更优质的信息服务。当前正处于5G发展的关键时期，主要工作是全力推进全面互联网化运营转型、总体规划、分步实施、攻坚克难，持续客户感知、运营效率和差异化竞争力。5G网络通信技术是当前世界上最先进的一种网络通信技术之一。相比于被普遍应用的4G网络通信技术，5G网络通信技术传输速度上的提高在实际应用中具有十分巨大优势。传输速度的提高会大大缩短传输过程所需要的时间，对于工作效率的提高具有非常重要的作用。5G网络通信技术应用在当今的社会发展中可以大大提高社会进步发展的速度，有助于人类社会的快速发展。

5G网络通信技术不仅做到了传输速度的提高，其在传输的稳定性上也有突出的进步。5G网络通信技术应用在不同的场景中都能进行很稳定的传输，能够适应多种复杂的场景，使得其在实际的应用过程中非常实用。由于5G网络通信技术的传输能力具有较高的稳定性，因此不会因为工作环境的场景复杂而造成传输时间过长或者传输不稳定，将大大提高工作人员的工作效率。

高频传输技术是5G网络通信技术的核心技术，高频传输技术正在被多个国家同时进行研究。低频传输的资源越来越紧张，而5G网络通信技术的运行使用需要更大的频率带宽，低频传输技术已经满足不了5G网络通信技术的工作需求，所以要更加积极主动的去探索开发高频传输技术。高频传输技术在5G网络通信技术的应用中起到了不可忽视的作用。5G网络通信技术示意图如图2-26所示。

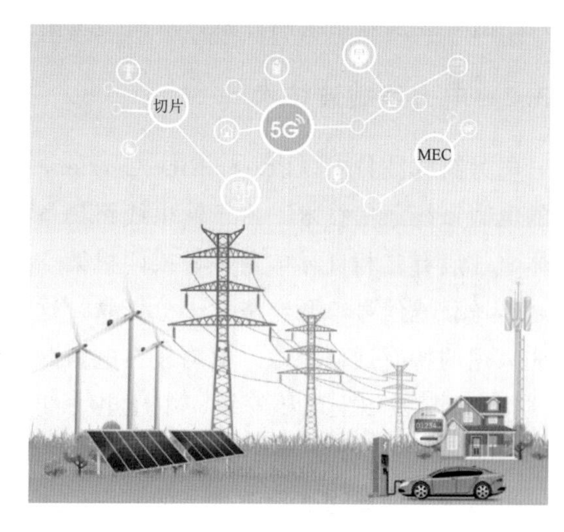

图2-26　5G网络通信技术示意图

相比以往的通信技术，5G网络通信技术不仅仅是传统通信技术的变换与升级，它更是整个通信行业与产业的深刻变革与进步。5G通信不仅可以实现更加快捷、可靠的信息传输，还可以与边缘计算、网络虚拟化、工业互联网等新型通信技术相结合，从而为社会发展带来更深层次的影响。

在横向发展上，5G网络通信技术超越了传统通信的应用领域和模式，为社会各行业及产业的智能化、自动化变革提供了技术支撑。5G边缘计算技术指的是利用网络虚拟化技术将传统系统主站的运算服务器下沉部署到靠近通信终端的网络汇聚节点上，这一新运算模式既降低了通信业务的传输时延，又缓解了通信网络的流量压力。5G数据中台技术指的是利用数据挖掘和标签化技术构建服务多业务的数据服务平台，该数据服务平台可以从5G网络海量数据中汇聚挖掘出不同业务所需要的数据资源。

5G网络切片技术指的是利用软件定义网络（Software Defined Network，SDN）/网络功能虚拟化（Network Functions Virtualization，NFV）技术，在通信网络中分配一定的虚拟机（Virtual Machine，VM）或虚拟资源，从而构建服务某项特定业务的服务功能链（Service Function Chain，SFC），这些服务功能链的构建可以细粒化地满足不同业务的不同通信需求。

在纵向发展上，5G网络通信技术实现了4G等传统通信技术的性能飞跃。通信速率方面，由于5G网络通信技术的信号频率达到了超高频和极高频的频段，因此在3GPP的设计标准中5G网络通信技术的理论通信速率可以达到1Gbit/s，这一速率将是4G通信的30倍。通信连接方面，5G网络通信技术采用大规模多入多出（multiple-in multiple-out，MIMO）和波束成形技术实现移动信号的可靠稳定连接，因此5G网络通信技术可以实现4G网络通信技术所无法达到的毫秒级时延和高可靠性水平。同时，为了克服厘米波和厘米波信号存在的覆盖范围不足的缺陷，5G网络通信技术在基站组网与覆盖上采用了“宏基站（Macro）+微基站（Micro）+皮基站（Pico）”的多级别基站组网方案，从而实现信号的充分覆盖和接入终端的连接。

2.3.2 电力线载波技术

电力线载波技术（Power Line Carrier，PLC）指以输电线路为载波信号的传输媒介的电力系统通信技术。由于输电线路具备十分牢固的支撑结构，并架设3条以上的导体（一般有三相良导体及一根或两根架空地线），所以输电线输送工频电流的同时，用之传送载波信号，既经济又十分可靠。这种综合利用早已成为世界上所有电力部门优先采用的特有通信手段。电力线在电力载波领域一般分为高中低3类，通常高压电力线指35kV及以上电压等级、中压电力线指10kV电压等级、低压配电线指380V/220V用户线。

低压电力线载波通信技术指的是以低压配电线（380V/220V电力线）作为信息传输媒介进行数据传输的一种特殊通信技术。低压电力线载波按照工作频率的不同分为窄带和宽带两种方式。其中窄带电力线载波工作在500kHz频率以下，其提供的带宽一般只有几kbit/s到几十kbit/s的通信速率。宽带电力线载波工作在2MHz至30MHz频段，可以提供几Mbit/s至几十Mbit/s的通信速率。低压电力线载波通信技术示意如图2-27所示。

第一代窄带PLC主要使用的是基于单载波和双载波技术，调制技术主要有相移键控（Phase Shift Keying，PSK）调制、频移键控（Frequency Shift Keying，FSK）调制及扩频调制技术。但存在传输速率慢（往往最高只有几kbit/s）、抗干扰能力差、频带利用率低等缺点。第二代窄带PLC是采用基于正交多载波调制技术（Orthogonal Frequency Division Multiplexing，OFDM）的多载波调制PLC。OFDM凭借其良好的

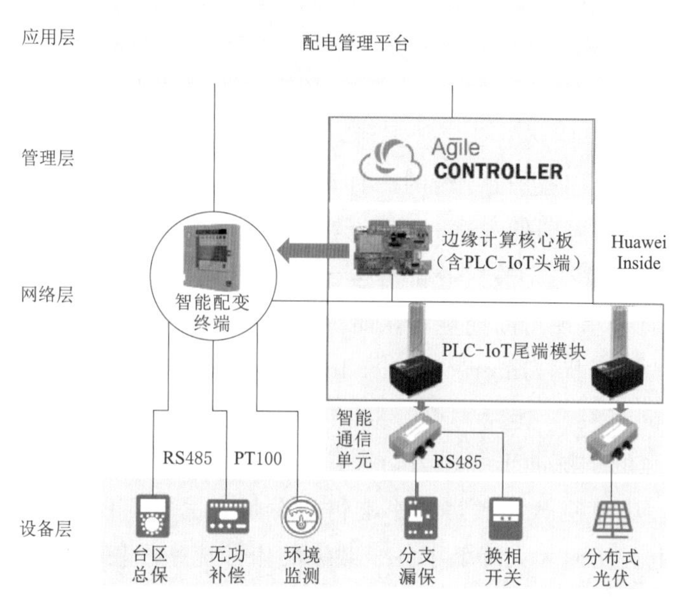

图 2-27 低压电力线载波通信技术示意图

抗频率选择性衰落强、频谱利用率高、易于均衡等特点，普遍被用于新一代的 PLC 中，并可以达到 100kbit/s 以上的传输速率。目前，国际上已经发布了 PRIME、G3 和 HNEM 等多个最高速率超过 100kbit/s 的低压窄带 PLC 标准和方案。低压配电网络线路分支线多，因此载波系统面临信号随线路的结构、用电负荷变化而衰减，通道噪声和频率选择性衰落的不良线路环境影响，对通信的性能和可靠性造成较大的影响。

中压电力载波技术是指电力线载波通信运用在中压（10kV，含 6kV）电力线上进行监测、控制、语音、视频等数据传输的一种电力线增值技术。中压电力线载波按照工作频率的不同分为窄带和宽带两种方式。其中窄带电力线载波工作在 500kHz 频率以下，其提供的带宽一般只有几 kbit/s 到几十 kbit/s，点到点传输距离最远可达几千米。宽带电力线载波工作在 2MHz 至 30MHz 频段，可以提供几 Mbit/s 至几十 Mbit/s 的通信速率，但由于电力线路对高频段信号的衰减更大，因此传输距离一般只有 1km 左右，如果需要远距离传输，则需要通过多跳中继的方式进行。

中压电力线载波通信系统一般采用点到点、链式、星形等组网架构，并采用包括单载波调制、扩频调制、OFDM 调制等调制技术。由于中压配电网络沿线跨接配变比较多、线路分支线多，中压电力载波系统面临着数据信号随线路结构、用电负荷大小的变化而变化等问题。此外，数据传输通道的噪声与频率选择性衰落都可能对载波通信性能及通信可靠性造成较大的影响。但是由于中压电力线载波通信线路结构变化、负荷变化及传输信号所存在不同环境干扰下的信号传输距离均有所不同，因此中压电力线载波系统通常需要具备进行自组网中继通信的能力，并根据现场情况需要来综合设计与考虑通信中继方案。

电力线通信通常采用的调试方式是正交多载波调制技术（OFDM），OFDM是把高速的串行数据转换成 N 路的低速数据流，去分别调制 N 路相互正交的载波，然后将 N 路子载波合并成一路进行传输的一种调制效率很高的技术。在OFDM系统中，通过插入保护间隔使信号即使是通过多径信道，各子载波间的正交性仍能得到保持。保护间隔就是将OFDM码元最后一部分复制到各码元前端。采用这种方式，可以使要传输的OFDM符号呈现出周期性，从而对消除符号间干扰（Inter Symbol Interference，ISI）和载波间干扰（Inter - Carrier Interference，ICI）起着关键作用。

OFDM具有抗多径干扰能力强、频谱利用率高的优点，因此受到广泛关注。OFDM系统有很强的抗脉冲干扰能力，这是由于OFDM信号的解调是在一个很长的码元周期内积分，从而使脉冲噪声的影响得以分散。另外，OFDM系统由于把信息分散到许多载波上，从而大大降低了各子载波的信号速率，使得码元周期比多径延迟长，因此可有效克服多径传播的影响。由于OFDM具有抗脉冲干扰和多径效应能力强的特点，所以它也很适合电力线载波通信。

2.3.3 xPON技术

新一代无源光网络（xPassive Optical Netuork，xPON）作为新一代光纤接入技术，在抗干扰性、带宽特性、接入距离、维护管理等方面均具有巨大优势，其应用得到了全球运营商的高度关注，xPON光接入技术中比较成熟的以太网无源光网络（Ethernet Passive Optical Network，EPON）和吉比特无源光纤接入网络（Gigabit Passive Optical Network，GPON），均是由光线路终端（Optical Line Terminal，OLT）、用户端光节点（Optical Network Unit，ONU）设备和无源光分配网络（Optical Distribution Network，ODN）组成。其中ODN网络及设备是xPON综合接入中的重要一环，涉及到全新光纤网络的组建和应用，相关ODN设备及组网成本，已成为制约xPON应用的重要因素。

作为一种成熟的光纤接入技术，EPON（以太网无源光网络）目前已在全球电信网络、专网通信等领域得到了广泛应用，该网络基于点对多点网络结构，使用无源光纤传输数据，在以太网的基础上提供各种服务。物理层采用PON技术，链路层基于以太网协议和PON拓扑实现以太网接入。EPON技术结合了PON技术和以太网技术的优势，具体优势如下：

（1）EPON采用点到多点的树形拓扑结构，通过一级分光或多级分光方式可节省大量主干光纤。

（2）EPON可提供上下行对称1.25Gbit/s的传输速率，并且在20km传输距离下，最大分路比可达 1∶64，可实现高带宽、广覆盖连接。

（3）EPON 系统可同时接入 IP、TDM 数据专线、话音、CATV 等多种通信业务，进而支撑电力通信网所承载的配电自动化、虚拟电厂、需求响应等多种电力业务数据传输需求。与此同时，EPON 系统所具有的带宽动态分配技术可以更好地保证各类业务的 QoS 需求。EPON 还可以通过灵活的带宽调用来保证重要度不同的电力业务数据传输质量。

（4）EPON 系统中 ODN 所具有的无源特性使得光信号在传输过程中不需要有源光放大器等电子部件支撑信号传输。因此，EPON 系统既具有铺设容易的优点，又具有避免电磁干扰与雷电影响、降低线路与外部设备故障率的优点。此外，EPON 系统可通过 OLT 来全程实现 ONU 集中远程管理，从而在很大程度上降低了系统的运营成本和管理成本。

2.3.3.1 EPON 系统的基本工作原理

在 EPON 中，OLT 传送下行数据到多个 ONU，完全不同于从多个 ONU 上行传送数据到 OLT。下行采用 TDM 传输方式，上行采用 TDMA 传输方式。

EPON 在单根光纤上采用 WDM 技术全双工双向通信，实现下行 1550nm 和上行 1310nm 波长的组合传输。

上行方向（ONU 至 OLT）是点到点通信方式，即 ONU 发送的信号只会到达 OLT，而不会到达其他 ONU。在上行方向，各自 ONU 收集来自用户的信息，按照 OLT 的授权和分配的资源，采用突发模式发送数据。其中 OLT 的授权是指上行方向采用 TDMA 多址接入方式，TDMA 按照严格的时间顺序，把时隙分配给相应 ONU。每个 ONU 的上行信息填充在指定的时隙里，只有时隙是同步的，才能保证从各个 ONU 的上行的信息不发生重叠或碰撞，以此保证在 OLT 中能够正确接收，最终成为一个 TDM 信息流传送到 OLT。EPON 上下行信息流的分发如图 2-28 所示，ONU_3 在第 1 时隙发送包 3，ONU_2 在第 2 时隙发送包 2，ONU_1 在第 3 时隙发送包 1。下行方向（OLT 至 ONU）将数据以可变长度数据包通过广播传输给所有在 ODN 上的各个 ONU。每个包携带一个具有传输到目的地 ONU 标识的信头。当数据到达 ONU 时，由 ONU 的 MAC 层进行地址解析，提取出属于自己的数据包，丢弃其他数据包，再传送给用户终端。

EPON 系统采用全双工方式，上/下行信息通过波分复用（WDM）在同一根光纤上传输。EPON 可以支持 1.25Gbit/s 对称速率，将来速率还能升级到 10Gbit/s。

2.3.3.2 EPON 技术配网模式

1. EPON 独立组网模式

EPON 独立组网模式指单独使用 EPON 技术的配网光通信网络。这种模式不仅对环境有较强的抗性（只有在极其恶劣的环境中才会发生故障），对通信也有较强的

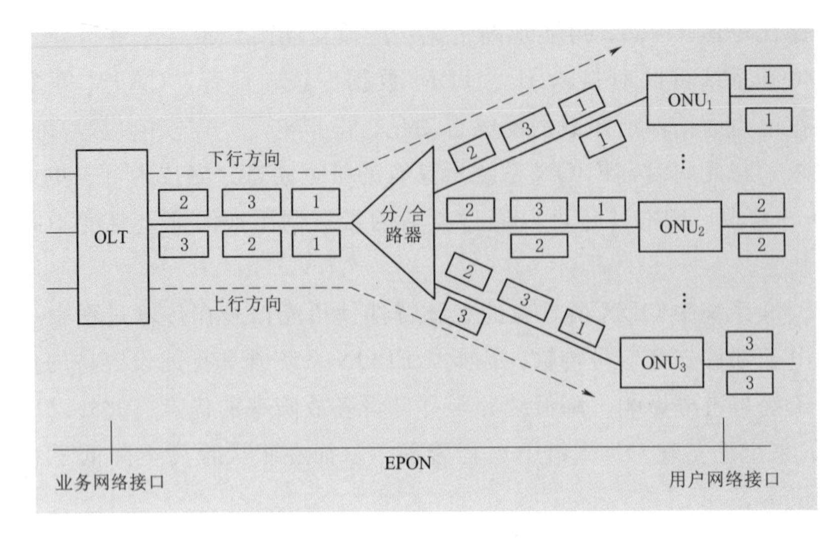

图 2-28　EPON 上下行信息流的分发

可靠性，还具有设备维护简单方便和被电磁波干扰较少等优点。但是 EPON 独立组网模式也有一个非常严重的缺点，就是不能完整地利用光纤资源，并且还会造成光纤资源的严重浪费。造成这种问题的原因是 EPON 需要独占一个从配网控制中心到配网终端相连接的完整光纤，这势必需要投入大量的光纤线路，造成严重的资源浪费。

2. EPON/SDH 分层组网模式

EPON/SDH 分层组网模式指在配网控制主端使用 SDH 技术，在配网终端使用 EPON 技术，两者相结合达到最佳效果。SDH 技术的使用可以很好地解决 EPON 独立组网模式中光纤资源浪费的问题，但是在设备运行的可靠性和运行稳定性上却很弱。SDH 技术可以提高电网变电站中的通信的稳定性，但是原始的 SDH 技术需要资源转换，对恶劣环境的适应性能也比较差，维修维护工作也较难进行，这也在一定程度上加大了运营的成本。

3. 混合组网模式

混合组网模式指将不同的组网模式的优点进行整合和发展，并且尽可能地规避它们的缺点，根据电网覆盖区域的环境特征选择适合的混合组网模式。不仅可以提高电网对环境的适应性，还可以提高电网的质量。但是，由于各种组网模式的不断整合，必定会增大电网结构的复杂度，对电网的管理难度也随之增大。

4. xPON 系统模型

下一代网络是一种面向多种业务的网络，对于接入网，要求实现多业务的接入，对于 EPON 技术，标准中并未提及多业务的承载问题，对于 GPON 网络，标准中提供了多业务的统一接入平台，规定了对于 ATM、TDM 和 Ethernet 业务的数据封装格式。下一代无源光网络接入技术将对于 EPON 和 GPON 的接入提供具备 QoS 保证的 ATM、TDM 和 Ethernet，xPON 系统模型如图 2－29 所示。

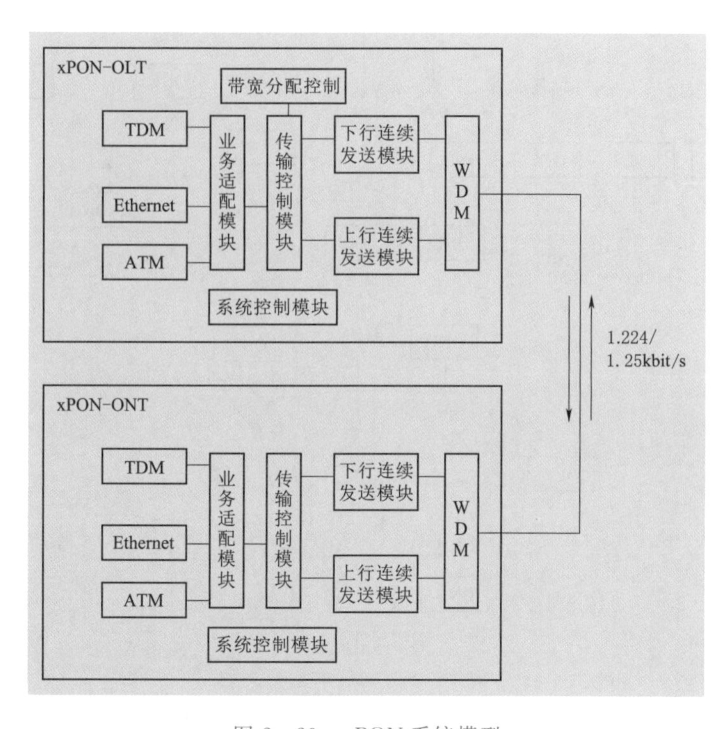

图 2－29　xPON 系统模型

xPON 由局侧的光线路终端（Optical Line Terminal，OLT）、用户侧的光网络单元（Optical Network Unit，ONU）和不使用有源器件的光分配网络（Optical Distribution Network，ODN）组成，为单纤双向系统，其工作原理图如图 2－30 所示（IF_{PON}指 PON 接口）。

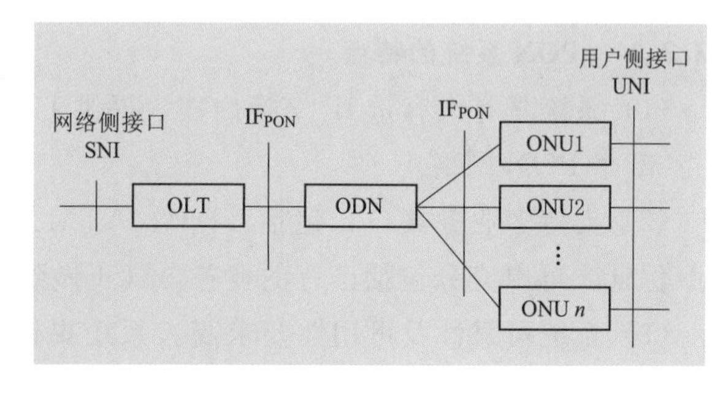

图 2－30　xPON 工作原理图

下行方向（从 OLT 到 ONU）是一点对多点的分布式网络，OLT 拥有整个下行带宽，广播发送数据包时，ONU 选择性接收自己的数据。上行方向（从 ONU 到 OLT）是“多点对一点”的网络，多个 ONU 向一个 OLT 发送数据，采用 TDMA 时分多址或 WDMA 波分多址接入技术来共享一根干路光纤。ODN 的作用是保证一个 ONU 发送的信号不会被其他 ONU 检测到，提高了系统的安全性。xPON 可以灵活组成树形、总线型、环形以及混合型等结构，如图 2－31 所示。

树形拓扑多用于电信运营商 FTTH/FTTB（光纤到户/光纤到楼）模式，ONU 位于

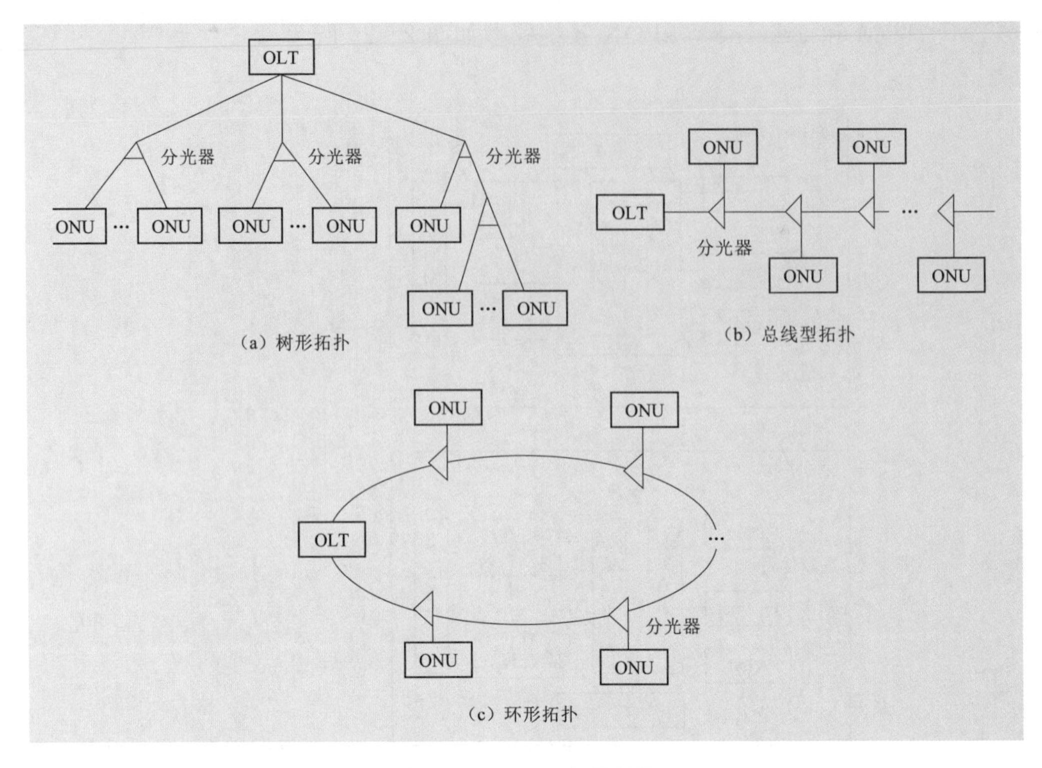

图2-31　xPON拓扑结构

用户处，分光器最多级联三级（减小光纤链路总的插入损耗），适用于用户较分散的场合；总线型拓扑采用不均匀分光器，适用于链形的网络结构；环形拓扑物理上为闭环，逻辑上为开环，同样采用不均匀分光器，是总线型拓扑的特例，适用于环形网络结构。

2.3.3.3　xPON系统的特点

（1）系统具有大容量IP交换内核，提供10G以太网网络接口，每一个OLT可以支持36个PON网络。

（2）支持多业务接口，包括TDM、ATM、Ethernet、CATV等，并提供严格的QoS保证，可以充分包括已有的业务，真正做到支持业务的平滑升级。

（3）系统可靠性及可用性要求高。系统提供可选的1+1保护倒换机制，充分满足电信网对网络可靠性的要求。

（4）目前应用的EPON系统分路比为1∶32，可支持10～20km的传输距离。从技术上，下一代xPON系统的分路比完全可以做到1∶128，即一个PON端口可带128个ONU。而且目前传输距离和分路比主要是受光模块性能指标的限制，随着光模块技术的进步，这一目标是能够实现的。

（5）可配置10km、20km网径，充分满足接入网的要求。

（6）统一系统管理软件平台，对于不同的接入方式，具备统一的网络管理平台。

xPON网络可以根据用户的不同需求提供不同形式的PON接入，解决了EPON

和GPON两种技术不兼容性问题。同时xPON系统提供统一的网络管理平台可以管理各种业务需求，实现具有严格QoS保障的全业务（包括ATM、Ethernet、TDM）支持能力，同时可以自动识别EPON、GPON接入卡加入、撤销，真正同时兼容EPON以及GPON网络。

2.3.3.4 动态和静态带宽分配技术

xPON要保证各种业务的QoS，需要具备非常灵敏的带宽分配机制，以及支持动态、静态带宽分配功能。“基于静态SLA”带宽分配方案是最简单的分配方案，它们应用固定的传输许可计划，以服务等级协议为基础，并重复不断地向每个ONU提供类似于TDM的服务。虽然这种计划能够将延时与变异程度减到最小，但它们最适用于持续稳定的比特率流量。动态和静态带宽分配技术（Dynamically Bandwidth Assignment，DBA）算法考虑到数据流量的爆发性本质，并适应瞬时的ONU带宽电路仿真技术。xPON系统上实现了波分复用（DM）业务传输最主要的一种方法是基于分组交换网络的电路仿真技术（Circuit Emulation over Packet Switched Net，CESoP）。CESoP技术指在非TDM网络上进行电路仿真，实现TDM业务如E1/T1、E3/DS3或是STM－1等在分组交换网络上的传送。其基本原理就是在分组交换网络上搭建一个“通道”，通过增加报头，用IP包封装每个T1或E1帧，通过分组交换网（Packet Switched Network，PSN）透传到对端。目的端收到数据包后重新生成同步时钟信号，同时去掉数据包中的报头，把其他数据转化成原始的TDM数据流，从而使网络两端的TDM设备不需关心其连接的网络是否为TDM网络。而且相关的设备不需做任何改动，可使电信运营商充分利用现有资源，把传统TDM业务应用在IP网上。

2.3.3.5 快速突发同步技术

xPON上行为“多点对一点”的TDMA通信方式，且光发射采用突发模式。xPON系统的测距机制保证不同ONU发送的信元在OLT端互不碰撞，但由于精度有限，且不同ONU发送的时隙之间也有相位突变。因此，必须在信元到达前的保护时间内实现快速突发比特同步。基本原理是：用多相时钟对突发时隙的前导码分别抽样判决，其后对各路数据与关键字相关比较，选择与比特同步相关性最好的时钟定为同步时钟。用同一主时钟对多相数据分别抽样，这样就不必进行相位校准，简化了电路设计。

2.3.3.6 测距和时延补偿技术

由于PON的树形分支拓扑结构，各个ONU到OLT的距离不一样，因此各个ONU的信号传输时延也就不一样，如果在这样的情况下给各个ONU分配发送时隙，就会产生以下两个问题：①不能保证这些时隙在到达光分路/合路器时不会发生碰撞冲突；②即使没有碰撞发生，由于这些时隙不是紧邻的连续排列以至带宽浪费很大，也不可使用。为了避免以上问题，必须采用测距技术，测出各个ONU到OLT的实际路由距离，据此对每个ONU赋以不同的发送延时，让所有的ONU都站同一个发送的“逻辑起跑线”上，然后在发送“逻辑起跑线”的基础上，再对每个 ONU 赋以递增的发送延时，以达到 TDM 对各路时隙连续排列的要求。

2.3.3.7 上行信号的突发发射技术

上行用 TDMA 方式时，各个 ONU 共用同一个发射波长，每个 ONU 只有在允许的时隙上才能发送数据，因此 ONU 的发送是间断式的。同时为了使 LD 发出激光，调制前要在 LD 上加一个预偏置电流，输入电信号（即调制信号）是叠加在预偏置电流上面的。由于预偏置电流的存在，以致无电信号输入时，LD 也会有一定的光功率输出，这对光接收机而言是一种噪声，会降低光接收机的信噪比。在 PON 接入网中，一个 OLT 面对多个 ONU，当一个 ONU 发送信号时，其他 ONU 不能发送信号，如果这些 ONU 的 LD 此时都处在预偏置状态，那么所产生的噪声将会干扰 OLT 对有用信号的接收，并且 ONU 数量越多则干扰越大。所以，在 PON 接入网中要求 ONU 不发送信号时应断开 LD 的预偏置电流，发送信号时才加上预偏置电流，这称为上行信号的突发发送。然而，预偏置电流的建立需要一段时间，而且 LD 输出光脉冲相对于注入电脉冲也有一个纳秒数量级的电光延时，所以需要 ONU 提前对 LD 加上预偏置电流。这个提前时间量目前是这样解决的：在 PON 接入网中规定 ONU 发送信号须事先向 OLT 申请，获准后才能发送信号，因此 ONU 可在提出申请前后的某一时刻（由 ONU 距离 OLT 的远近来具体确定）对 LD 加上预偏置电流。当然，解决这个问题也需要有预偏置电流建立时间短和电光延时短的高速率突发信号的光发送器件。

2.3.4 北斗短报文通信技术

卫星导航技术是利用人造地球卫星确定运动载体（例如，飞机、船舶、车辆等）的位置及航行参数进而引导载体沿预订航线运动的技术。北斗系统是着眼于国家安全和经济社会发展需要而自主建设，能够为全球用户提供全天候定位、测速、授时和短报文通信服务的重要空间基础设施。北斗系统遵循“先区域”“后全球”和“边建边用、以建带用、以用促建”的发展思路，从 1994 年启动建设至今，逐步形成了“三步走”的发展战略。

第一步，1994 年开启“北斗一号”系统建设，实现中国及周边部分地区的区域性导航定位、精密授时和短报文通信功能。“北斗一号”系统由 2 颗地球同步静止轨道卫星、地面中心站和用户设备构成。在定位时，用户设备需要向北斗卫星发送定位请求，北斗卫星将定位请求转发给地面中心站，中心站解算用户所在位置并通过北斗卫星发送给用户。这种定位方式被称为“有源定位”，允许用户与用户、用户与地面中心站之间进行双向通信，这是北斗系统独有的特点。

第二步，2004 年开启“北斗二号”系统建设，至 2012 年年底实现对亚太地区的覆盖。为了减小与 GPS 系统的差距，我国重新规划了北斗系统的空间星座。“北斗二号”系统采取了类似于GPS的无源定位技术，同时也保留了“北斗一号”系统的有源通信功能，即北斗短报文通信。无源与有源同时并存的方式，已经成为北斗系统的一大特色。

第三步，在2020年前后建成“北斗三号”系统，面向全球用户提供服务。与“北斗二号”系统相比，除了服务范围由区域扩大至全球外，“北斗三号”在导航定位精度和可靠性等方面均有很大提高；短报文服务在全面兼容“北斗二号”的基础上，通信容量将提升10倍，用户设备的发射功率将降低10倍。此外，“北斗三号”首次搭建了星间链路，可实现卫星之间的双向精密测距、通信和数据传输。在地面站全部失效的情况下，北斗系统也能通过星间链路提供定位、授时和双向通信服务。

目前，中国北斗卫星导航系统已实现区域覆盖，包括中国全境。其准确的时空服务能力优于GPS系统。同时，它比GPS系统具有更高的安全性，并能提供短信数据通信（北斗RD函数）的区分功能。面对中国建设十多年的强大智能电网，北斗系统已做好充分准备，为智能电网的升级提供服务，将推动智能电网运维、电力和新能源企业管理升级到北斗时代。

北斗短报文通信技术在终端通信接入网中应用前景广阔。北斗短报文技术可以在无信号覆盖的沙漠、偏远山区以及海洋等人烟稀少的地区完成电力设备的信息采集与状态监测等功能，而且还可以提供紧急通信服务，在地震等灾难发生时，可以及时报告终端设备的状态信息，下达控制命令，有效提高紧急救援效率。

目前，北斗短报文通信已在森林防火、海洋渔业、气象监测、应急指挥等众多领域进行了广泛应用，发挥了巨大社会与经济价值。北斗短报文通信链路如图2－32所示。其中，北斗用户机中安装有北斗IC卡，北斗IC卡的卡号具有唯一性，即用户机的地址。

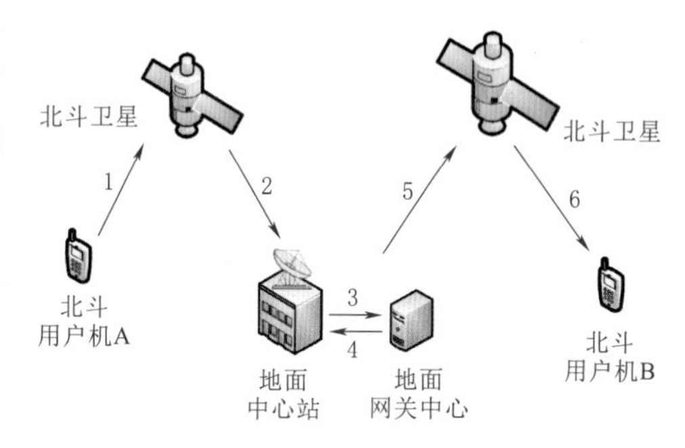

图2－32 北斗短报文通信链路图

北斗用户机A的扩频调制方式为码分多址（CDMA）直接序列（DS），扩频伪码为周期性伪随机码（PN）序列，北斗用户机A以L波段频率发送通信申请（包含发信方地址和收信方地址）至北斗卫星；北斗卫星将信号转换为C波段后转发给地面中心站；地面中心站接收到通信申请后，地面网关中心执行解密和再加密等操作，并由地面中心站广播该信号；北斗卫星再次接收到该信号后，将信号转换为S波段并广播给北斗用户机B；北斗用户机B解调解密信号，至此，完成了一次北斗用户机间的点对点通信。

1. 北斗短报文通信技术的优点

（1）覆盖面积广。目前，北斗系统已经具备服务于全球用户的定位与通信功能。

（2）保密性强。我国具有北斗系统的自主知识产权，对北斗系统的使用不受国外势力的影响，在任何时候都能确保通信的安全性和保密性。

（3）抗干扰能力。北斗卫星信号采用 L/S 波段，雨衰影响小；采用码分多址 CDMA 扩频技术，有效减少了码间干扰。

（4）通信可靠性高。数据误码率小于 10^{-5}，系统阻塞率小于 10^{-3}。

（5）响应速度快。点对点通信时延为 1～5s。

2. 北斗短报文的通信限制

（1）服务频度有限。北斗 IC 卡决定了用户机的服务频度，民用北斗 IC 卡的服务频度通常为 60s/次，即用户机连续发送通信申请的时间间隔至少为 60s，否则信息发送失败；接收数据的服务频度无限制。

（2）单次通信容量有限。北斗 IC 卡同时决定了单次通信报文的长度，民用北斗 IC 卡的报文长度通常为 78.5B，即当发送数据超过 78.5B 时，78.5B 之后的数据将发送失败。

（3）民用北斗通信链路没有通信回执。北斗用户机 A 在发送消息后，不能确定该消息是否被北斗用户机 B 成功接收。

北斗短报文通信技术虽然具有以上通信限制，但仍然在很多领域拥有重要的应用价值，例如，在自然灾害频发的地域，北斗短报文通信是一种有效的应急通信方案。由于地面无线通信网络的实现需要架设足够多的地面基站，且地面基站等基础通信设施很容易被地震、滑坡、泥石流、台风、洪水等灾害破坏。而北斗短报文通信基本上不会受自然灾害的影响，依然可以有效保证通信的可靠性。

另外，在偏远地区或极端地形，如山谷、陡坡、森林、沙漠、海洋等，北斗短报文通信是一种较低成本的偏远地区通信解决方案。在这些地区，无线通信基站或光纤等有线线路的建设和维护成本都十分高昂，并且需要耗费大量的人力、物力和财力。北斗系统的覆盖范围广，完全可以覆盖到这些极端地形，并且设备价格低廉。

2.3.5 NB-IoT 技术

目前，终端通信接入网主要通过载波通信、光纤通信、无线宽带技术和租用无线公网运营。其中，载波通信和无线公网的安全性较低，光纤建设难度大，灵活性低。无线宽带技术会受到天气或路径反射的干扰，在使用上也有一定的局限性。物联网可以合理地解决配电网中的终端通信问题。只有将配电网中的设备及其附件接入互联网，才能完成配电网的通信，实现配电网的遥信、遥测、遥控等自动化技术。物联网主要用于电力系统通信、配电网自动化和智能电网的紧急通信，为电网智能化提供了良好的技术保障。NB-IoT 技术示意如图 2-33 所示。

NB-IoT 技术是由华为、高通公司和 Neul 共同提出的一种新的物联网连接技术。它也是唯一满足五项网络通信要求（改善室内覆盖性能、支持大规模设备连接、降低

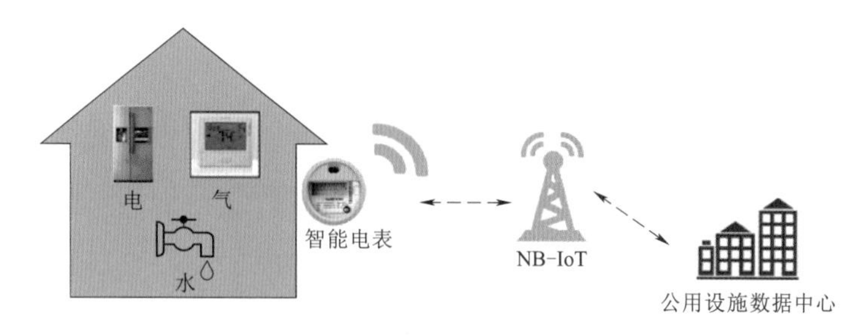

图 2-33 NB-IoT 技术示意图

设备复杂性、降低功耗和延迟）的蜂窝物联网技术。在经济效益方面，NB 物联网通信模块的成本远低于现有 GSM 模块。NB 物联网主要有独立部署、保护区部署和内部部署三种部署模式。采用的主流频段分为 800MHz 和 900MHz 两种，因此 NB-IoT 技术所存在的频段干扰也相对较少。作为一种电信级物联网网络标准，NB-IoT 网络可以提供更好的信号服务质量、安全性、可靠性认证，并能够与现有蜂窝网络基站相融合并获得更快速的大规模终端部署。与 GPRS 和 LTE 相比，NB-IoT 的通信距达到了 15km 并拥有一个 20dB 的链路抗干扰能力提升，因此 NB-IoT 技术拥有更优的室内外信号覆盖能力。除此之外，NB-IoT 技术所具有的海量连接、广域覆盖、超低功耗等优点使其非常适用于电力通信网的智能抄表、智能停车、环境监测、智能物流、智慧城市等多种业务场景，并使得其成为了运营商蜂窝物联网主流技术选择。在实际运用中，电力通信终端接入网仅需将接入网各业务终端配置 NB-IoT 模块即可构建 NB-IoT 网络并根据设定传输数据。

NB-IoT 在默认状态下，存在连接态、空闲态和节能模式三种工作状态，三种工作状态会根据不同的配置参数进行切换。这三种状态较深刻地影响了 NB-IoT 的特性，如其对比传统 GPRS 的低功耗特性，均可以从中获得解释，同时在后续对 NB-IoT 的使用和相关程序的设计时，也需要根据开发的需求与产品特性对这三种工作状态进行合适的定制。

（1）连接态（Connected）：模块注册入网后处于该状态，可以发送和接收数据，无数据交互超过一段时间后会进入 Idle，时间可配置。

（2）空闲态（Idle）：可收发数据，且接收下行数据会进入 Connected，无数据交互超过一段时会进入 PSM，时间可配置。

（3）节能模式（PSM）：此模式下终端关闭收发信号机，不监听无线侧的寻呼，因此虽然依旧注册在网络，但信令不可达，无法收到下行数据，功率很小。

持续时间由核心网配置，有上行数据需要传输或 TAU 周期结束时会进入 Connected。

NB-IoT 终端在不同工作状态下的情况剖析：

（1）NB-IoT发送数据时处于激活态，在超过“不活动计数器”配置的超时时间后，会进入Idle。

（2）空闲态引入了eDRX机制，在一个完整的Idle过程中，包含了若干个eDRX周期，eDRX周期可以通过定时器配置，范围为20.48s～2.92h，而每个eDRX周期中又包含了若干个DRX寻呼周期。

（3）若干个DRX寻呼周期组成一个寻呼时间窗口（Paging Time Window，PTW），寻呼时间窗口可由定时器设置，范围为2.56～40.96s，取值大小决定了窗口的大小和寻呼的次数。

（4）在Active Timer超时后，NB-IoT终端由空闲态进入PSM，在此状态中，终端不进行寻呼，不接受下行数据，处于休眠状态。

（5）TAU Timer从终端进入空闲态时便开始计时，当计时器超时后终端会从PSM退出，发起TAU操作，回到激活态。

（6）当终端处于PSM时，也可以通过主动发送上行数据令终端回到激活态。

考虑到NB-IoT的特点，NB-IoT技术可以满足低功耗/长待机、深度覆盖和大容量的低速率业务。同时，由于其移动性支持较差，更适合静态业务场景或不连续移动实时数据传输业务场景，对延迟的敏感度较低，可考虑的业务类型如下：

（1）自治异常报告服务类型。例如，烟雾报警探测器、智能电表停电通知等，上行数据需求非常小（跨节点级），周期主要以年和月为单位。

（2）自主定期报告的业务类型。例如，智能公用事业（燃气/水/电）和智能环境的测量报告需要少量的上行数据（大约100bit），周期以天和小时为单位。

（3）网络指令服务类型。例如，开/关，设备触发发送上行报告和请求抄表，以及下行最小数据需求（跨节点级），周期以天和小时为单位。

（4）软件更新业务类型。如果软件不确定/更新，则上行链路和下行链路数据的需求量很大（kbit），且周期主要以天和小时为单位。

参考文献

［1］欧清海，王盛鑫，佘蕊，等．面向新型电力系统的电力通信网需求及应用场景探索［J］．供用电，2022，39（2）：8.

［2］马万里，安毅，李洋，等．电力通信骨干光传输网演进策略研究［J］．电力信息与通信技术，2021，19（10）：134-140.

［3］梁俊南，卢君贤，张艳玲．面向智能电网的终端接入网研究［J］．电气时代，2018（7）：78-80.

［4］李沛哲，肖振锋，陈仲伟，等．电力终端通信接入网通信技术匹配［J］．电力科学与技术学报，2021，36（3）：125-134.

［5］胡庆，张德民，胡敏，等．光纤通信系统与网络（修订版）［M］．北京：电子工业出版社，2010.

[6] 刘磊，田明光，于秋生，等. 一种电力通信网中 MSTP 的网络架构 [J]. 山东工业技术，2017 (18)：169.
[7] 何一心. 光传输网络技术：SDH 与 DWDM [M]. 北京：人民邮电出版社，2013.
[8] 马增耀，马力，贺亚美. SDH 传输网仿真应用研究及发展 [J]. 中国新技术新产品，2011 (16)：24 - 25.
[9] 张海懿，赵文玉，吴冰冰. 传送网络技术演进的思考（英文）[J]. 中国通信，2013，10 (4)：7 - 18.
[10] 中国电信，国家电网，华为公司. 5G 网络切片使能智能电网 [EB/OL]. (2018 - 01 - 16) [2020 - 05 - 23].
[11] 何湘宁，王睿驰，吴建德，等. 电力电子变换的信息特性与电能离散数字化到智能化的信息调控技术 [J]. 中国电机工程学报，2020，40 (5)：1579 - 1587.
[12] 周杰. xPON 技术服务于 FTTx 的大发展 [J]. 电信快报，2010 (4)：9 - 11.
[13] 杨元喜，刘利，李金龙，等. 北斗特色服务及性能分析（英文） [J]. Science Bulletin，2021，66 (20)：2135 - 2143.
[14] 华为公司. NB - IoT 白皮书 [EB/OL]. 2015.
[15] 华为公司. PLC - IoT 产业发展白皮书 [EB/OL]. 2019.
[16] 吴寿康. 北斗卫星导航系统发展的渐近性 [C]. //上海市老科学技术工作者协会. 上海市老科学技术工作者协会第十四届学术年会论文集，2016：38 - 39.

第3章

电力领域知识图谱

3.1 知识图谱概述

知识图谱能够将人类熟知的概念、实体及其间的联系在计算机中以结构化的形式存储下来，把网络上的大量信息转化成更接近人类认知世界的结构形式，使人们能够更好地组织、管理和理解互联网的海量信息。知识图谱应用于搜索领域能够提高语义搜索的准确性，同时也在智能问答系统中得到广泛应用。知识图谱、大数据、深度学习三种技术已经成为互联网和人工智能发展的重要支柱。知识图谱在以下应用中凸显了极高的应用价值：

（1）知识融合：知识图谱技术应用在当前分布异构互联网大数据中，可以完成对大数据资源的语义标注和逻辑链接，建立以知识为中心的资源语义集成式服务。

（2）语义搜索和推荐：当用户使用关键词进行搜索查询时，知识图谱可以将关键词映射成客观世界的概念和实体，查询结果能够直接显示用户所需要的结构化信息内容，而不是单纯的互联网网页罗列。

（3）问答和对话系统：在基于知识图谱技术的问答系统中，用户的问题被转为对知识图谱的查询，查询结果即是用户问题的答案。

（4）大数据分析与决策：通过对语义的链接，知识图谱可以帮助人们理解大数据，完成对大数据的分析工作，为人们的决策提供帮助。

3.1.1 知识工程的发展与知识图谱的起源

知识图谱是知识工程这一人工智能重要分支在大数据环境中的成功应用。回顾40年来知识工程的发展历程，知识工程的发展可分为五个阶段。

第一发展阶段始于1950年图灵发表的论文《计算机器与智能》，该论文首次提出的“图灵测试”，可以用于判断机器是否具有人类的智慧。人们对智能的理解主要分为符号主义和连接主义两种观点。符号主义认为物理符号系统是智能行为的充要条件；连接主义则认为大脑神经元的连接是所有智能活动的基础。这一阶段的代表性成果是通用问题求解器，最成功的应用是博弈论和机器定理证明。这一阶段的知识表示方法主要包括逻辑知识表示、语义网络等。

第二发展阶段的代表是专家系统。通用问题求解强调利用人类解决问题的能力建立智能系统，忽视了知识对智能的支持，导致人工智能难以在实际应用中发挥作用。1970 年，人工智能的研究开始转向建立基于知识的系统，并希望通过结合知识库和推理机实现智能。在此期间，出现了许多成功的领域专家系统。1994 年的图灵奖获奖者爱德华·费根鲍姆教授于 20 世纪 70 年代提出了知识工程这一概念，确立了知识工程在人工智能中的核心地位。这一时期的知识表示方法演进出了框架和脚本等。

第三发展阶段诞生了万维网。1990—2000 年，有很多大规模知识库被人们构建出来。万维网（Web1.0）的出现为人们提供了一个开放平台，它使用超文本标记语言（HyperText Markup Language，HTML）定义文本内容，用超链接把文本连接起来，大众得以共享信息。由 W3C 提出的可扩展标记语言（eXtensible Markup Language，XML）能够通过定义标签对互联网文档内容的结构进行标记，为互联网环境下大规模知识表示和共享奠定了基础。

第四发展阶段出现了群体智能应用，维基百科就是其中的典型代表。维基百科允许用户对知识结构进行建立和修改，体现了互联网中大众的贡献，为大规模结构化知识图谱奠定了重要基础。2001 年，万维网创始人蒂姆·伯纳斯·李提出了语义网的概念，旨在对互联网内容进行结构化语义表示。同时提出的资源描述框架（Resource Description Framework，RDF）和网络本体语言（Web Ontology Language，OWL）利用本体描述了互联网内容的语义结构，对网页进行语义标识得到网页语义信息，使人和机器能协同工作。

第五发展阶段诞生了知识图谱。这一时期的目标是将万维网内容转化为机器可理解和计算的知识，为智能应用提供动力。2006 年，维基百科等结构化知识资源的大规模涌现以及网络规模信息抽取方法的进步，使大规模知识获取的方法取得了巨大进展。与手工编制的知识以及基于本体的项目不同，自动化是这一时期知识获取的特征。目前自动构建的知识库已在许多领域中得到广泛使用，并成为语义搜索、大数据分析、智能推荐和数据集成的支持系统。

除了通用的大规模知识图谱外，领域知识图谱也在各行各业中建立了起来。目前，知识图谱已应用于语义搜索、语义分析、问答系统和智能知识服务等领域，在智能客户服务、商业智能等实际场景中具有较高的应用价值。

3.1.2 知识图谱构建

人们通过“概念”理解客观世界，概念是对客观世界中事物的抽象，让人们将世界和认知联结在一起。知识图谱以结构化的形式描述了客观世界中概念、实体及其关系。本体是知识图谱的知识表示基础，可以形式化表示为$O=\{C, H, P, A, I\}$，其中，C是概念集合；H是概念的上下位关系集合，也称为分类学知识；P是属性集合，描述概念所具有的特征；A是规则集合，描述领域规则；I是实例集合，用来描述实例—属性—值。

知识图谱技术是结合语义网、自然语言处理和机器学习等技术的交叉学科。在大数据环境下，从互联网中的开放大数据中获取知识，为人们提供互联网智能服务，同时又能够通过互联网获取到更多知识，是一个相互增强的过程，可实现从互联网信息服务到智能知识服务的跃迁。知识图谱构建流程如图3-1所示。

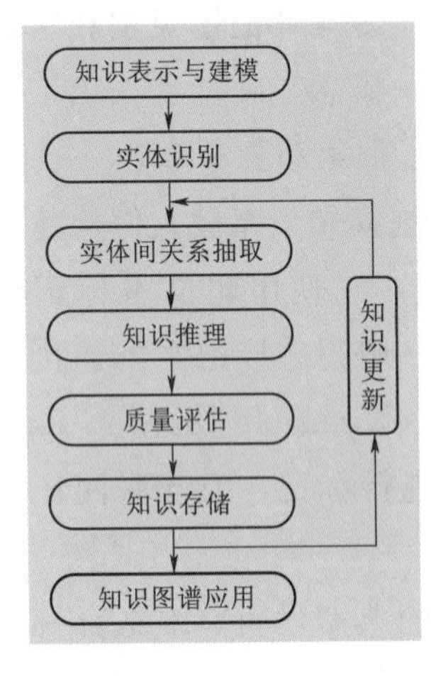

图3-1 知识图谱构建流程

1. 知识表示与建模

知识是人类通过观察学习和思考有关客观世界的各种现象而获得和总结出的所有事实、概念、规则或原则的集合。人类发明了语言、绘画、音乐、数学、物理模型、化学公式等来描述、表示和传承知识。人工智能的核心就是找到一种计算机能够处理的结构，并用其表示、学习和处理各种各样的知识。知识图谱中的知识表示与建模就是将现实世界的实体表示成计算机能够识别、存储并计算的可计算模型，该模型能够将实体以数字、语言文字、状态等结构统一存储。其拥有以下特点：

（1）是客观事物的机器表示，即知识表示首先需要定义客观实体的机器指代。

（2）是一组本体约定和概念模型，即需要定义用于描述客观事物的概念和类别体系。

（3）支持推理的表示基础，即需要提供机器推理的模型与方法。

（4）拥有能够高效计算的数据结构。

（5）是可以被人类理解的机器语言。

2. 实体识别与链接

实体是客观世界的对象，是构成知识图谱的基本单位。实体分为限定类别的实体（如地名、机构名称）和开放类别实体（如药品名、疾病名）。实体是文本中承载信息的重要语言单位，一段文本的语义可以表述为其包含的实体及这些实体相互之间的关联和交互。实体也是知识图谱的核心单元，一个知识图谱通常是一个以实体为节点的巨大知识网络，包括实体、实体属性以及实体之间的关系。例如，一个医学领域知识图谱的核心单元是医学领域的实体，如疾病、症状、药物、医院、医生等。

实体识别是对文本中指定类别的实体进行识别，将文本中的新实体检测出来并将其加入到现有知识库中。实体链接是将识别出的词或者短语与知识库中相应实体链接起来。实体链接主要解决实体名的歧义性和多样性问题，即实体消歧。

作为知识图谱的基本单元，实体识别与链接是知识图谱构建和补全的核心技术。构建可支撑类人推理和自然语言理解的大规模常识知识库是人工智能的核心目标之一。然而由于人类知识的复杂、开放、多样和巨大的规模，当前不存在满足上述需求的大规模知识库。

3. 实体关系抽取

实体关系抽取就是自动从文本中检测和识别出实体间的某种语义关系。实体关系抽取分为预定义关系抽取和开放关系抽取两类。预定义关系抽取指系统所抽取的关系是预先定义好的，比如知识图谱中预定义的上下位关系、国家—首都等关系；开放式关系抽取不预先定义抽取到的关系类别，而是由系统自动从文本中发现并抽取关系。实体关系抽取是知识图谱自动构建和自然语言处理的基础。

关系抽取的输出通常是一个三元组（实体 1，关系，实体 2）。例如："上海是中国的直辖市之一，是中国的经济中心、航运中心"这句话中的关系可以表示为（中国，直辖市，上海）、（中国，经济中心，上海）和（中国，航运中心，上海）。

在知识图谱的构建中，关系抽取是一个关键环节，具有重要的理论意义和广阔的应用前景，为多种应用提供重要的支持，具体如下：

（1）用于大规模知识图谱的自动构建：知识图谱对大部分互联网应用的基础起到了重要的支撑作用，不仅包含通用语义知识，还包含百科全书、领域知识图谱中的领域语义知识。如果能把多源异构知识集成为一个大的知识图谱，互联网应用系统的性能将得以显著提高，能够开发更多基于语义的应用。利用关系抽取技术，知识图谱由结构化的抽取结果自动生成。

（2）对信息检索提供支持：关系抽取可以对复杂的查询进行关联搜索和推理，提供智能检索结果。

（3）对问答系统提供支持：建设一个领域无关的问答类型体系，并找出与问答类型体系中每个问答类型相对应的答案模式是问答系统中的关键步骤，关系抽取技术可以为此提供有力的支持。

（4）自然语言理解：目前深层自然语言语义理解的准确率和性能还不太令人满意，关系抽取是篇章理解的关键技术，运用语言处理技术可以对文本的核心内容进行理解。语义关系抽取的研究将成为从简单的自然语言处理到真正的自然语言语义理解之间的重要纽带，能够改进自然语言处理中机器翻译等领域的性能。

知识图谱中实体间的关系通常使用网络状拓扑结构，网络中每个节点代表一个实体（人名、地名、概念等），每条边代表实体之间的关系。但是网络形式的知识表示也拥有很多难题，主要有以下两方面：

（1）计算效率低。当使用以网络结构表示的知识库计算实体间的语义或推理关系时，通常需要人们设计专用的图论算法，可移植性非常差。同时，图论算法的计算复杂度高，大规模知识库很难满足实时计算的需求。

（2）数据稀疏问题严重。大规模知识库遵守长尾分布，在长尾部分的实体和关系上，会有严重的数据稀疏问题。对长尾部分实体的语义或推理关系的计算只有极低的准确率。

随着以深度学习为代表的表示学习的发展，面向知识图谱中实体和关系的表示学习也取得了重要的进展。受自然语言处理领域词向量等嵌入技术手段的启发，人们开始用低维稠密词向量的方式进行知识表示的研究。知识图谱中的实体和关系通过嵌入技术投射到一个低维的连续向量空间，可以为每个实体和关系学习出一个低维度的向量表示。这种基于向量的知识表示可以通过数值运算发现新事实和新关系，并能更快速地发现人类难以观察和总结出来的隐性知识和潜在假设，也可以高效地对实体和关系进行计算、缓解知识稀疏、实现知识融合。知识图谱嵌入也通常作为一种类型的先验知识辅助输入到深度神经网络模型中，以约束和监督训练过程。

在低维向量空间中，两个对象间的距离越近，则说明二者语义相似度越高。基于向量的知识表示学习是面向知识库中的实体和关系进行的，实现了对实体和关系的分布式表示，其优点如下：

（1）显著提升计算效率。分布式表示能够高效地实现语义相似度计算等操作，能够显著提升计算效率。

（2）有效缓解数据稀疏。表示学习将对象投影到了统一的低维空间，使每个对象均对应一个稠密向量，从而有效缓解了数据稀疏问题。一方面，每个对象的向量均为稠密有值的，因此可以度量任意对象之间的语义相似度；另一方面，将大量对象投影到统一空间的过程，能够使用高频对象的语义信息辅助低频对象的语义表示，提高低频对象语义表示的精确性。

（3）实现异质信息融合。不同来源的异质信息需要融合为一个整体中，才能得到有效应用。例如，人们构建了大量具有不同构造规范和信息源的知识库，导致不同知识库中大量实体和关系的名称不同。如何实现多知识库的有机融合，对知识库的应用具有重要意义。表示学习模型通过合理设计，能够将不同来源的对象投影到同一个语义空间中，建立出统一的表示空间，得以实现多知识库的信息融合。此外，当我们将知识库应用于信息检索和自然语言处理等场景时，通常得对词句、文档和知识库实体之间的复杂语义关联进行计算和查询。由于异质性，解决复杂语义关系在以往是个棘手的问题，而知识表示学习提供了统一的表示空间，能够轻松实现异质对象间的语义关联计算。

4. 知识推理

知识推理指从知识库中已有的实体关系数据出发，经过计算机推理，建立实体间的新关联，从而拓展和丰富知识网络。例如已知（乾隆，父亲，雍正）和（雍正，父亲，康熙），可以得到（乾隆，祖父，康熙）或（康熙，孙子，乾隆）。知识推理的对象并不局限于实体间的关系，也可以是实体的属性值、本体的概念层次关系等。知识图谱被认为是实现人工智能的一个重要研究方向，是因为其推理能力使知识图谱能够支撑人工智能的很多应用，这也是知识图谱区别于传统关系数据模型的关键。知识推理有以下几种方法：

（1）基于逻辑的推理，一般是基于经典逻辑（例如一阶谓词逻辑或者命题逻辑），或者经典逻辑的变异（例如缺省逻辑）。一阶谓词逻辑建立在命题的基础上，在一阶谓词逻辑中，命题被分解为个体和谓词两部分。

（2）基于统计的推理方法，可以从统计规律中学习知识图谱实体间新的关系，使用统计学方法对新学到的关系进行评分，还可以对错误的关系进行发现和删除。

（3）基于图的推理方法，有基于神经网络模型的算法。

5. 质量评估

质量评估是知识图谱构建的重要组成部分，质量评估可以对知识的可信度进行量化，通过舍弃置信度较低的知识来保障知识库的质量。

6. 知识更新

知识图谱的内容需要与时俱进，其构建过程是一个不断迭代更新的过程。

更新的内容包括数据层、模式层、概念层的更新。数据层更新是新增或更新实体、关系和属性值，对数据层进行更新需要考虑数据源的可靠性、一致性等多方面因素。模式层更新指新增数据后获得了新的模式，需要自动将新的模式添加到知识库的模式层中。概念层的更新需要借助专业团队进行人工审核。

知识图谱的内容更新有两种方式：数据驱动下的全面更新和增量更新。全面更新指以更新后的全部数据为输入，从零开始构建知识图谱。这种方式比较简单，但需要耗费大量人力资源进行系统维护。增量更新指以当前新增数据为输入，向现有知识图谱中添加新增知识。这种方式资源消耗小，但目前仍需要大量人工干预（定义规则等），因此实施起来十分困难。

3.1.3 知识图谱存储与查询

知识图谱中实体、事件及其之间的关系是由图的形式进行展现的。知识图谱存储和查询研究的主要目的是，设计出支持大规模图数据高效管理的存储模式，并找到对知识图谱高效查询的方法。复杂的图结构对知识图谱的存储和查询带来了挑战。

目前，RDF 被广泛用于知识图谱中的数据表示。RDF 是语义网中的核心技术之一，相比于现有的以页面为中心的万维网，语义网是一张以数据为中心的网络。语义网能够让机器处理信息更加智能，可以使计算机理解文档中的语义关系。RDF 是用于描述物理世界资源的W3C标准，它提供了一种描述信息的通用方法，以便于这些资源能够被计算机应用程序读取和理解。RDF数据模型中，资源以唯一的统一资源标识（Uniform Resource Identifier，URI）表示。

3.1.4 知识图谱应用

1. 语义集成

知识图谱可以任由机构和个人自由构建，其数据来源广泛、质量参差不齐，导致它们之间存在多样性和异构性。在同一领域中，对于物理世界的同一个事物，会存在不同的实体指称。语义集成的目标是将不同知识图谱融合为一个统一、一致、简洁的系统，为多个知识图谱间交互的应用提供语义支持。常用技术包括本体匹配、共指消解、知识融合等。语义集成是知识图谱研究中的核心问题，对于链接数据和知识融合至关重要。语义集成的研究，对于提升知识图谱的信息服务水平和智能化程度，推动语义网及人工智能、数据库、自然语言处理等相关领域的研究发展，具有重要的理论价值和广泛的应用前景。

2. 语义搜索

语义搜索指搜索引擎的工作不再拘泥于用户所输入请求语句的字面本身，而是通过使用语义技术，透过现象看本质，准确地捕捉到用户所输入语句背后的真实意图，并依此来进行搜索，从而更准确地向用户返回最符合其需求的搜索结果。当前基于关键词的搜索技术在知识图谱的支持下可以上升到基于实体和关系的检索。通过利用知识图谱间的数据关系，语义搜索可以准确地捕捉用户搜索的意图，直接给出满足用户搜索意图的答案。检索过程中，知识图谱能够使搜索结果的准确性有卓越的提升。

3. 基于知识图谱的问答系统

问答系统指对于用户所提出的问题，计算机自动得出结果并回答用户，是一种高级形式的信息服务。区别于现有的搜索引擎，问答系统不再将关键词匹配的网页返回给用户，而是呈现出精准的自然语言回答。基于知识图谱的问答系统可以通过信息抽取、关联、融合等手段，将互联网文本转化为结构化的知识，利用实体间语义关系对整个互联网文本的内容进行描述和表示，从数据源头对信息进行深度挖掘和理解。在收到用户的问题后，计算机基于结构化的知识，分析用户自然语言问题的语义，进而在已构建的结构化知识图谱中通过检索、匹配或推理等手段，获取正确答案。由于已在数据层面通过知识图谱的构建对文本内容进行了深度挖掘和理解，这一问答范式能够有效地提升问答的准确性。

3.2 机器学习理论

机器学习是一个涵盖概率论、统计学、近似理论和复杂算法知识的多学科交叉的理论体系，致力于用计算机模拟人类的学习方式。机器学习可以通过学习历史数据和经验得到对未来的预测结果，通过学习而得到的预测结果可以用于知识推理。将机器学习到的知识输入到图谱中，可以在一定程度上丰富和增强图谱知识，显著提高效率，使图谱更智能化。本节选取几种典型方法描述机器学习理论。

3.2.1 决策树

3.2.1.1 决策树概述

决策树是一种类似流程图的树形结构，树中每个节点代表对某一特征的测试，树的分支代表该特征的测试结果，而决策树的叶子节点代表一个具体的类别，树的最顶层称为根节点。决策树作为机器学习中的预测模型时，代表了预测对象属性与值之间的一种映射关系。其通过对各个特征属性与特征值的遍历，划分假设空间，从而独立划分出各个类别的数据，即判断出对应树形结构中的子节点。决策树示意描述如图 3-2 所示，其中矩形表示内部节点，椭圆表示叶子节点。

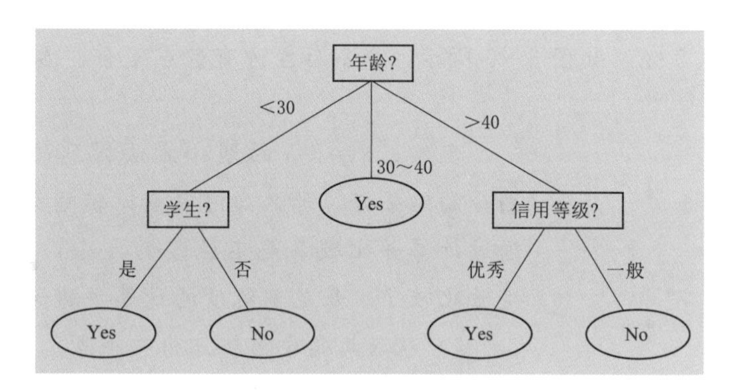

图 3-2　决策树示意描述

3.2.1.2 决策树的学习过程

决策树的基本生成过程为：

(1) 特征选择：从训练数据中的多个特征中选取一个作为当前节点的分裂标准。特征评估标准的不同会导致决策树算法的不同。

(2) 决策树生成：按照已选的特征评估标准，从根节点至叶子节点依次递归生成子节点，当训练数据不可再分时决策树停止生长。

(3) 决策树剪枝：为了防止决策树的过拟合现象，可以通过剪枝操作来减小树的规模、缓解过拟合。剪枝操作可以分为两类：预剪枝和后剪枝。

1. 基本概念

(1) 基尼不纯度。将集合中的某种结果随机应用到集合中，某一项数据的预期误差率称为基尼不纯度，这是决策树中的一个重要概念。基尼不纯度越小，随机分类后数据的纯度越高，集合的有序程度就越高，分类的效果就越好。基尼不纯度为 0 时表示集合中数据的类别全部一致，即数据分类没有差错。我们可以通过以下例子理解基尼不纯度。

例3-1： 假如我们有图3-3所示的数据集，如何将图3-3中的5个黄点和5个红点用一个值完美的分开呢？

通过观察可知，选择分隔值$x=2$即可完美分割开两种颜色的点，如图3-4所示。

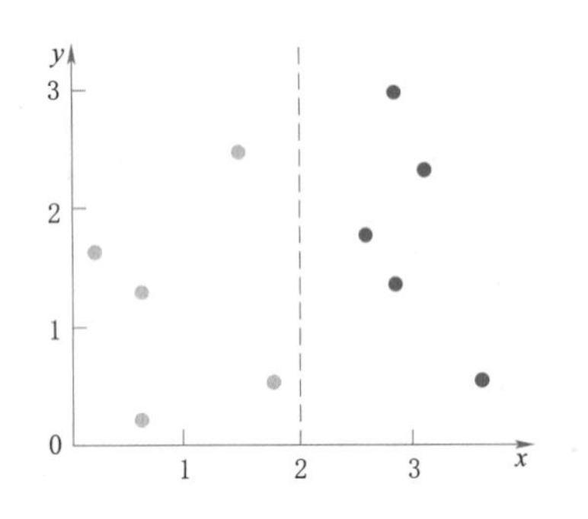

图3-3　例3-1基尼不纯度举例示意图

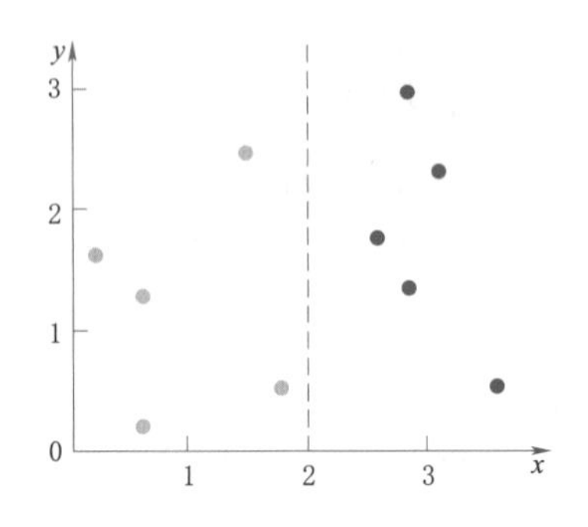

图3-4　按照$x=2$分割

若选取$x=1.5$呢？如图3-5所示，分割后左边有黄点4个，右边有红点5个和1个黄点。

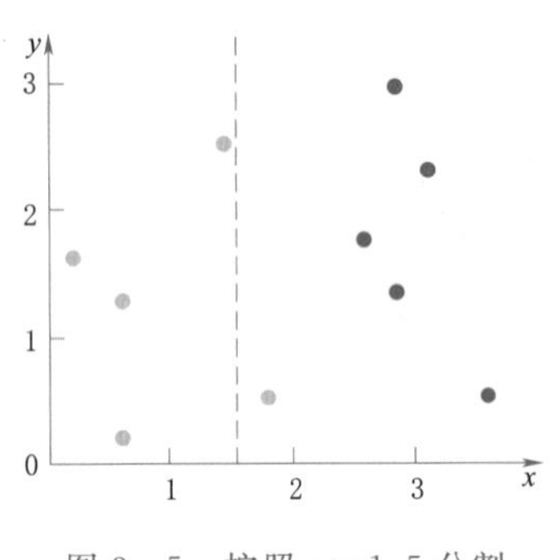

图3-5　按照$x=1.5$分割

显然，$x=1.5$的划分方法得到的结果没有$x=2$划分的结果好，那么如何定量比较划分结果的好坏呢？通过计算并比较基尼不纯度的大小，就能对划分结果定量比较了。基尼不纯度的计算步骤如下：

1）从数据集中随机选出一个点。

2）计算数据集中数据分布概率：由于数据集中有黄点和红点各5个，因此有50%的可能性随机选取到黄点，有50%的可能性随机选到红点。

3）计算将上述随机选取数据时分错类的概率（即基尼不纯度）：显然分错类的概率是0.5，因此使用随机分类后的基尼不纯度就是0.5。

上述是最简单的情况，若使用属性A将数据集D分成了C个分类，$p(i)$表示一个数据点属于第i个分类的概率，则基尼不纯度的计算公式为

$$G=\sum_{i=1}^{C}[1-p(i)]=1-\sum_{i=1}^{C}p^2(i) \tag{3-1}$$

用该公式计算例3-1中随机分类的基尼不纯度，可以得到同样的结果为

$$\begin{aligned}G&=1-p^2(\text{黄})-p^2(\text{红})\\&=1-0.5^2-0.5^2\\&=0.5\end{aligned}$$

当使用 $x=2$ 作为分类标准时，基尼不纯度是多少呢？使用 $x=2$ 进行分类的决策树会产生左右两个分支，5 个黄点均在左边，5 个红点均在右边。

根据基尼不纯度公式，可以分别求出左右两个分支的基尼不纯度为

$$G_{\text{left}}=1-p^2(\text{黄})-p^2(\text{红})=1-1^2-0^2=0$$

$$G_{\text{right}}=1-p^2(\text{黄})-p^2(\text{红})=1-0^2-1^2=0$$

因为这是一个完美的分类，所以其基尼不纯度为 0。

使用 $x=1.5$ 进行分类时的决策树如图 3-6 所示，C_0 表示第一类数据（此处即黄色点数），C_1 表示第二类数据（此处即红色点数）。

因为左侧只有 4 个黄点，没有红点，所以其基尼不纯度等于 0；右侧有 5 个红点和 1 个黄点，因此基尼不纯度为

$$G_{\text{right}}=1-p^2(\text{黄})-p^2(\text{红})=1-\frac{1^2}{6}-\frac{5^2}{6}=\frac{5}{18}=0.278$$

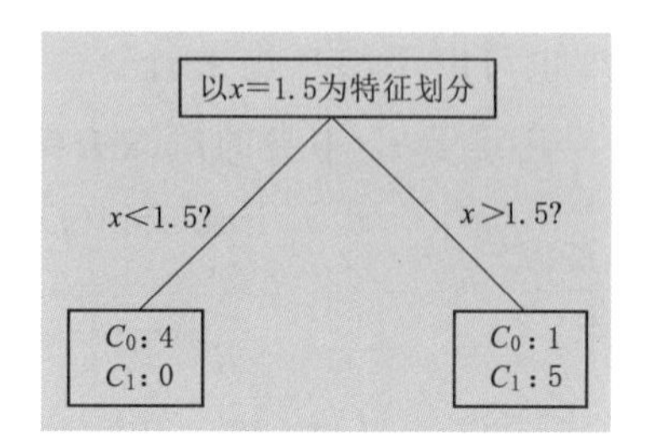

图 3-6　基尼不纯度举例中取 $x=1.5$ 为特征的决策树

（2）熵。熵是用于衡量不确定性的指标，即离散随机事件出现的概率。简单说就是“体系越混乱，熵就越大，反之则越小”。假设 X 是一个有限个值的离散随机变量，X 的概率分布为

$$P(X=x_i)=p_i, i=1,2,\cdots,n \tag{3-2}$$

则随机变量 X 的信息熵定义为（本章中的对数运算 log 均以 2 为底，为简化书写，本章公式中省略底数）

$$\text{Entropy}(X)=-\sum_{i=1}^{n}p_i\log p_i \tag{3-3}$$

例 3-2：二元离散随机变量系统 X_1 中包含 C_1、C_2 个数分别为 0 和 6 个，此系统信息熵为

$$P(C_1)=\frac{0}{6}=0, P(C_2)=\frac{6}{6}=1$$

$$\text{Entropy}(X_1)=-1\log 1=0$$

二元离散随机变量系统 X_2 中包含 C_1、C_2 个数分别为 1 和 5 个，此系统信息熵为

$$P(C_1)=\frac{0}{6}, P(C_2)=\frac{5}{6}$$

$$\text{Entropy}(X_2)=-\frac{1}{6}\log\frac{1}{6}-\frac{5}{6}\log\frac{5}{6}=0.65$$

二元离散随机变量系统 X_3 中包含 C_1、C_2 个数分别为 2 和 4 个，此系统信息熵为

$$P(C_1)=\frac{2}{6}=\frac{1}{3}, P(C_2)=\frac{4}{6}=\frac{2}{3}$$

$$\text{Entropy}(X_3)=-\frac{1}{3}\log\frac{1}{3}-\frac{2}{3}\log\frac{2}{3}=0.92$$

由于系统 X_1 中只包含 6 个 C_2，X_1 是一个确定系统，因此信息熵为 0；系统 X_3 中信息熵为 0.92，大于 X_2 中信息熵 0.65，所以系统 X_3 的不确定性比系统 X_2 的高。

(3) 信息增益。生成决策树时，首先要从训练数据中的多个特征中选取一个作为当前节点的分裂标准，可以通过信息增益来选取决策树的根节点。

信息增益表示将数据集以某特征划分前后发生的变化，信息增益既可以用基尼不纯度也可以用信息熵来计算。定义属性 C 对数据集 D 的信息增益为 infoGain（D | C），它等于 D 本身的熵减去给定 C 的条件下 D 的条件熵，即

$$\text{infoGain}(D|C)=\text{Entropy}(D)-\text{Entropy}(D|C) \tag{3-4}$$

其中
$$\text{Entropy}(D \mid C)=\sum_{i=1}^{C} p(i)\text{Entropy}(D \mid C_i)$$

infoGain（D | C）也等于 D 本身的基尼不纯度分别减去以 C 为条件分裂后两个子集的加权基尼不纯度，即

$$\text{infoGain}(D|C)=G(D)-\sum P(x_i)G(C_i) \tag{3-5}$$

为方便理解，用基尼不纯度计算例 3-1 的信息增益。

对于以 $x=1.5$ 分类的情况，已知划分前的基尼不纯度等于 0.5，划分后左侧分支的基尼不纯度等于 0，右侧分支等于 0.278。若考虑到 2 个分支分别拥有的数据个数，可以得到一个加权平均值，将这个加权平均值与划分前的基尼不纯度相减即是选 $x=1.5$ 为特征划分时的信息增益，即

$$\begin{aligned}\text{infoGain} &= G(\text{划分前})-G(\text{划分后})\\ &=0.5-(0.4\times 0+0.6\times 0.278)=0.333\end{aligned}$$

信息增益可以体现以某一特征划分数据后效果的优劣程度，信息增益值越高、分类效果越好。因此信息增益可以用来评估众多的特征，以此找出最合适的根节点。

(4) 信息增益率。信息增益率是信息增益与该属性本身的熵的比值，即

$$\text{GainRatio}(D,C)=\frac{\text{infoGain}(D|C)}{\text{Entropy}(D)} \tag{3-6}$$

2. 决策树的生成

决策树从根节点开始生成，根节点包含了所有训练样本。节点内所有样本均属于同一特征类别的节点称为叶节点，将该节点标记为样本个数最多的类别。若该节点中的样本属于多个类别，则继续用信息增益法来选择特征对数据进一步划分，特征的每一个值都对应着从该节点产生的一个分支及被划分的一个子集。在决策树中，所有的

特征均为符号值，即离散值。如果某个特征的值为连续值，那么需要先将其离散化。

递归上述划分子集及产生叶节点的过程，每一个子集都会产生一个决策（子）树，直到所有节点变成叶节点。

递归操作的停止条件如下：

（1）一个节点中所有的样本均为同一类别，该节点变为叶节点，此节点结束递归。

（2）没有可以用来对该节点样本进一步划分的特征，此时也强制产生叶节点，该节点的类别为样本个数最多的类别。

（3）没有样本能满足剩余特征的取值，即特征对应的样本为空，此时也强制产生叶节点，该节点的类别为样本个数最多的类别。

3. 决策树剪枝

在噪声等因素的影响下，决策树生成的样本中少量特征的分类值与真实类别不匹配，基于此生成的某些决策树枝叶会有错误。由于样本变少，该问题在靠近决策树枝叶的末端出现频率较高。同时，理论上每一个数据样本都可以被分裂为叶节点，会导致模型的复杂程度超出所需程度，而造成过拟合的情况。决策树剪枝操作就是利用统计学方法将不可靠的分支删除，提高决策树的分类速度和精度。

决策树剪枝分为预剪枝和后剪枝两类，具体如下：

（1）预剪枝：在建立决策树的同时进行剪枝。决策树生成分支的过程中，除了判断基础的分类规则，还要利用统计学方法进行判断，如信息增益，若分支后子集的样本统计特性满足不了设定的阈值，则此树枝停止生长，但同时又引发了阈值的选择问题。为避免过度生长，可以根据以下规则进行预剪枝操作：

1）当信息增益（率）少于阈值时停止分裂。

2）当节点样本数少于设定的百分比时停止分裂。

3）当分裂后的叶子节点中样本数小于阈值（例如 0.5%）时停止分裂。

4）当决策树的深度大于设定层数（如 8 层）时停止分裂。

（2）后剪枝：决策树完全建立后再剪枝。决策树完全建立后，分别计算每个分支剪枝前后的分类错误率。对于每个非叶节点，若剪枝后分类错误率变大，则放弃修剪；若剪枝操作能使分类错误率变小，则修剪该节点使其变为叶节点，并标记类别。剪枝操作后，对剪枝操作过程中产生的一系列决策树，利用测试集数据对决策树的分类准确性进行评价，准确度最高的便是最终的决策树。步骤如下：

1）先让决策树完全生长，使其过拟合。

2）从下向上依次判断：如果剪掉该节点的子树（将该节点变成叶子节点）能否让验证集的分类错误率下降，如下降则剪枝。

3）重复剪枝操作，分别计算分类准确性。

4）完成剪枝操作后，分类准确度最高的的决策树保存为最终的决策树。

3.2.1.3 决策树的三种常用算法

1. ID3 算法

ID3 算法是最先被提出的一种决策树算法，其核心是根据信息增益选择特征进行数据划分操作，递归构建决策树。具体方法是：从根节点开始，对节点中所有可能的特征计算信息增益，选择其中信息增益最大的特征作为该节点的特征划分标准，用该特征的不同值分别建立子节点，对每个节点，再递归调用上述方法直到所有特征的信息增益均小于阈值或无特征可选择，完成决策树的生成。信息增益示意图如图 3-7 所示。

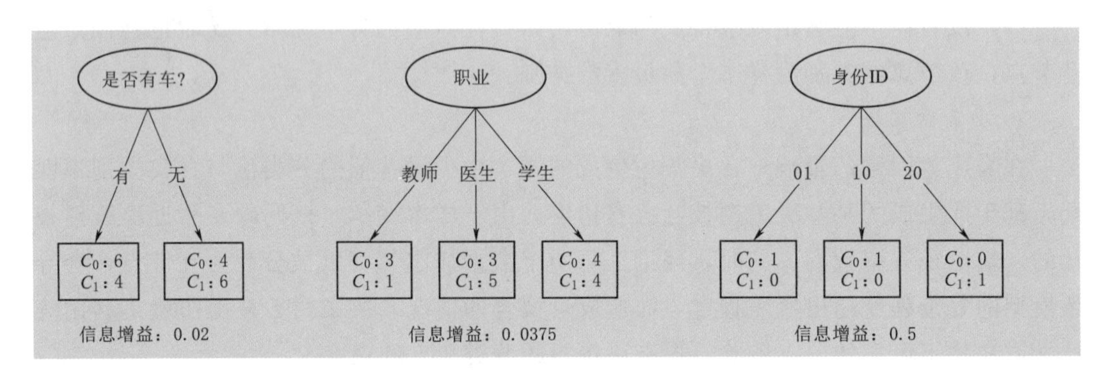

图 3-7 根据特征划分后的信息增益图

图 3-7 表示用“是否有车”“职业”“身份 ID”三种特征将 20 人进行划分，C_0 表示男性，C_1 表示女性，根据特征划分后的信息增益如图 3-7 所示。从中可以看出，选择“身份 ID”作为特征时信息增益最大，但事实上选“身份 ID”没有意义，每个 ID 必然只有一个，即每个 ID 都算是一个类别。由此引出了信息增益的缺点：偏向选择取值较多的特征，于是特征的值越多，分叉越多，子节点的不纯度就越小，信息增益越大，导致了该算法本身就带有一种倾向性。下面介绍的 C4.5 算法引入了信息增益率对 ID3 算法的这一不足进行了改进。

2. C4.5 算法

C4.5 算法中决策树的生成过程与 ID3 算法的相似，区别仅在于 C4.5 算法用信息增益率来选择特征。相比于 ID3 算法，主要针对样本改进，具体表现为：

（1）基本决策树要求特征 A 离散取值，若特征 A 取值连续，则对特征 A 的测试可以看成是离散化的过程，只不过这种离散的值间隙相对较小，也可以将连续值分段划分再设置亚变量。

（2）特征 A 的每个取值都会产生一个分支，有时会导致节点的子集中样本数量太少，统计特征不明显而停止继续分支，这使强制标记类别时会带来局部的错误。针对这种情况，分裂条件可以改为特征 A 的一组取值，或者采用二元决策树（只存在“是”和“否”两种取值）。

(3) 某些样本中不存在特征 A，对于这种情况，可以使用其他样本中特征 A 出现最多的值来填补空缺，如均值、中值等。在某些领域的中也可以对全部特征值平滑来补值。样本数量较多时也可以将其丢弃。

(4) 随着决策树的生长，子节点中的样本数量会越来越少，决策树就会出现碎片、重复等现象。此时可以构造新的特征进行建模。

3. CART 算法

CART 算法生成的决策树是一棵二叉树，每次分裂会产生两个子节点。CART 树既可以用于分类（即分类树），也可以用于回归（即回归树）。分类树的输出是样本的类别，回归树的输出是一个实数。CART 算法使用基尼不纯度作为划分优劣的评判标准。

对于目标标量为离散变量的数据集，可以使用分类树，如预测一个动物是否为哺乳动物。分类树使用基尼不纯度作为分裂规则，算法比较分裂前的基尼不纯度和分裂后的基尼不纯度减小情况，选取减小幅度最大的作为该分裂规则。对于目标标量为连续变量的数据集，可以使用回归树，比如预测动物的年龄。回归树的分裂规则是最小方差。

相比于 C4.5 算法，CART 算法分别对处理连续取值的特征和离散取值的特征进行了改进：

(1) CART 树处理连续值的思想和 C4.5 是一致的，即将连续特征值离散化。选择划分点时的度量方式不同是两者算法的唯一区别，C4.5 使用信息增益比，而 CART 回归树使用基尼不纯度。具体的思路是，数据集中特征 A 有 m 个连续取值，将其从小到大排列为 a_1，a_2，…，a_m，在 CART 回归树算法中，对相邻两个样本的值取平均数，共取得 $m-1$ 个划分点，分别计算以这 $m-1$ 个划分点作为二元分类点时的基尼不纯度，选择最小的点作为该特征的分类点，这样我们就做到了连续特征的离散化。与 ID3 算法和 C4.5 算法不同的是，若当前节点特征取值连续，则本次划分后，该特征还可以继续参与子节点的划分。

(2) CART 树处理离散值时，会对离散特征进行二分操作。在 ID3 或 C4.5 算法中，若特征 A 有 A_1、A_2、A_3 三种类别，那么以 A 为划分特征时，会产生一个三叉节点，得到多叉决策树，但在 CART 分类树中采用的是不停地二分。对于上述例子来说，二分类操作会出现三种情况：$\{A_1\}\{A_2,A_3\}$、$\{A_2\}\{A_1,A_3\}$、$\{A_1,A_2\}\{A_3\}$，CART 分类树选其中基尼不纯度最小的情况建立二叉树节点。同时，由于这次没有把特征 A 的取值完全分开，因此可以在后续划分中继续使用特征 A 来划分。在 ID3 或者 C4.5 的一棵子树中，离散特征 A 只会参与一次节点的划分。

(1) CART 分类树建立算法。CART 分类树算法通过基尼不纯度和样本个数两个阈值，从根节点开始，在数据集 D 中递归建立决策树，步骤如下：

1) 对于当前节点的数据集，如果样本个数小于阈值，或无特征供继续划分，则当前节点停止递归操作。

2）计算当前节点的基尼不纯度，若小于阈值，则停止递归，返回决策树子树。

3）分别计算用不同特征划分当前节点数据集后的基尼不纯度。

4）比较步骤3）中的基尼不纯度，选择基尼不纯度最小的特征作为该节点的划分依据，把当前节点数据集 D 划分成 D_1 和 D_2 两部分作为左右子节点，形成二叉树。

5）对子节点递归调用上述步骤1）至4），直至没有特征可用于划分，分类树生成完毕。

（2）CART回归树建立算法。

CART回归树的建立算法与分类树的不同之处在于以下两点：

1）连续值的处理方法不同。对于连续值的处理，CART分类树采用基尼不纯度的大小来度量特征划分点的优劣情况，但是回归树使用了比较常见的均方差作为度量标准：用不同特征 A_i 将数据集 D 划分成数据集 D_1 和 D_2 后，分别计算 D_1 和 D_2 的均方差，选取使 D_1 和 D_2 各自均方差最小且使两均方差之和最小的特征 A_i 作为划分特征 A，表达式为

$$A_i = \min\left[\min\sum_{x_i \in D_1}(x_i - c_1)^2 + \min\sum_{x_i \in D_2}(x_i - c_2)^2\right] \tag{3-7}$$

式中　c_1、c_2——数据集 D_1、D_2 的样本输出均值。

2）使用决策树做预测的方式不同。CART分类树使用叶子节点中概率最大的类别作为当前节点的预测类别，而回归树是使用均值或者中位数。

（3）CART算法中的剪枝操作。CART分类树和回归树的剪枝策略中，除了在度量损失时前者使用基尼不纯度、后者使用均方差作为标准之外，算法其余部分完全一样。CART算法采用的是CCP（代价复杂度）的后剪枝法，算法可以概括为以下两步：

1）对原始决策树进行剪枝，每剪枝一次生成一棵剪枝后决策树。

2）所有对剪枝后决策树的预测能力进行交叉验证，将泛化预测能力最好的那一颗作为最终的CART树。

首先看看剪枝的损失函数度量。将一颗充分生长的树称为 T_0，剪去所有节点后只剩根节点的树称为 T_n，在剪枝的过程中，任一子树 T 的损失函数定义为

$$C_\alpha(T) = C(T) + \alpha|T| \tag{3-8}$$

式中　α——正则化参数，也可称作是惩罚系数，用于权衡树的复杂度与拟合程度；

$C(T)$——训练数据的预测误差，用于衡量训练数据的拟合程度；

$|T|$——任一子树 T 的叶子节点数量。

然后，找到合适的 α 值使拟合程度与复杂度之间达到最佳平衡。准确的方法是将 α 取 $0\sim\infty$，对于每一个固定的 α，都可以找到使 $C_\alpha(T)$ 最小的最优子树 $T(\alpha)$。

当 $\alpha=0$ 时，没有正则化，树 T_0 即为最优子树。

当 $\alpha=\infty$时，正则化强度最大，树 T_n 即为最优子树。

理解了剪枝操作的损失函数度量后，再来看看剪枝的具体步骤。假设选定决策树的任意一个非叶子节点 t 作为根节点，剪枝前的树为 T_t，剪枝后使节点 t 变为叶子节点后的树为 T。那么可以比较剪枝后的损失 $C_\alpha(T)$ 和剪枝前的损失 $C_\alpha(T_t)$ 的大小，如果剪枝后的损失小，那么就执行剪枝操作。用公式抽象描述为

$$C_\alpha(T)=C(T)+\alpha(\text{剪枝后}) \tag{3-9}$$

$$C_\alpha(T_t)=C(T_t)+\alpha|T_t|(\text{剪枝前}) \tag{3-10}$$

其中只有 α 为未知数，因此临界情况为

$$C_\alpha(T_t)=C_\alpha(T) \tag{3-11}$$

$$\alpha=\frac{C_\alpha(T)-C_\alpha(T_t)}{|T_t|-1} \tag{3-12}$$

把这时的 α 临界值称为误差增益率，用 $g(t)$ 来表示为

$$g(t)=\frac{C_\alpha(T)-C_\alpha(T_t)}{|T_t|-1} \tag{3-13}$$

作为剪枝的阈值，当 $\alpha\geqslant g(t)$（即剪枝后的损失小或者损失相同）时，就进行剪枝操作。

通过上述方法可以计算出每个非叶子节点 t 是否需要剪枝的阈值 $g(t)$。当把所有的节点 $g(t)$ 都计算出来，然后分别针对不同的 $g(t)$ 所对应的最优子树做交叉验证，就可以选出损失最小的 $g(t)$，其对应的最优子树即是最终的决策树。

综上所述，CART 树的剪枝算法可以归纳为以下步骤：

1）初始化 $\alpha_{\min}=\infty$，剪枝操作阈值 $g(t)$ 的集合为 M，最优子树集合 $\omega=\{T_t\}$。

2）子叶子节点开始，从下到上分别计算各节点 t 中数据的预测误差 $C_\alpha(T_t)$、叶子节点数 $|T_t|$ 以及剪枝阈值 $g(t)$。

3）$M=M+\{g(t)\}$。

4）从 M 中选择最大的值 $g(k)$，自上而下地访问子树 k 的内部节点，如果 $g(k)\leqslant\alpha_k$，进行剪枝，并决定叶节点 t 的值。这样得到 $g(k)$ 对应的最优子树 T_k。

5）$\omega=\omega\cup\{T_k\}$，$M=M-\{g(k)\}$。

6）重复上述步骤直到集合 M 为空，即可得到不同剪枝阈值 $g(t)$ 对应的最优决策子树集合 ω。

7）采用交叉验证在 ω 选出最优子树作为最终的决策树。

虽然 CART 算法有更强的适应性，但也存在以下缺点：

1）上述三种算法在做特征选择时都会选择最优的特征来做分类决策，但是大多数时候不应该由某一个具体特征决定，而应该由一组特征决定，这样决策得到的决策树更加准确。由一组特征分裂得到的决策树被称为多变量决策树。多变量决策树在选

择最优特征时会选择最优的一个特征线性组合来做决策。多变量决策树代表算法有 OC1，这里不做介绍。

2）样本发生的微小改动，就会导致树结构的剧烈改变。随机森林等方法可以解决此问题。

3.2.1.4 决策树算法比较

ID3、C4.5 和 CART 算法比较见表 3-1。

表 3-1 ID3、C4.5 和 CART 算法比较

算法	支持模型	树结构	特征选择	连续值处理	缺失值处理	剪枝
ID3	分类	多叉树	信息增益	不支持	不支持	不支持
C4.5	分类	多叉树	信息增益比	支持	支持	支持
CART	分类，回归	二叉树	基尼系数，均方差	支持	支持	支持

1. 决策树算法的优点

（1）生成的决策树很直观。

（2）基本无需预处理，不需要对数据提前归一化，也不需要对缺失值进行处理。

（3）使用决策树预测的代价是 $O(\log m)$，m 为样本数。

（4）既可以处理离散值也可以处理连续值。

（5）可以处理多维度输出的分类问题。

（6）相比于神经网络等黑盒模型，决策树有更清晰的逻辑解释。

（7）可以通过交叉验证剪枝来选择模型，从而提高泛化能力。

（8）对于异常点有较强的容错能力，具有较强的鲁棒性。

2. 决策树算法的缺点及改进方法

（1）因为决策树非常容易过拟合，所以决策树算法的泛化能力不强。通过对节点最少样本数量和决策树深度限制预置条件，可以对此问题进行改进。

（2）决策树会因为样本的微小改动（尤其在节点末梢）造成结构的剧烈变化。通过集成学习之类的方法可以解决此类问题。

（3）寻找最优的决策树是一个 NP 难问题，一般是通过启发式方法求解，容易陷入局部最优。此问题可以通过集成学习之类的方法来改善。

（4）决策树不适合用于异或等相对复杂的关系。此类问题可以使用神经网络分类方法解决。

（5）生成的决策树容易偏向样本比例过大的特征。通过调节样本权重可以改善此问题。

3.2.2 神经网络

从左到右的神经网络结构图如图 3-8 所示，是一个包含三个层次的经典的神经

网络。蓝色的圆代表输入层，绿色的圆代表输出层，橘色的圆代表中间层（隐藏层）。神经网络中输入层包含 3 个输入单元，隐藏层包含 4 个单元，输出层包含 2 个输出单元。本节中的神经网络我们统一使用这种颜色来表示。

神经网络有以下基本特征：

(1) 神经网络在初始设计时，输入层与输出层的节点数量一般是固定的，中间层的数量可以任意。

(2) 神经网络结构图中的拓扑与箭头方向代表着预测过程中数据的流向，箭头方向与训练时真实的数据流向不一定完全相同。

(3) 神经网络结构中的关键不是圆圈（神经元），而是连接圆圈的线。每根线拥有不同的权值，权值需要通过训练得到。

除了用图 3-8 中从左到右的形式表示神经网络结构，还可以用图 3-9 所示的从下到上的形式来表示，此时最下方是输入层，最上方是输出层。本书使用左到右的表达形式。

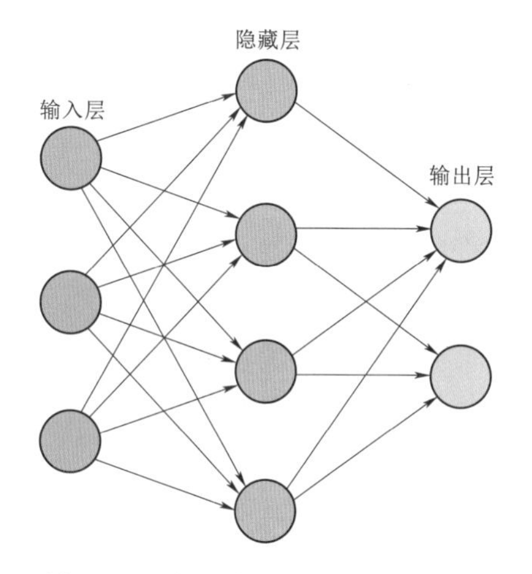

图 3-8　从左到右的神经网络结构图

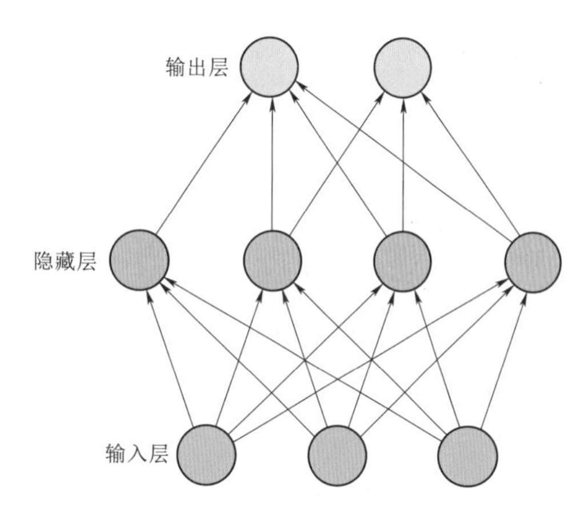

图 3-9　从下到上的神经网络结构图

3.2.2.1　神经元

人类对神经元的研究由来已久。生物学家早在 1904 年就知道了神经元的组成和结构。神经元通常有多个树突，但只有一条轴突。树突主要用于接收传入信息。位于轴突尾部的多个轴突末梢可以将信息传递给其他神经元。轴突末梢与其他神经元的树突连接以传递信号。图 3-10 展示了人类大脑中神经元的基本结构。

受生物神经元结构的启发，有学者提出了抽象的神经元模型。神经元模型拥有输入、输出和计算三种功能。图 3-11 是一个典型的神经元模型（M-P 模型），其包含 3 个输入、1 个输出、2 个计算功能。其中带箭头的线称为“连接”，每个连接上有与之对应的“权值”。

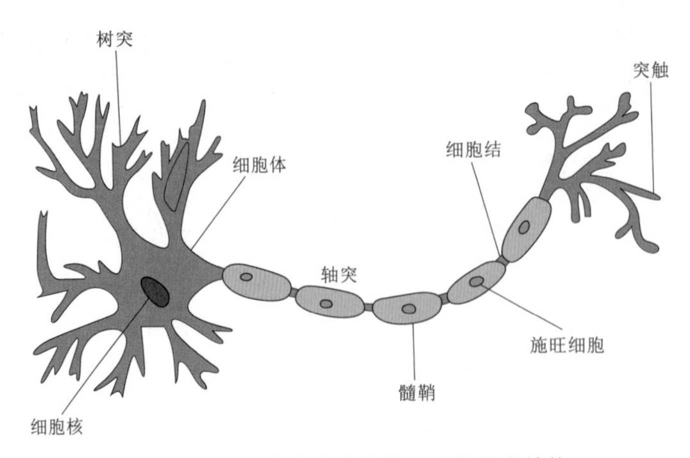

图 3-10　人类大脑中的神经元的基本结构

若使用 a 表示输入，用 w 来表示权值。一个表示连接的有向箭头可以这样理解：输入的信号 a，经过加权后会变成 $a*w$。神经元模型中，有向箭头代表了输入参数的加权传递，神经网络算法就是通过训练调整出最佳的权重，使整个神经网络拥有最佳的预测效果。将图 3-11 中的所有变量用符号表示，如图 3-12 所示，则此神经元模型的输出函数为

$$z=g(w_1a_1+w_2a_2+w_3a_3) \tag{3-14}$$

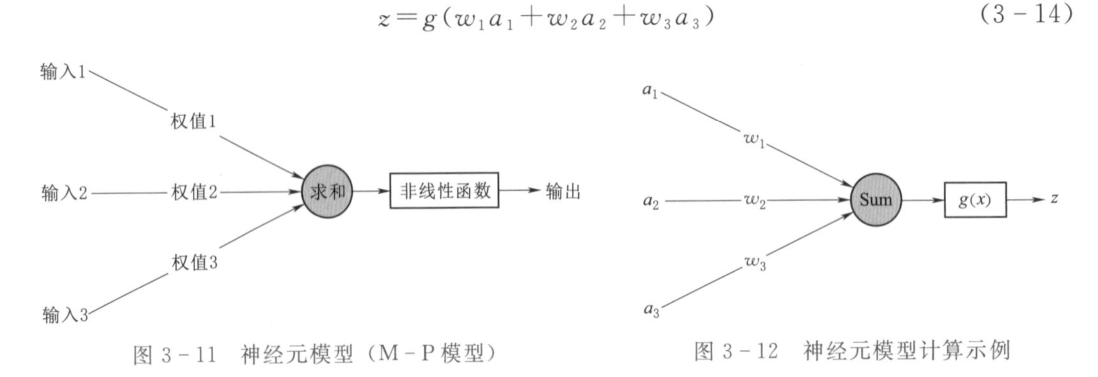

图 3-11　神经元模型（M-P 模型）　　图 3-12　神经元模型计算示例

由图 3-12 可知，神经网络输出的参数 z 是对输入参数线性加权相加后通过函数 $g(x)$ 计算得到的值。M-P 模型中的函数 $g(x)$ 是 sgn 函数（符号函数，输入大于 0 时输出 1，否则输出 0）。

为便于后续网络绘图，下面对基本神经元模型进行扩展。首先 sum 函数和 sgn 函数被组合成一个圆圈来代表神经元的内部计算；其次把输入 a 和输出 z 写在连线的左上角。一个神经元可以拥有多个输出，但其值都是一样的，如图 3-13 所示。

当多个“神经元”组成网络后，一般使用“单元”来描述网络中的某个“神经元”。同时由于神经网络是一个有向图，所以也可以用“节点”来表达。

假设有一组数据，每个样本包含四个属性，每个样本中三个属性 a_1、a_2、a_3 已知（称为特征），一个属性 z 未知（称为目标）。若特征与目标之间是线性关系，并且

已经得到表达该线性关系的权值 w_1、w_2、w_3，那么就可以用神经元模型预测新样本的第四个属性 z。

3.2.2.2 单层神经网络

单层神经网络由两层神经元组成，也被称为“感知器”。在原来 M－P 模型的“输入”位置添加神经元节点，使其变成“输入单元”，就得到了感知器模型，如图 3－14 所示。

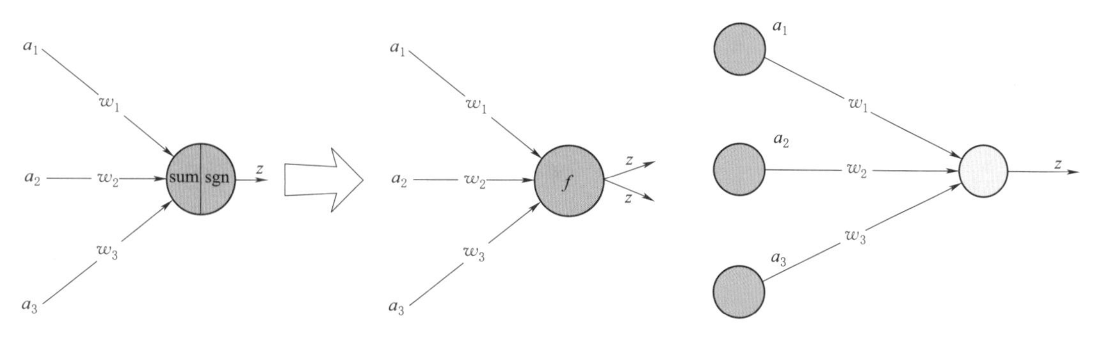

图 3－13　神经元的扩展

图 3－14　单层神经网络

“感知器”包含输入层和输出层两层结构。输入单元仅负责传输数据，输出单元需对输入单元进行计算。拥有计算功能的层一般称为“计算层”，本章中将仅拥有一个计算层的网络称为单层神经网络。

如果预测的目标是一个含有多个值的向量，那么可以在输出层再增加一个“输出单元”。带有两个输出单元的单层神经网络如图 3－15、图 3－16 所示，输出单元 z_1 的计算公式为

$$z_1 = g(w_1 a_1 + w_2 a_2 + w_3 a_3) \tag{3-15}$$

可以看到，z_1 的计算跟单输出单元模型中的 z 并没有区别。因为神经元的输出可以向多个神经元传递，于是 z_2 的计算公式为

$$z_2 = g(w_4 a_1 + w_5 a_2 + w_6 a_3) \tag{3-16}$$

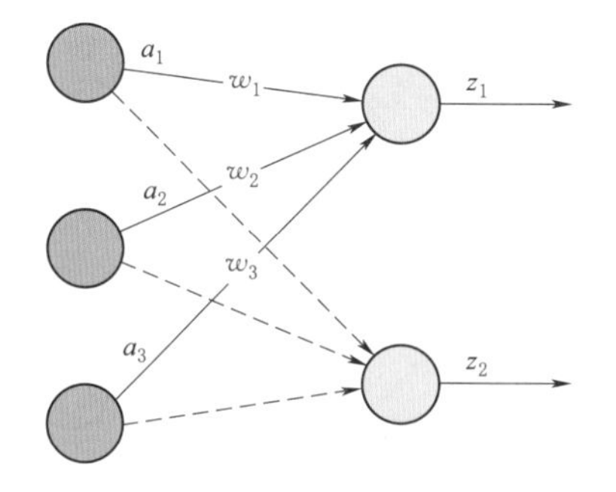

图 3－15　单层神经网络（z_1）

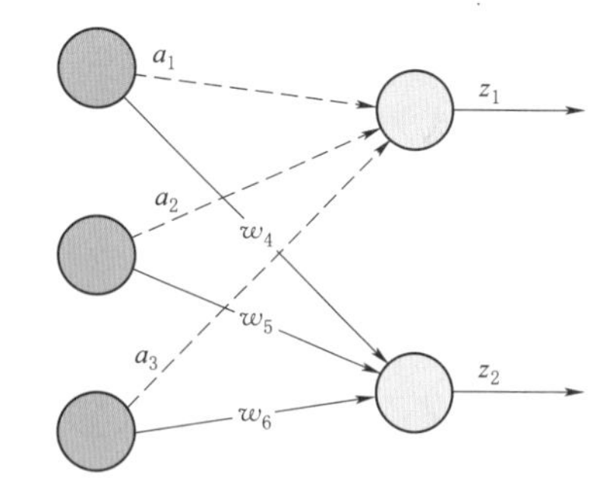

图 3－16　单层神经网络（z_2）

为方便表示，将 w_1，…，w_6 改写为角标格式 $w_{i,j}$，下标 i 表示后一层神经元序号，下标 j 表示前一个神经元的序号。例如 $w_{2,3}$ 表示第 2 个输出单元和第 3 个输入

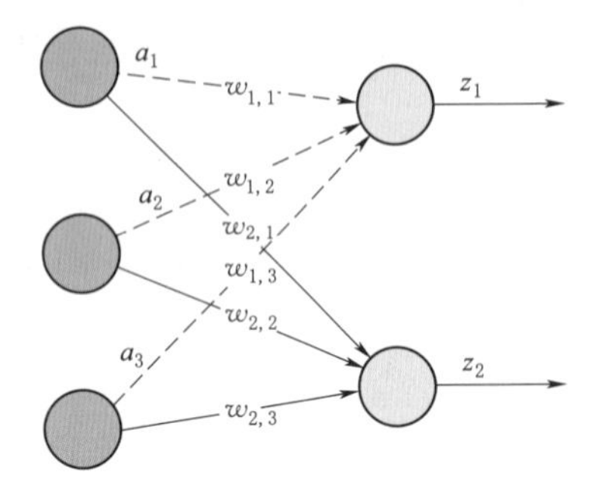

图 3-17 单层神经网络（扩展）

单元连线的权值。于是单层神经网络可以表示为图3-17。

z_1、z_2 可以表示为

$$z_1=g(w_{1,1}a_1+w_{1,2}a_2+w_{1,3}a_3)$$
$$z_2=g(w_{2,1}a_1+w_{2,2}a_2+w_{2,3}a_3) \quad (3-17)$$

式（3-17）是线性代数方程组，因此可以用矩阵乘法来表达这两个公式，即

$$\boldsymbol{Z}=g(\boldsymbol{WA}) \quad (3-18)$$

其中 $\boldsymbol{Z}=[z_1z_2]^{\mathrm{T}},\boldsymbol{W}=\begin{bmatrix} w_{1,1} & w_{1,2} & w_{1,3} \\ w_{2,1} & w_{2,2} & w_{2,3} \end{bmatrix},\boldsymbol{A}=[a_1a_1a_1]^{\mathrm{T}}$

式中 $\boldsymbol{W}$——权值矩阵。

3.2.2.3 两层神经网络

两层神经网络的出现使神经网络被大范围推广与使用。单层神经网络无法解决异或问题，当单层神经网络增加一个计算层后，不但能够解决异或问题，还具有极好的非线性分类效果，其弊端是运算量成倍增加。反向传播算法解决了计算量大的问题，推动了业界对两层神经网络的研究。

1. 结构

两层神经网络拥有输入层、输出层和一个中间层。其中中间层和输出层都可以进行计算操作。于是，两层神经网络的权值矩阵变成了两个，为了区分不同层次之间的变量，我们在变量上增加了上标。例如 $a_x^{(y)}$ 代表第 y 层的第 x 个节点。z_1、z_2 变成了 $a_1^{(2)}$、$a_2^{(2)}$，如图3-18所示。

于是 $a_1^{(2)}$ 和 $a_2^{(2)}$ 的计算公式变为

$$a_1^{(2)}=g(w_{1,1}^{(1)}\cdot a_1^{(1)}+w_{1,2}^{(1)}\cdot a_2^{(1)}+w_{1,3}^{(1)}\cdot a_3^{(1)})$$
$$a_2^{(2)}=g(w_{2,1}^{(1)}\cdot a_1^{(1)}+w_{2,2}^{(1)}\cdot a_2^{(1)}+w_{2,3}^{(1)}\cdot a_3^{(1)}) \quad (3-19)$$

最终的输出 z 由中间层的输出 $a_1^{(2)}$ 和 $a_2^{(2)}$ 和第二个权值矩阵计算得到，如图3-19所示，计算公式为

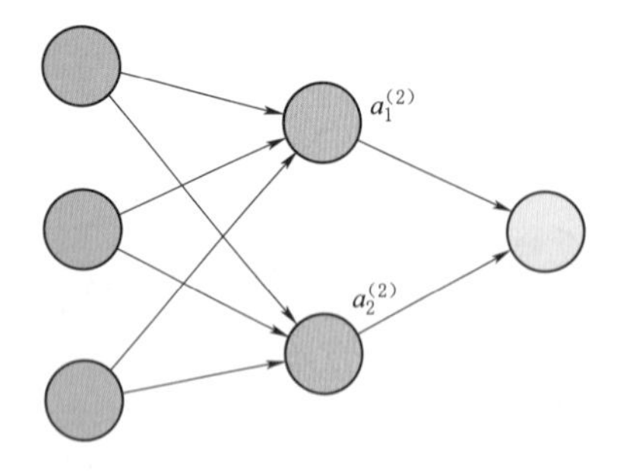

图 3-18 两层神经网络（中间层计算）

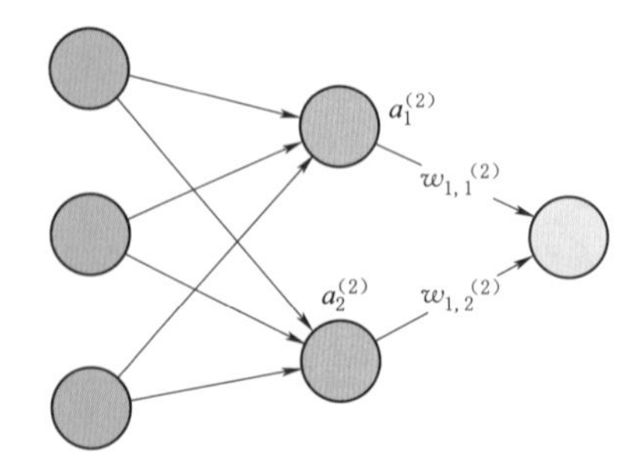

图 3-19 两层神经网络（输出层计算）

$$z = g(w_{1,1}^{(2)} \cdot a_1^{(2)} + w_{1,2}^{(2)} \cdot a_2^{(2)}) \quad (3-20)$$

对于向量形式的预测目标，只需在输出层增加节点。设 $\boldsymbol{A}^{(1)}$、$\boldsymbol{A}^{(2)}$、$\boldsymbol{Z}$ 是网络中传输的向量数据。$\boldsymbol{W}^{(1)}$ 和 $\boldsymbol{W}^{(2)}$ 是网络的矩阵参数，如图 3-20 所示。

那么该网络的矩阵表示为

$$\boldsymbol{A}^{(2)} = g(\boldsymbol{W}^{(1)}\boldsymbol{A}^{(1)})$$
$$\boldsymbol{Z} = g(\boldsymbol{W}^{(2)}\boldsymbol{A}^{(2)}) \quad (3-21)$$

鉴于矩阵运算相比公式罗列更为简洁，因此常常使用矩阵来描述神经网络。

值得一提的是，目前讨论的神经网络中，都没有提到偏置节点。这些偏置节点实际上默认是存在的，其本质是一个只含有存储功能且值恒为 1 的单元。偏置节点与后一层的所有节点都有连接，设这些偏置节点为 b，则神经网络结构如图 3-21 所示，一般情况下不会明确画出偏置节点。

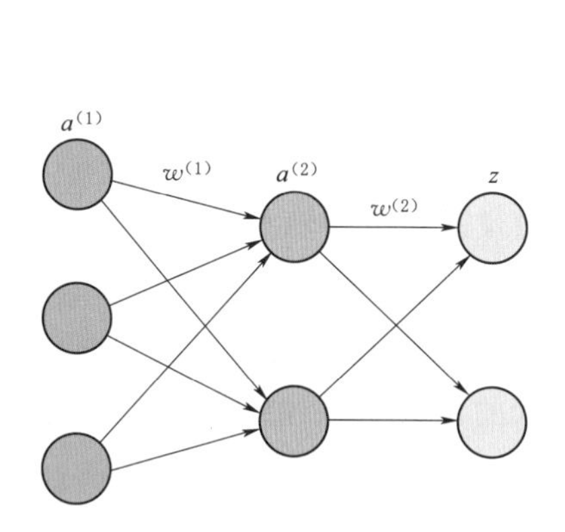

图 3-20　两层神经网络（向量形式）

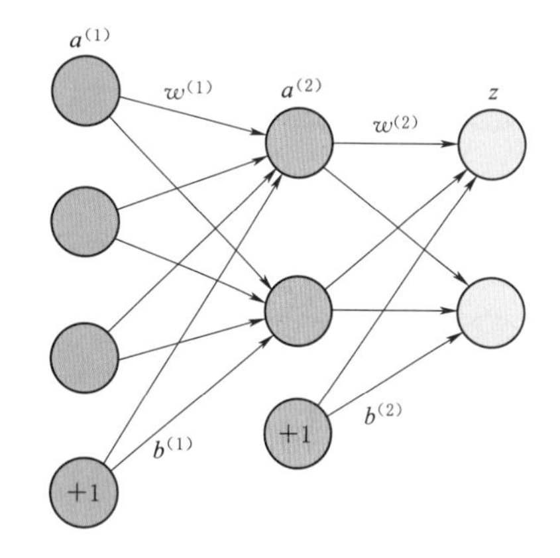

图 3-21　两层神经网络（考虑偏置节点）

在考虑了偏置节点之后的一个神经网络的矩阵运算为

$$\boldsymbol{A}^{(2)} = g(\boldsymbol{W}^{(1)}\boldsymbol{A}^{(1)} + \boldsymbol{B}^{(1)})$$
$$\boldsymbol{Z} = g(\boldsymbol{W}^{(2)} + \boldsymbol{A}^{(2)} + \boldsymbol{B}^{(2)}) \quad (3-22)$$

两层神经网络中的激活函数 $g(x)$ 一般使用平滑函数 sigmoid，而不再使用 sgn 函数，神经网络的本质就是通过使用参数与激活函数来拟合特征与目标之间的真实函数关系。

2. 效果

单层神经网络只有一个线性分类层，只能做线性分类任务。两层神经网络拥有两个线性分类层，理论上可以无限逼近任意的连续函数，因此对于复杂的非线性分类任务，两层神经网络的分类效果较好。在两层神经网络中，输入层到隐藏层的数据发生了空间变换，这就是两层神经网络能够实现非线性分类任务的关键，即两层神经网络可以做非线性分类的关键是隐藏层的存在。矩阵和向量相乘的本质就是对向量的坐标空间进行变换，因此隐藏层的参数矩阵的作用就是将数据的原始坐标空间从线性不可分转换成了线性可分。

下面来讨论隐藏层节点的数量。在设计一个神经网络时，输入层的节点数量与数据的特征有关，输出层的节点数量取决于目标的维度，但中间层的节点数是任意的。中间层节点的数量会对整个模型的效果产生影响。对于中间层节点数量的选择，目前业界没有完善的理论指导，一般根据经验设置。常用的策略是，对不同中间层节点数量不同的神经网路进行训练，比较模型的预测效果，选取效果最好的作为最终的神经网络中间层节点数量。

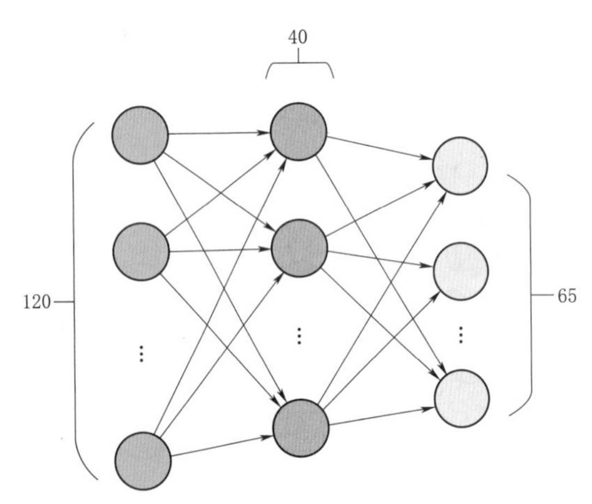

图3-22　EasyPR字符识别神经网络结构

对两层神经网络的结构有所了解后，就可以看懂其他类似的神经网络结构图了，例如图3-22所示的EasyPR字符识别神经网络结构。

EasyPR字符识别神经网络使用图形对字符文字进行识别。输入是120维的向量，输出是共有65维的文字类别向量。对不同隐藏层节点数量的网络进行实验，可以发现当节点数量为40时效果较好，因此最终的结构就是图3-22所示的含有40个中间节点的神经网络。

3. 训练

单层神经网络模型中，虽然参数可以训练，但是使用的方法相对简单，并没有使用机器学习中常用的方法，导致其只有有限的扩展性和适用性。从两层神经网络开始，科研人员对神经网络进行训练时开始使用机器学习相关技术，使用算法对大量数据进行优化，从而有效提高模型的性能和对数据的利用率。

使用机器学习进行模型训练的目的是使参数尽可能逼近真实关系。具体做法是：在训练模型时对参数矩阵取初始值（随机或指定），样本的预测目标设为 y_p，真实值为 y，定义预测损失为 $loss=(y_p-y)^2$，模型的训练目标就是使损失值之和最小；将神经网络的输出作为预测目标（如有），可以把损失写为关于参数的函数，这个函数称为损失函数。对于求解最小化损失函数的优化问题，常使用梯度下降算法。在每轮迭代中，梯度下降算法计算各参数在本轮的梯度，然后将参数按照设定的步长向梯度的反方向移动，使用迭代计算直到梯度趋近于零。一般来说，使梯度接近零时的参数恰好能使损失函数达到最小值。

在神经网络模型中，由于结构复杂，每次计算梯度的运算量很大。为减小运算量，反向传播算法是必须的，其利用神经网络的结构进行计算，过程中无需计算所有参数的梯度，而是按照输出层、参数矩阵、中间层、参数矩阵、输入层的顺序由后向前计算梯度。反向传播算法示意图如图 3-23 所示，梯度的计算从后往前，一层一层反向传播，其中前缀 E 代表偏导。从反向传播算法开始，科研人员开始关注于从数学上寻求问题的最优解，而不再盲目模拟人脑网络。

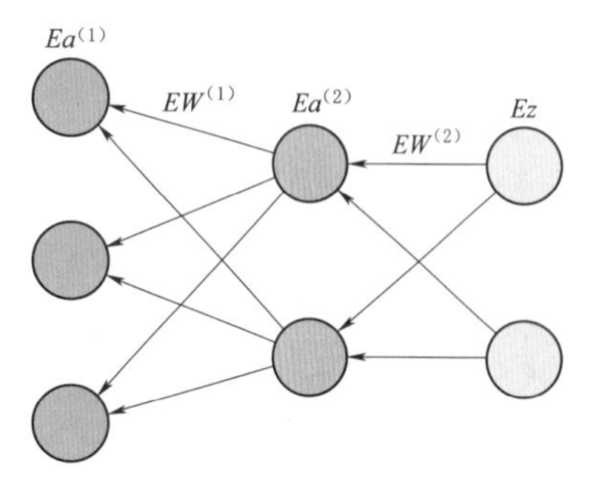

图 3-23 反向传播算法示意图

优化问题只是训练中的一个部分。机器学习问题之所以称为“学习”而不是“优化”，是因为模型最终要部署到真实场景，对目标进行预测。训练出模型不仅要在训练集数据中拥有令人满意的误差，还要在测试集上表现良好。泛化能够提升模型的预测效果，相关方法被称作正则化，神经网络中常用的泛化技术有权重衰减等。

3.2.2.4 多层神经网络

杰弗里·辛顿教授于 2006 年首次提出了“深度信念网络”的概念。与传统的训练方式不同，“深度信念网络”有一个“预训练”的过程，“预训练”可以使神经网络中权值最优解的寻找变得更加简单，之后再用“微调”对整个网络进行优化训练。“预训练”和“微调”的运用大幅度减少了多层神经网络训练的时间成本，这种学习方法被他命名为“深度学习”。

深度学习很快应用在了语音识别、图像识别等多个领域。辛顿教授和他的学生在 ImageNet 竞赛中，用多层卷积神经网络对包含一千个类别的一百万张图片成功地进行了训练，并取得了分类错误率 15%的好成绩，比第二名高了 11%，充分证明了多层神经网络识别的优越性。多层神经网络的代表有卷积神经网络（Convolutional Neural Network，CNN）与递归神经网络（Recursive Neural Network，RNN）等，本节只对普通神经网络进行介绍。

1. 结构

在两层神经网络的结构上，增加中间层的层数，可以得到图 3-24 所示的多层神经网络。通过不断增加中间层的数量，可以得到层数更多的神经网络。

多层神经网络的公式推导跟两层神经网络类似。在已知输入 $\boldsymbol{A}^{(1)}$、$\boldsymbol{A}^{(2)}$、$\boldsymbol{A}^{(3)}$，参数 $\boldsymbol{W}^{(1)}$、$\boldsymbol{W}^{(2)}$、$\boldsymbol{W}^{(3)}$ 的情况下，输出 Z 的推导公式为

$$\boldsymbol{A}^{(2)}=g(\boldsymbol{W}^{(1)}\boldsymbol{A}^{(1)})$$

$$\boldsymbol{A}^{(3)}=g(\boldsymbol{W}^{(2)}\boldsymbol{A}^{(2)})$$

$$\boldsymbol{Z}=g(\boldsymbol{W}^{(3)}\boldsymbol{A}^{(3)}) \tag{3-23}$$

多层神经网络中的输出也是按层的顺序依次进行计算，不断向前推进，所以这个过程称为“正向传播”。下面来讨论多层神经网络中的参数。图 3-25 所示的多层神

经网络中，$\boldsymbol{W}^{(1)}$ 中有6个参数，$\boldsymbol{W}^{(2)}$ 中有4个参数，$\boldsymbol{W}^{(3)}$ 有6个参数，整个神经网络中共有参数16个（不考虑偏置节点，下同）。

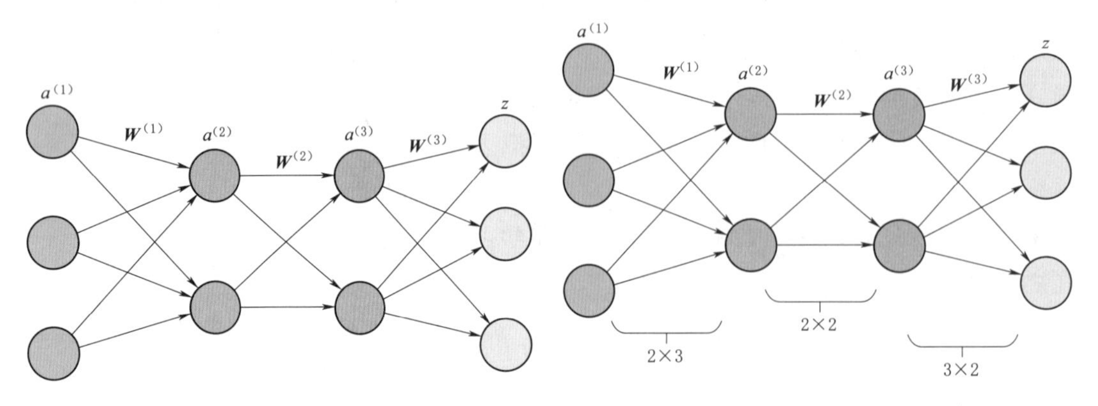

图3－24　多层神经网络

图3－25　多层神经网络（较少参数）

在图3－25的基础上，对两个中间层中每层节点的个数进行调整，分别改为3个单元和4个单元，如图3－26所示，调整后整个网络的参数变成了33个。

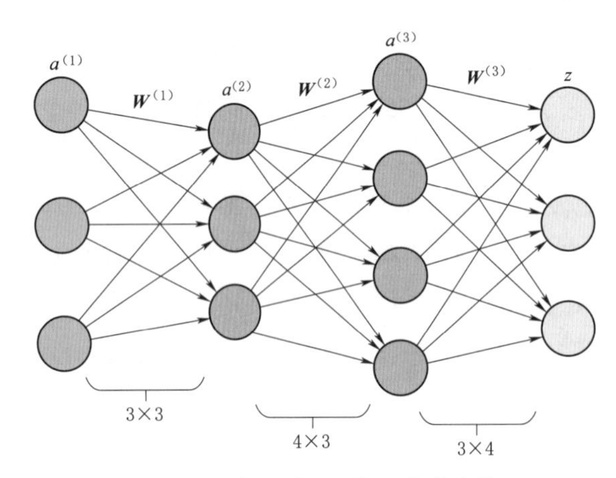

图3－26　多层神经网络（较多参数）

上述两种神经网络虽然都有四层，但第二个网络的参数数量却是第一个的两倍多，因此图3－26中的网络拥有更强的表示能力。在参数数量相同时，也可以获得一个深度“更深”的网络，如图3－27所示。

2. 效果

与两层神经网络不同。多层神经网络中层次的增加使网络能够更深入地表示特征，同时拥有更强的函数模拟能力。

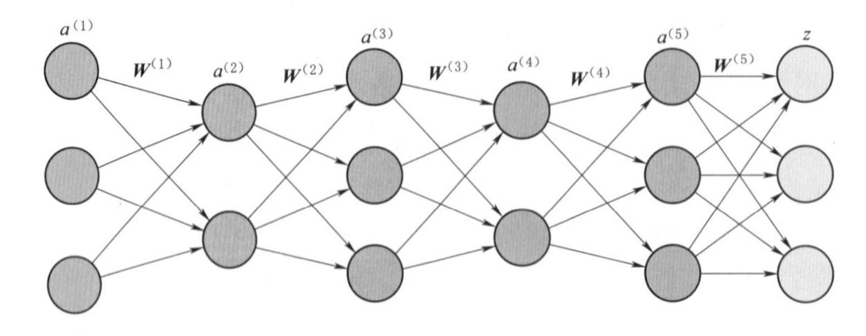

图3－27　多层神经网络（更深的层次）

随着网络的层数增加，后一层是前一层的更深层次抽象。例如第一个中间层学习到的特征是“边缘”，第二个中间层学习到的特征是由“边缘”组成的“形状”，第三个中间层学习到的特征是由“形状”组成的“图案”，最后一层学习到的特征是由“图案”组成的“目标”。多层神经网络通过对特征更抽象的抽取，从而能够获得更强的识别与分类能力。

随着层数的增加，网络的参数数量更加庞大。神经网络的本质就是找到特征与目标之间的真实函数关系，参数的增加意味着模拟函数的复杂度增加，更复杂的函数就会拥有更多的容量去拟合真实关系。

研究发现，当参数数量相同时，更深层次网络的识别效率往往比浅层网络的识别效率更高。ImageNet 比赛多次证实了这一点，自 2012 年起，获得冠军的深度神经网络的层数逐年增加。2015 年 GoogleNet 比赛中成绩最好的神经网络识别算法的网络层数多达 22 层，根据 ImageNet 网站数据，当时大赛中成绩最佳的 MSRA 团队使用的网络中网络层数已经达到 152 层。

3. 训练

单层神经网络使用 sgn 函数作为激活函数。两层神经网络常使用 sigmoid 函数作为激活函数。经过一系列的研究，科研人员发现 ReLU 函数在训练多层神经网络时收敛性更好，并且预测效果更好。因此在深度学习中，目前最流行的非线性函数是 ReLU 函数。ReLU 函数是一个分段线性函数，其表达式为 $y=\max(x, 0)$。即当 x 为正时，输出与输入相等；在 x 为负时，输出为 0。这个函数模仿了生物神经元，其在高于阈值时对激励表现为线性响应，当低于阈值时不响应。

优化和泛化仍然是多层神经网络训练的目的。当运算设备算力很强时，多层神经网络使用反向传播算法和梯度下降算法仍表现较好。为了减小运算量，科研人员在优化这两种算法的同时也研究开发新算法，例如带动量因子的梯度下降算法。

随着神经网络中层数、参数的增加，表示能力的增强，过拟合现象在深度学习中更容易出现，因此泛化和正则化技术更加重要。目前正则化技术中 Dropout 技术、数据扩容技术使用最多。

3.2.3 支持向量机

支持向量机（Support Vector Machine，SVM）是一种二元分类模型，其学习策略是寻找最大的分类间隔，能够将分类问题转化为凸二次规划问题的求解。

1. 分类标准的起源

线性分类器是 SVM 的基础。对于给定的属于两个分类的一组数据，如果用 $\boldsymbol{x}$ 表示给定的数据点，用 y 表示数据所属的类别（两个类别可以分别由 1 和 −1 代表，即 $y=1$ 或 $y=-1$），线性分类器的学习目标就是在 n 维的数据空间中找到一个能够将

两个特征完美划分出来的超平面，这个超平面的方程可以表示为

$$\boldsymbol{\omega}^{\mathrm{T}}\boldsymbol{x}+b=0 \tag{3-24}$$

式中 $\boldsymbol{\omega}$、$\boldsymbol{x}$——n 维列向量。

从特征中学习出一个二分类模型是逻辑回归的目的，这个模型的自变量是特性的线性组合，由于自变量的取值范围是正负无穷，因此使用 sigmoid 函数能将自变量从（$-\infty$，$+\infty$）映射到（0，1）上，映射后的值即是自变量属于 $y=1$ 这一分类的概率。

假设函数

$$h_{\boldsymbol{\theta}}(\boldsymbol{x})=g(\boldsymbol{\theta}^{\mathrm{T}}\boldsymbol{x})=\frac{1}{1+\mathrm{e}^{-\boldsymbol{\theta}^{\mathrm{T}}\boldsymbol{x}}} \tag{3-25}$$

其中

$$g(z)(1+\mathrm{e}^{-z})^{-1} \tag{3-26}$$

$$P(y=1|\boldsymbol{x};\boldsymbol{\theta})=h_{\boldsymbol{\theta}}(\boldsymbol{x})$$

$$P(y=0|\boldsymbol{x};\boldsymbol{\theta})=1-h_{\boldsymbol{\theta}}(\boldsymbol{x}) \tag{3-27}$$

式中 $\boldsymbol{\theta}$——n 维列向量；

$\boldsymbol{x}$——n 维特征向量；

$g(z)$——sigmoid 函数，其将（$-\infty$，$+\infty$）映射到了（0，1）；

$h_{\boldsymbol{\theta}}(\boldsymbol{x})$——表示特征属于 $y=1$ 的概率。

当判别一个新的数据的所属分类时，只需求出 $h_{\boldsymbol{\theta}}(\boldsymbol{x})$ 即可，若 $h_{\boldsymbol{\theta}}(\boldsymbol{x})>0.5$ 就是 $y=1$ 的类，反之属于 $y=0$ 类。

此外，$h_{\boldsymbol{\theta}}(\boldsymbol{x})$只和 $\boldsymbol{\theta}^{\mathrm{T}}\boldsymbol{x}$ 有关，$\boldsymbol{\theta}^{\mathrm{T}}\boldsymbol{x}>0$，那么 $h_{\boldsymbol{\theta}}(\boldsymbol{x})>0.5$，而 $g(z)$ 只是用来映射，真实的类别决定权还是在于 $\boldsymbol{\theta}^{\mathrm{T}}\boldsymbol{x}$。再者，当 $\boldsymbol{\theta}^{\mathrm{T}}\boldsymbol{x}\gg0$ 时，$h_{\boldsymbol{\theta}}(\boldsymbol{x})=1$；反之 $h_{\boldsymbol{\theta}}(\boldsymbol{x})=0$。如果只从 $\boldsymbol{\theta}^{\mathrm{T}}\boldsymbol{x}$ 出发，模型的目标就是让训练集中 $y=1$ 的特征 $\boldsymbol{\theta}^{\mathrm{T}}\boldsymbol{x}\gg0$，而 $y=0$ 的特征 $\boldsymbol{\theta}^{\mathrm{T}}\boldsymbol{x}\ll0$。逻辑回归就是在全部训练集上学习得到 $\boldsymbol{\theta}$，使得一个特征远大于 0，另一个特征远小于 0。

接下来，尝试把逻辑回归做个变形。首先，将使用的结果标签 $y=0$ 和 $y=1$ 替换为 $y=-1$ 和 $y=1$，然后将 $\boldsymbol{\theta}^{\mathrm{T}}\boldsymbol{x}=\theta_0+\theta_1x_1+\theta_2x_2+\cdots+\theta_nx_n$（$x_0=1$）中的 θ_0 替换为 b，最后将后面的 $\theta_1x_1+\theta_2x_2+\cdots+\theta_nx_n$ 替换为 $\boldsymbol{\omega}^{\mathrm{T}}\boldsymbol{x}$。如此，则有了 $\boldsymbol{\omega}^{\mathrm{T}}\boldsymbol{x}=\boldsymbol{\omega}^{\mathrm{T}}\boldsymbol{\theta}+b$。也就是说除了 y 由 $y=0$ 变为 $y=-1$ 外，线性分类函数跟 Logistic 回归的形式 $h_{\boldsymbol{\theta}}(\boldsymbol{x})=g(\boldsymbol{\theta}^{\mathrm{T}}\boldsymbol{x})=g(\boldsymbol{\omega}^{\mathrm{T}}\boldsymbol{x}+b)$没有区别。

进一步，可以将假设函数 $h_{\boldsymbol{\omega},b}(\boldsymbol{x})=g(\boldsymbol{\omega}^{\mathrm{T}}\boldsymbol{x}+b)$中的 $g(z)$ 做一个简化，将其简单映射到 $y=-1$ 和 $y=1$ 上。映射关系为

$$g(z)=\begin{cases}1 & ,z\geqslant0\\-1 & ,z<0\end{cases} \tag{3-28}$$

2. 线性分类的举例说明

下面举个简单的例子说明，如图 3-28 所示，在一个二维平面上用圆点和五角星表示两类数据。可以看出这两类数据能用一条直线分开，即线性可分，这条直线相当于前文所述的超平面，超平面一侧的数据所对应的 y 的值全都是 -1，另一侧数据对应的 y 的值全都是 1。

这个超平面可以用分类函数 $f(\boldsymbol{x})=\boldsymbol{\omega}^{\mathrm{T}}\boldsymbol{x}+b$ 表示，当 $f(\boldsymbol{x})=0$ 的时候，$\boldsymbol{x}$ 便是位于超平面上的点，而使 $f(\boldsymbol{x})>0$ 的点对应分类 $y=1$ 的数据点，$f(\boldsymbol{x})<0$ 的点对应分类 $y=-1$ 的点，如图 3-29 所示。

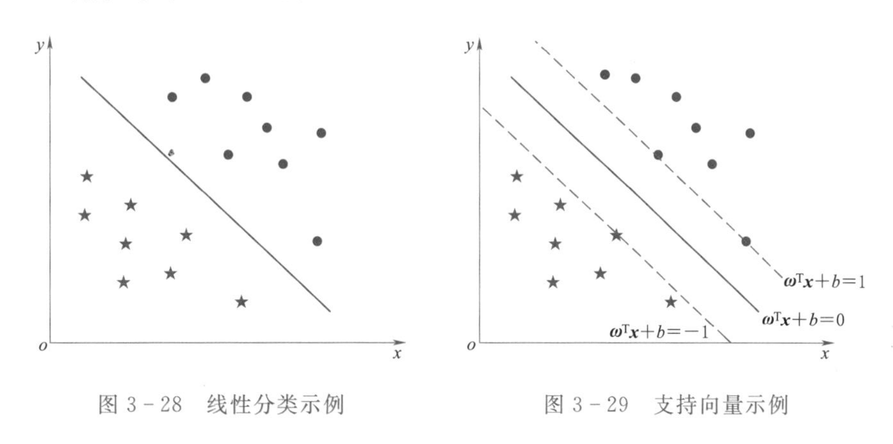

图 3-28　线性分类示例　　　　图 3-29　支持向量示例

然而大部分数据不能线性可分，此时满足条件的超平面不存在。为了方便推导，先假设数据集中的数据都是线性可分的，即超平面存在。即在分类时，当遇到一个新的数据点 $\boldsymbol{x}$，将 $\boldsymbol{x}$ 代入 $f(\boldsymbol{x})$ 中，如果 $f(\boldsymbol{x})<0$ 则将 $\boldsymbol{x}$ 的类别赋为 -1，如果 $f(\boldsymbol{x})>0$ 则将 $\boldsymbol{x}$ 的类别赋为 1。

对于超平面的确定，在二维平面上，这个超平面应该是能够将两类数据完美分开的直线，这条直线与两侧数据距离的大小就是判定是否合适的标准，间隔最大的那条之间就是我们所求的线。所以，SVM 需要寻找与两侧数据有着最大间隔的超平面。

3. 函数间隔与几何间隔

在超平面 $\boldsymbol{\omega}^{\mathrm{T}}\boldsymbol{x}+b=0$ 确定的情况下，$|\boldsymbol{\omega}^{\mathrm{T}}\boldsymbol{x}+b|$ 能够表示点 x 距离超平面的远近，而通过观察 $\boldsymbol{\omega}^{\mathrm{T}}\boldsymbol{x}+b$ 的符号与类标记 y 的符号是否相同，能够判断分类的准确性，因此可以用 $y(\boldsymbol{\omega}^{\mathrm{T}}\boldsymbol{x}+b)$ 的正和负来判定分类的正确与否。于此，便引出了函数间隔的概念。

定义函数间隔（用 $\hat{\gamma}$ 表示）为

$$\hat{\gamma}=y(\boldsymbol{\omega}^{\mathrm{T}}\boldsymbol{x}+b)=yf(\boldsymbol{x}) \tag{3-29}$$

而超平面 $\boldsymbol{\omega}^{\mathrm{T}}\boldsymbol{x}+b=0$ 关于训练数据集中所有样本点（x_i，y_i）的函数间隔最小值（其中，x_i 是特征，y_i 是结果标签，i 表示第 i 个样本），即超平面 $\boldsymbol{\omega}^{\mathrm{T}}\boldsymbol{x}+b=0$ 关

于训练数据集的函数间隔，为

$$\hat{\gamma}=\min\hat{\gamma}_i(i=1,2,\cdots,n) \tag{3-30}$$

但如此定义出的函数间隔有瑕疵，若等比例改变 $\boldsymbol{\omega}$ 和 b（如将它们改成 $2\boldsymbol{\omega}$ 和 $2b$），则函数间隔的值 $f(\boldsymbol{x})$ 是原来的两倍大（等比改变不会改变超平面），所以单使用函数间隔作为超平面的距离还不够。我们可以对法向量 ω 增加约束条件，从而引出几何间隔的概念。几何间隔真正定义了点到超平面的距离。

假定对于点 $\boldsymbol{x}$，其垂直投影到超平面上的点为 $\boldsymbol{x}_0$，由几何知识可知 $\boldsymbol{\omega}$ 是垂直于超平面的一个向量，γ 为样本 $\boldsymbol{x}$ 到超平面的距离，如图 3-30 所示。

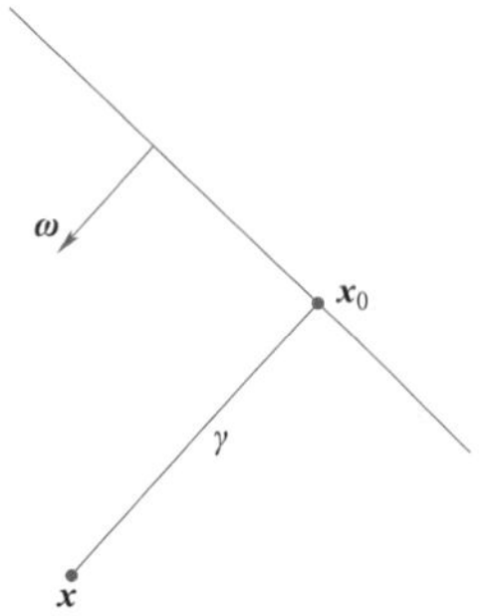

图 3-30　几何距离示例

根据平面几何知识，有

$$\boldsymbol{x}=\boldsymbol{x}_0+\gamma\frac{\boldsymbol{\omega}}{\|\boldsymbol{\omega}\|} \tag{3-31}$$

式中　$\|\boldsymbol{\omega}\|$——$\boldsymbol{\omega}$ 的二阶范数（二范数相当于二维和三维空间中的模长概念），则 $\boldsymbol{\omega}/\|\boldsymbol{\omega}\|$ 是单位向量。

由于 $\boldsymbol{x}_0$ 是超平面上的点，满足 $f(\boldsymbol{x}_0)=0$，即 $\boldsymbol{\omega}^{\mathrm{T}}\boldsymbol{x}_0=-b$。将上式左乘 $\boldsymbol{\omega}^{\mathrm{T}}$，并代入 $\boldsymbol{\omega}^{\mathrm{T}}\boldsymbol{x}_0=-b$ 和 $\boldsymbol{\omega}^{\mathrm{T}}\boldsymbol{\omega}=\|\boldsymbol{\omega}\|^2$，即可算出 γ 为

$$\gamma=\frac{\boldsymbol{\omega}^{\mathrm{T}}\boldsymbol{x}+b}{\|\boldsymbol{\omega}\|}=\frac{f(\boldsymbol{x})}{\|\boldsymbol{\omega}\|} \tag{3-32}$$

根据式（3-32）求得的 γ 是带有符号的距离，为了得到 γ 的绝对值，令 γ 乘上对应的类别 y，即可得出几何间隔（用 $\tilde{\gamma}$ 表示）：

$$\tilde{\gamma}=y\gamma=\frac{\hat{\gamma}}{\|\boldsymbol{\omega}\|} \tag{3-33}$$

从函数间隔和几何间隔的定义可以看出：几何间隔就是函数间隔与二范数 $\|\boldsymbol{\omega}\|$ 的商，且函数间隔 $y(\boldsymbol{\omega}^{\mathrm{T}}\boldsymbol{x}+b)=yf(\boldsymbol{x})$ 实际上就是 $|f(\boldsymbol{x})|$，而几何间隔 $|f(\boldsymbol{x})|/\|\boldsymbol{\omega}\|$ 才是直观上的点到超平面的距离。

4. 最大间隔分类器的定义

对数据点分类时，超平面与数据点的间隔越大，分类可信度就越高。为了使分类可行度尽量高，需要超平面能够将这个间隔值最大化。这个间隔就是图 3-31 中间隔的一半。

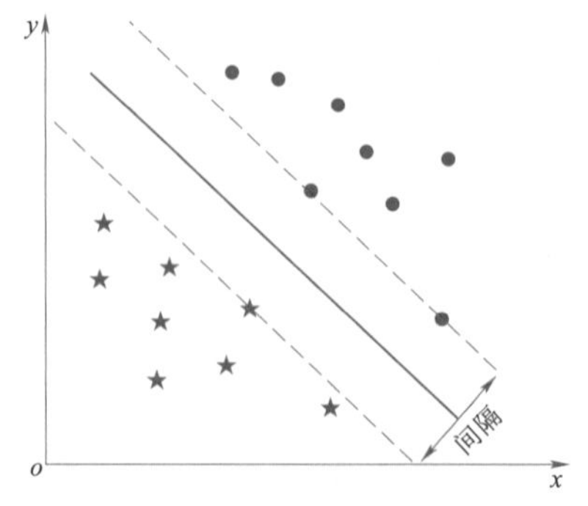

图 3-31　超平面间隔示意

由前面的分析可知：函数间隔不能满足最大化间隔值的要求，因为对于一个超平面，等比缩放 $\boldsymbol{\omega}$ 和 b 的值，可以使 $f(\boldsymbol{x})=\boldsymbol{\omega}^{\mathrm{T}}\boldsymbol{x}+b$ 的值任意大，即

函数间隔 $\hat{\gamma}$ 在超平面不变的情况可以任意取值。但几何间隔因为除以二范数 $\|\boldsymbol{\omega}\|$，使得在缩放 $\boldsymbol{\omega}$ 和 b 时几何间隔 $\tilde{\gamma}$ 的值不变，$\tilde{\gamma}$ 只随着超平面的变化而变化，因此，上文提到的几何间隔更适合作为最大间隔分类超平面中的"间隔"。

因此，最大间隔分类器的目标函数可以定义为 $\max\hat{\gamma}$，目标函数 $\max\hat{\gamma}$ 需要满足任意一点的函数距离 $\hat{\gamma}_i$ 均大于最大间隔分类超平面中的间隔 $\hat{\gamma}$，根据间隔的定义，有

$$y_i(\boldsymbol{\omega}^{\mathrm{T}}\boldsymbol{x}_i+b)=\hat{\gamma}_i \geqslant \hat{\gamma}, i=1,2,\cdots,n \tag{3-34}$$

根据几何间隔的定义知，若函数间隔 $\hat{\gamma}=1$，则有 $\hat{\gamma}=1/\|\boldsymbol{\omega}\|$，从而最大间隔分类器的目标函数可以转化为

$$\max \frac{1}{\|\boldsymbol{\omega}\|}, \text{s. t. } y_i(\boldsymbol{\omega}^{\mathrm{T}}\boldsymbol{x}_i+b)\geqslant 1, i=1,\cdots,n \tag{3-35}$$

如图 3-32 所示，中间的实线 $\boldsymbol{\omega}^{\mathrm{T}}\boldsymbol{x}+b=0$ 就是找到的最优超平面，这条线到两条虚线的距离相等，这个距离就是几何间隔 $\hat{\gamma}$，两条虚线间隔边界之间的距离等于 $2\hat{\gamma}$，而虚线间隔边界上的点则是支持向量。由于这些支持向量刚好在虚线上，所以它们满足 $y(\boldsymbol{\omega}^{\mathrm{T}}\boldsymbol{x}+b)=1$（上文中为了方便推导和优化，令 $\hat{\gamma}=1$），而对于所有不是支持向量的点，则显然有 $y_i(\boldsymbol{\omega}^{\mathrm{T}}\boldsymbol{x}_i+b)\geqslant 1$。

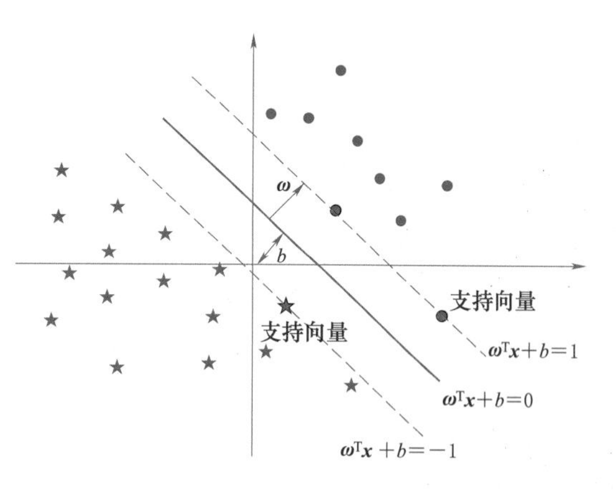

图 3-32　最优超平面间隔示意图

3.2.4　朴素贝叶斯分布

决策树通过寻找最佳划分特征来学习样本路径最终实现分类，逻辑回归通过对曲线的拟合操作（学习超平面）实现分类，支持向量机通过寻找最大化类别间隔的超平面实现分类。与上述策略不同，朴素贝叶斯考虑特征的概率从而实现对分类的预测。

朴素贝叶斯（Naive Bayes，NB）基于"特征之间是独立的"这一朴素假设，是应用了贝叶斯定理的监督学习算法。对应给定样本 X 的特征向量 x_1，x_2，…，x_m，可以由贝叶斯公式得到该样本属于类别 y 的概率为

$$P(B)=\sum_{i=1}^{n}P(A_i)P(B \mid A_i) \tag{3-36}$$

由于各特征属性之间是独立的，所以得到

$$\begin{aligned} P(y \mid x_1,x_2,\cdots,x_m) &= \frac{P(y)P(x_1,x_2,\cdots,x_m \mid y)}{P(x_1,x_2,\cdots,x_m)} \\ &= \frac{P(y)}{P(x_1,x_2,\cdots,x_m)}\prod_{i=1}^{n}P(x_i \mid y) \end{aligned} \tag{3-37}$$

在给定样本的情况下，$P(x_1,x_2,\cdots,x_m)$是常数，所以得到

$$P(y \mid x_1,x_2,\cdots,x_m) \propto P(y)\prod_{i=1}^{n} P(x_i \mid y) \tag{3-38}$$

我们需要的最终的模型可以写作

$$\hat{y} = \operatorname{argmax} P(y)\prod_{i=1}^{n} P(x_i \mid y) \tag{3-39}$$

通过式（3-36）～式（3-39），贝叶斯算法的基本流程如下：

（1）设 $x=\{a_1,a_2,\cdots,a_m\}$为待分类项，其中 a 为 x 的一个特征属性。

（2）类别集合为 $C=\{y_1,y_2,\cdots,y_n\}$。

（3）分别计算 $P(y_1|x)$，$P(y_2|x)$，…，$P(y_n|x)$的值（贝叶斯公式）。

（4）如果 $P(y_k|x)=\max\{P(y_1|x),P(y_2|x),\cdots,P(y_n|x)\}$，那么认为 x 属于类型 y_k。

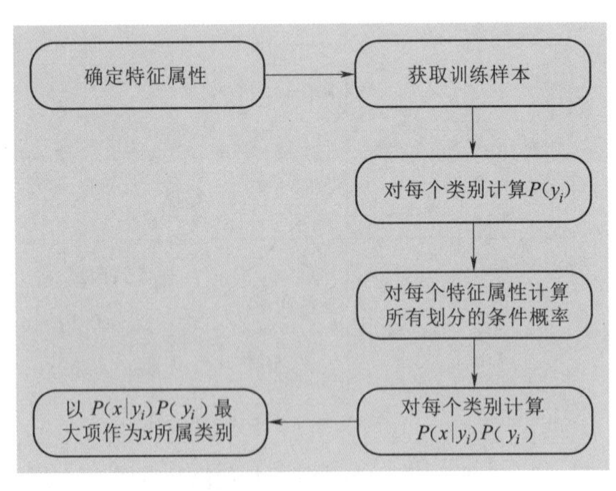

图 3-33　贝叶斯算法的基本流程

将以上流程用图表示出来，如图 3-33 所示。

根据数据的先验概率的不同，朴素贝叶斯算法可以分高斯朴素贝叶斯、伯努利朴素贝叶斯和多项式朴素贝叶斯三种。

1. 高斯朴素贝叶斯

当特征属性为连续值，且服从高斯分布时，$P(x|y)$可以直接由高斯分布的概率公式来计算，即

$$g(x,\eta,\sigma)=\frac{1}{\sqrt{2\pi}\sigma}e^{-\frac{(x-n)^2}{2\sigma^2}}$$

$$P(x_k|y_k)=g(x_k,\eta_k,\sigma_k) \tag{3-40}$$

因此只需要计算出各个类别中此特征项划分的各个均值和标准差即可。

2. 伯努利朴素贝叶斯

当特征属性为连续值，且服从伯努利分布时，$P(x|y)$可以直接由伯努利分布的概率公式来计算，即

$$P(x_k|y)=P(1|y)x_k+[1-P(1|y)](1-x_k) \tag{3-41}$$

伯努利分布是一种只有两种结果的离散分布。1 表示成功，出现的概率为 p；0 表示失败，出现的概率为 $q=1-p$；其中均值为 $E(x)=p$，方差为 $Var(x)=p(1-p)$。

3. 多项式朴素贝叶斯

当特征属性服从多项分布时，对参数为 $\theta_y=(\theta_{y1},\theta_{y2},\cdots,\theta_{yn})$的类别 y（n 为特征

属性数目），$P(x_i|y)$的概率θ_{yi}为

$$\theta_{yi}=\frac{N_{yi}+\alpha}{N_y+n\alpha} \tag{3-42}$$

其中
$$N_{yi}=\sum_{x\in T}x_i,N_y=\sum_{i=1}^{|T|}N_{yi}$$

3.3 面向电力领域的知识图谱构建

3.3.1 电力领域知识图谱背景

在过去的30余年间，电力公司围绕着调度、运检、营销、基建和物资等各业务部门所提报的业务需求，开发了数量众多的应用系统，旨在实现由数据到知识、由感知到认知的提升。得益于知识采集工具的开放式结构，为解决电力系统中的科学和工程问题，许多应用系统引入了知识工程技术，且对引入专家系统框架显示出了强烈的兴趣。然而，传统信息化工程产物仍处于对电力数据和知识的简单应用，缺乏对知识体系的全面把握和对电力业务的认知推理，其粗犷式建设模式不再适用于电力行业的发展需求。对内知识得不到贯通应用，对外难以形成辅业公司与外部行业主动支撑，使我国电力公司面临着互联网转型的困难。为了打破知识孤岛，实现业务协同和数据贯通，支撑电网业务与新兴业务发展，专家学者近年来在电力调度、电力运检、电力营销等诸多领域提出了基于领域知识图谱这一新兴认知方法的技术路线和应用案例。

在电力调度方面，主流工作仍集中于对自动语音识别（Automatic Speech Recognition，ASR）、自然语言处理（Natural Language Processing，NLP）和领域知识图谱（Domain-specific Knowledge Graph，DKG）技术的组合应用。在电力运检方面，近3年内电力巡检影像分析等人工智能应用的兴起为DKG的研究应用打下了良好的基础，专家学者以电力设备为核心，领域知识图谱相关研究工作在细分业务点上相对深入。在电力营销方面，专家学者的研究工作暂时与其他行业客服的主流技术路线基本一致，基于ASR、NLP与DKG的技术组合实现电力客服业务中智能检索、智能问答、主动外呼能力的整体提升。然而，就总体而言，电力营销领域中的DKG应用数据来源相对封闭，未能凸显互联网化运营理念，且认知推理能力有待进一步增强，亟待引入情感分析、多轮对话等技术，使其拥有业务处理能力。

3.3.2 电力领域知识图谱本体构建

电力领域知识主要由两方面组成：一方面是传统的电力知识工程系统、专家经验知识库等结构化数据；另一方面是电力标准、制度、法律、法规以及专家、技术人员的经验等半结构、非结构化数据。因此电力领域知识可按照复用程度的差异划分为通

用知识和专用知识两大部分。其中，电力设备的名称、电压等级、容量以及单位组织架构等信息在客服、调度、运检、安质等多个业务领域均有需求，可称为电力领域通用知识；客服领域中的用户名称、电费、电价等信息相对专用，在调度、运检、安质等业务领域涉及概率很小，甚至完全不会出现，可以将之认定为电力领域专用知识。值得一提的是，电力领域通用知识与专用知识之间的界限往往是模糊的，实际操作时需要根据实际业务进行统计分析以判定边界。

借鉴通用知识图谱的知识表示，电力领域中的知识本体主要包括实体、概念、关系、属性、属性值、函数以及约束等方面内容。通常，由于不同层次的知识在表示复杂程度上有所差异，大部分领域知识图谱优先对实体、概念、关系、属性进行知识建模。其本体架构可简约划分为概念层和实例层，有少量领域知识图谱实现了对简单规则的刻画，以多层知识体系的形式进行知识图谱设计。实际的电力业务中存在大量诸如缴费、倒闸、消缺等词语，既不属于概念范畴也不属于实例范畴，作为一种跟业务强相关的动作、事件、规范边界的业务名词，无法准确地融合到概念层或是实例层。

在电力领域知识图谱构建过程中，电力数据来源广、体量大，涉及的知识多样化显著，采用何种数据模型对知识元进行有效的组织也是研究的重点之一。数据模型主要定义数据的逻辑组织结构、操作、约束，决定了数据管理所采取的方法与策略，对于存储管理、查询处理、查询语言设计均至关重要。传统的关系型数据库使用具有严格数学意义的关系代数来表达对关系的操作和约束，结构简洁通用，而图数据模型则是基于图论这一数学基础，以节点集合与边集合来刻画现实世界中事物的广泛联系，因而更加适用于电力领域知识图谱的构建、存储以及管理。

领域知识图谱的本体构建方式主要包括由知识驱动的自顶向下式、由数据驱动的自底向上式以及混合模式，如图 3-34 所示。其中，自顶向下式指通过业务专家人工编制或利用已有的结构化知识库获取电力领域知识本体的结构信息，进而将知识本体加入到知识库；自底向上式指从开放非结构化数据中提取实体、概念、关系、属性、属性值等信息，选取置信度高的对象作为候选，分析归纳成底层结构信息，逐层向上最终形成知识本体并加入到知识库。电力领域数据来源广泛，传统电力知识工程系统、专家经验知识库等结构化数据现有的数据模式，可直接用来指导知识图谱本体的自顶向下的构建。同时，电力领域实际业务中所产生的各类数据以及专家、技术人员的主观经验等半结构化、非结构化的数据也蕴含了丰富的电力领域行业知识，为确保知识图谱本体的完备性，利用信息提取技术对此类数据中的电力知识加以识别，并对识别的结果进行归纳抽象，最终将抽象出的概念映射或补充到电力领域知识图谱本体中，从而实现本体自底向上的构建。混合模式指自顶向下、自底向上结合的本体构建方式，既能够传承固化电力领域现有数据库中的相关经验知识，又能实现对新知识的发现，故在实际构建电力领域知识图谱本体时，通常采取混合模式的方法。

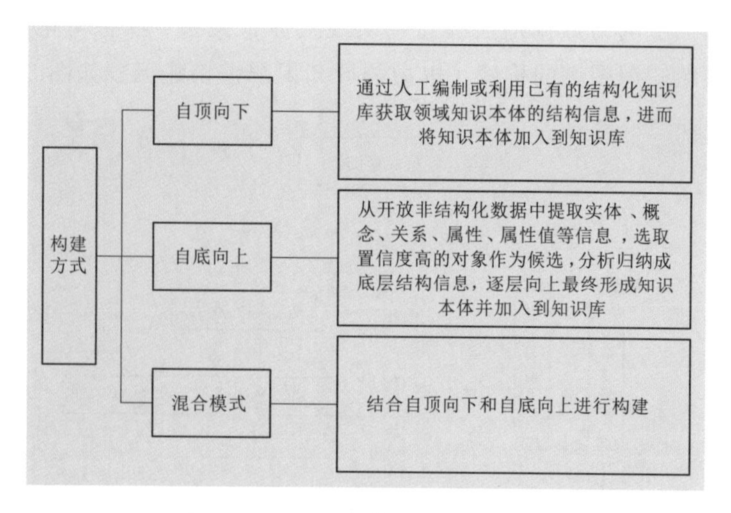

图 3-34　知识图谱的三种构建方式

3.3.3　电力领域知识图谱的构建

1. *模式层与数据层*

对于领域知识图谱构建技术，诸多专家学者开展了大量的研究，分析现有研究成果可以发现，不同研究团队的领域知识图谱构建技术架构虽略有差异，但核心模块都包括知识抽取、知识融合、知识加工等部分。其中，知识抽取指自动化地从文本中发现和抽取相关信息，将非结构化数据转换为结构化数据，主要包含实体、关系、属性等信息的抽取。常用实体识别技术有长短期记忆网络条件随机场模型（Long Short-Term Memory Conditional Random Field，LSTM-CRF）等。关系抽取除了基于模板的方法外，常用的还有监督学习的抽取方法，主要包含基于深度学习的卷积神经网络排序关系分类模型（Classifying Relations by Ranking with Convolutional Neural Networks，CR-CNN）模型、基于注意力机制的 CNN 模型（Attention CNN）、基于注意力机制的 Bi-LSTM 模型（Attention Bi-LSTM）以及基于预训练的语言表征模型（Bidirectional Encoder Representation from Transformers，BERT）、门控循环单元模型（Gated Recurrent Unit，GRU）的联合抽取方法。知识融合是面向知识服务和决策的问题，以多源异构数据为基础，在本体库和规则库的支持下，通过知识抽取和转换获得隐藏在数据资源中的知识因子及其关联关系，进而在语义层次上组合、推理、创造出新知识的过程。实体消歧是知识融合中重要的研究方向，常用技术有“实体—提及概率”生成模型、“实体—主题”生成模型以及基于深度神经网络的实体语义相关度计算模型。知识加工指按照某种策略，根据已有知识推出新知识的过程，主要用来对知识图谱进行补全和质量检测。一个具备知识推理能力的知识图谱，能够将数据深层的内在价值挖掘出来，更好地支撑后续应用。基于上述技术，针对电力业务数据逐一改进和训练电力数据适配模型，实现实体、关系、属性等电力知识的抽取，最终完成电力领域知识图谱的构建。电力领域知识图谱构建流程如图3-35所示。

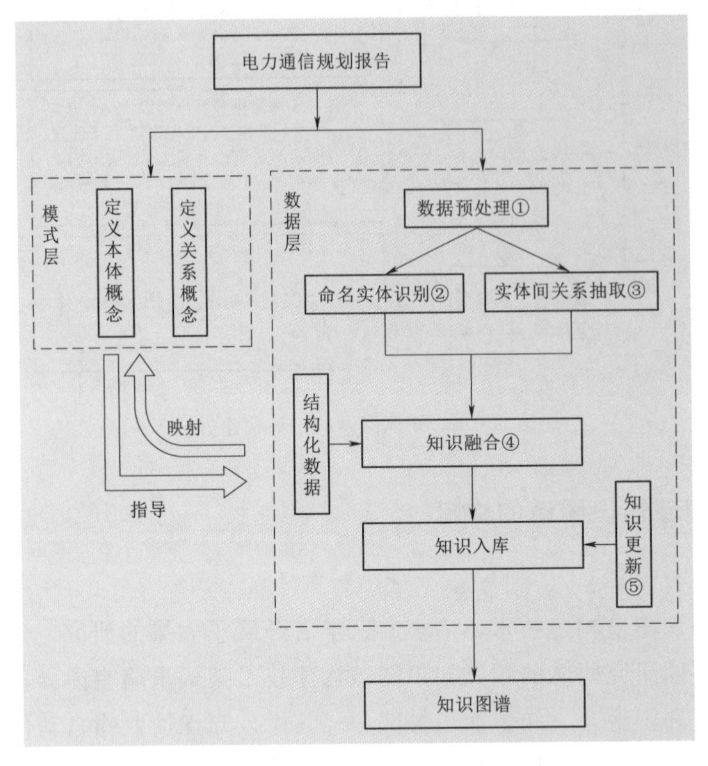

图3-35　电力领域知识图谱构建流程

电力领域知识图谱的构建主要有模式层与数据层的构建。模式层是知识图谱的知识组织架构，是对领域内实体、实体间关系以及属性进行描述的数据模型；数据层存储的是具体数据信息。

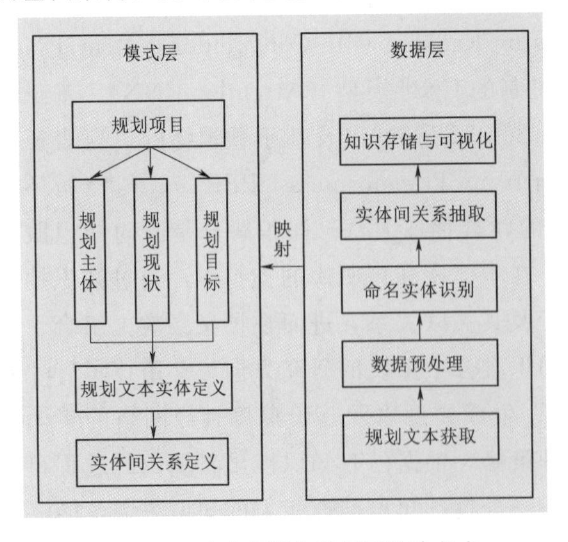

图3-36　电力领域知识图谱构建方式

电力领域中，规划文本的核心要素相对变化范围不大，同时又可细分为类型多样的非结构化数据，因此电力领域知识图谱可以采用图3-34中的混合方式构建，如图3-36所示。

模式层的规划文本实体定义以及实体间关系定义见表3-2、表3-3。

模式层的构建定义了需要识别的实体类型与关系类型，能够指导数据层神经网络的数据训练集构造，提供数据集的标签类型。

表 3-2 模式层的规划文本实体定义

实体对象	说 明	例
主体	规划项目，主要规划内容	本规划范围包括地市骨干通信网与终端通信接入网
时间	规划起止时间，具体规划年限	规划基准年为 2015 年，年限为 2017—2020 年
地点	规划地点	地区拥有 500kV 变电所 5 座
机构	组织机构	公司本部管理光缆共 651 条
设备	通信设备	设备采用美国 LUMINOUS 公司的 M2500
指标	通信指标	光纤通信覆盖率
数量	设备数量，投资情况，指标值	光缆共 651 条；地市骨干通信网部分投资为 8155 万元

表 3-3 模式层的实体间关系定义

实体 A	实体 B	关系	实体 A	实体 B	关系
机构	机构	A 包含 B/B 包含 A	主体	时间	A 时间为 B
设备	数量	A 数量为 B	主体	地点	A 地点为 B
机构	设备	A 包含 B	…	…	…
指标	数量	A 指标量为 B			

数据层的构建与其他领域知识图谱一致，详见本章 3.1。

2. 知识抽取

电力领域知识抽取的主要步骤如图 3-37 所示。对原始的非结构化文本进行数据清洗，使用分词工具对文本进行分词，引入中文停用词表去除已停止使用的名词，统计文本中各个词的词频以及逆文档频率，结合 one-hot 编码给词做初始向量化（向量第 0 位表示词频，第 n 位为 1 表示文本的第 n 个词，其余位置为 0），初始化的向量作为 Word2Vec 模型的输入向量来进一步训练包含更多信息且更加低维度的词向量。

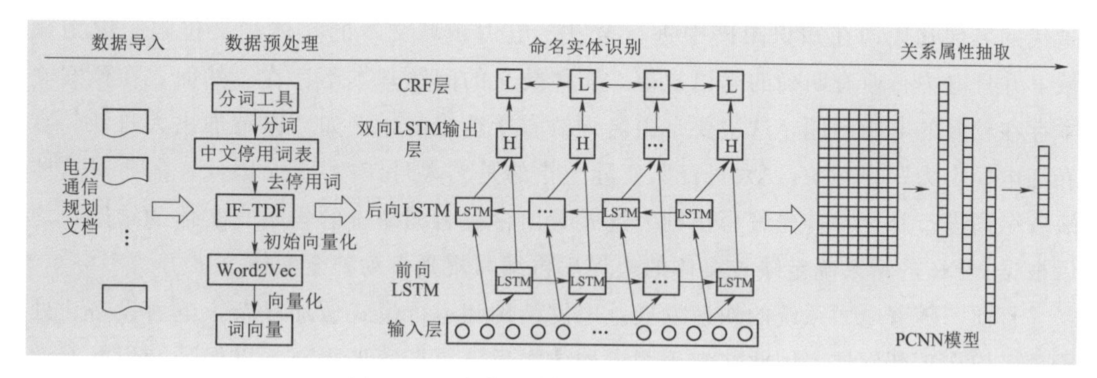

图 3-37 电力领域知识抽取的主要步骤

知识抽取任务主要分为命名实体识别（Named Entity Recognition，NER）和关系抽取（Relationship Extraction，RE）。NER 使用 BiLSTM-CRF 模型，BiLSTM 层学习的是序列的上下文信息，CRF 层学习的是标签之间的依赖信息。输入层以词向量为单位输入，通过双向 LSTM 神经网络提取文本的特征，输出为文本的标签概率；通过 CRF 层学习数据集中标签之间的转移概率从而修正 BiLSTM 层的输出，从而保证预测标签的合理性。NER 中优化神经网络参数的损失函数是标签预测的正确率。

RE 使用分段卷积神经网络模型（Piecewise Convolutional Neural Network，PCNN）。RE 任务实质上为分类任务，对不同的关系进行分类。PCNN 模型输入为二维矩阵，其中每一行表示一个词向量。向量第一位记录相对位置信息，其余为之前训练的向量；相对位置信息指以实体划分段，实体位置为 0，下一个词的位置信息为 1，以此类推，直到下一个实体位置信息更新为 0。通过卷积神经网络（Convolutional Neural Network，CNN）不同的卷积核提取多方面的特征，通过池化得到最后的特征，提取出来的特征通过最大池化层池化后进行拼接，送入 softmax 层，最终得到关系的分类。属性抽取与关系抽取比较相似，属性可以看作为关系的一部分，也使用 PCNN 网络进行属性的抽取。

知识抽取经过 NER 和 RE 任务后得到的就是实体以及关系之间的结构化数据，将其存入图数据库。图数据库里的知识经过可视化节点与边就形成了知识图谱，目前大多采用 Neo4j 进行知识图谱的可视化。

图数据库相对于关系型数据库有如下优势：关系型数据库里的数据主要以表的形式存储，图数据库里的数据主要以节点和边的图形式存储，当需要查询多级关系时，关系型数据库需要遍历多个相关的表，耗时较长，而图数据库只需要通过几个节点于边就可以找到相互关系，耗时较短。

3. 知识融合与更新

经过知识抽取所得的知识需要经过知识融合进行实体消歧和共指消解处理。其中，实体消歧指对可能存在多种含义的实体进行区分；共指消解指将具有相同含义和指代的名词和代词在知识图谱中进行合并。电力领域文本的实体词义仅限于电力领域，并且电力行业有明确的术语规范，实体歧义的问题基本不存在。然而，在预案文本存在较多的共指问题，这主要是由名词缺省所造成的，例如“申请加出太丹江、富春江电厂出力”一句中，“太丹江”实际上指的是“太丹江电厂”。因此，需要对这些缺省名词进行补全：首先编写正则表达式找出存在名词缺省的句子与实体的结尾，之后根据 NER 的结果确定缺省实体的边界后再编写规则自动补全实体。

目前，随着电力系统的快速发展，电网结构和运行模式愈加复杂，电力设备、处置预案均在不断发展，因此在知识图谱构建之后需要持续地更新，以保证知识的有效性。电网故障处置知识图谱的更新分为模式层和数据层两方面：模式层的更新指新增的预案中出现当前模式层中不存在的概念时，根据新的概念对模式层中的文本类型、实体类型、关系类型进行更新；数据层的更新指当新产生的预案没有产生新的概念时，采用增量更新的方式，对新增的预案进行知识抽取与知识融合后添加到原有的图谱中。除此之外，数据层的更新也包含对其中知识的质量与有效性进行评估，及时删除失效知识，这部分工作需要专业调度人员的协助。

文献［8］提出的基于NoDKG（Not only Domain-specific Knowledge Graph）思想的电力领域知识图谱应用架构，通过结合使用图数据库与关系型数据库，合理划分结构化、半结构化、非结构化数据的存储与调用方式，解释了框架如何应对动态、隐形、主观性的知识，提供了一种领域知识图谱与现有专家数据库有机融合的途径。在构建NoDKG的过程中，分别根据电力领域中数据的动态性、识别模型的多样性、经验知识的传承性，从知识图谱的时间标签设计、实体关系与外界多类识别模型输出结果的对接、知识图谱的领域经验规则引导几方面入手，设计了知识图谱的时间标签、语义融合、实体关系，使知识图谱能够应对电力领域数据动态更新、强规则约束的需求，体现了NoDKG面向电力领域的构建目的。同时本文知识图谱能与图谱外多类模型输出结果进行融合，不局限于电力领域静态数据。

基于NoDKG的电力领域知识图谱应用架构示意图如图3-38所示，其有下述3个技术特征：

（1）考虑电力领域时变数据的动态特征。通过id_name等变量信息表现时间信息，并针对电网不同业务中如状态监测、异常告警、任务流转等时变信息，制定更新机制，设计多粒度时间标签，使知识图谱定期更新电力领域动态信息，满足电力领域动态知识的处理需求。

（2）融入多模型输出语义标签。针对电力领域图像识别、语义分析、深度识别等多类模型的检测识别结果，如语义标签、置信度等数据，将其融入知识图谱，为电力领域实体间隐性关系、隐性知识挖掘提供丰富的数据基础。

（3）涵盖电力领域专家经验知识。从调度、运检、客服、安监等多领域标准、报告、规范等文档中凝练业务规则，规则化设计知识图谱中的关系，支持知识图谱联合产生式规则、决策树等知识精准应对电网故障处置决策等业务问题，促使领域知识图谱与现有专家数据库有机融合，应对主观性知识。

基于NoDKG的电力领域知识图谱应用架构覆盖数据获取、图谱构建、知识计算以及图谱应用等4个层级。数据获取层负责对结构化数据解析、半/非结构化数据标注以及第三方合作数据解析。其中，数据解析泛指对excel、csv、json、xml等文件进行导入、读取以及结构化存储；数据标注主要指对文本数据进行概念、实体、关系、属性等语义信息的标注工作。

图谱构建层作为电力领域知识图谱应用架构的核心层，承载自然语言处理、知识抽取、知识融合以及知识加工能力。同时，规范要求采用图数据库存储实体、概念、关系、事件并实现多对多关系管理，通常涉及Neo4j等面向属性图的存储系统或gStore等面向RDF图的存储系统；采用关系型数据库管理文件、视频、图像、音频

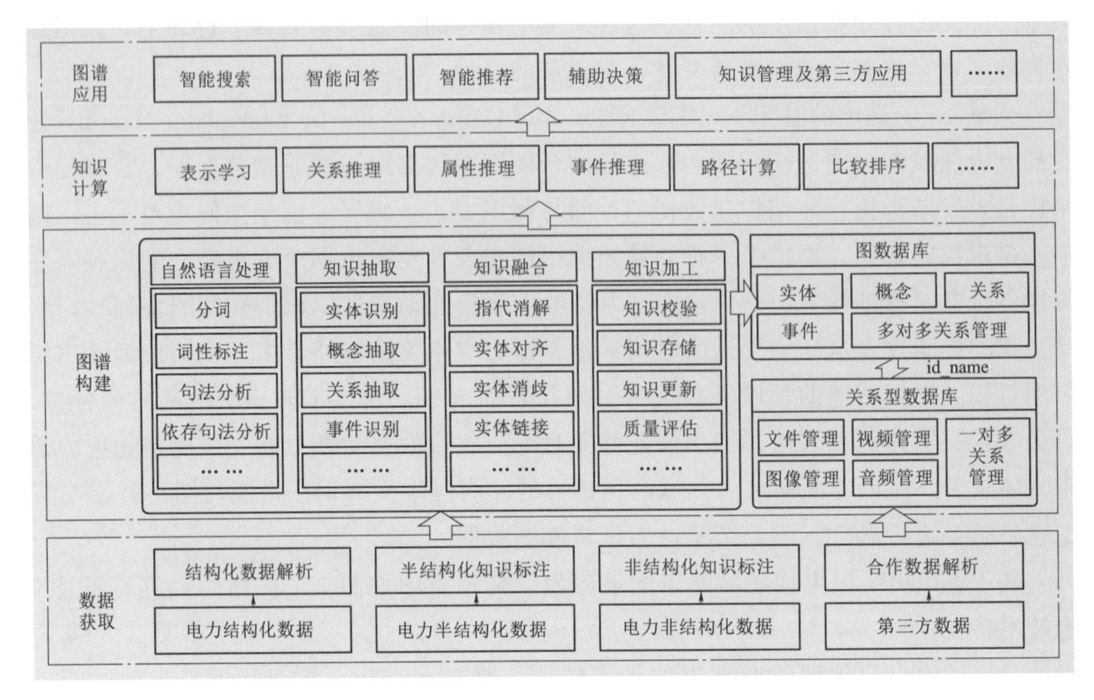

图3-38 基于NoDKG的电力领域知识图谱应用架构示意图

等多媒体数据以及一对多关系，并通过编号、名称连接彼此。其中，可考虑将关系型数据库的编号、名称等变量信息作为属性值存储在图数据库内的领域知识图谱中，用以实现对高效检索、认知推理的能力支撑。

知识计算层负责集成表示学习、关系推理、属性推理、事件推理、路径计算、比较排序等通用算法模型，为图谱应用层提供算法支撑。而图谱应用层则负责提供智能搜索、智能问答、智能推理、智能决策、知识处理及第三方应用，作为电力领域知识图谱应用架构所产出的最终功能模块与实际应用场景进行对接。

上述NoDKG电力领域知识图谱应用架构可以在电力调度故障处理等方面应用。在调度领域，采用调度故障处置管理规定、故障处置预案、调度规程及异常监控手册等文本数据以及从D5000系统导出的结构化数据，根据一线调度人员的业务经验与业务规则，自上而下搭建基础本体架构，然后利用概念抽取及关系抽取模型进行自动化识别，识别结果经业务专家抽象校验后形成自下而上的类别体系，与基础本体架构融合，便可构建最终的电力调度知识本体架构。基于本体架构，利用双向长短时记忆神经网络联合条件随机场模型（Bidirection Long Short-Term Memory Conditional Random Field，Bi-LSTM-CRF）实现调度故障实体识别及属性抽取，根据电网故障数据特征，利用双向长短时记忆神经网络（Bidirection Long Short-Term Memory，Bi-LSTM）注意力机制模型进行关系抽取及分类，经实体链接与知识补全后，实现电力调度领域知识图谱构建。

电力调度故障处理应用架构示意如图 3－39 所示，团队利用混成型数据库对电力调度领域知识图谱及其关联数据进行存储，并采用调度系统实时数据对实体、关系、属性值等信息进行更新。另外，通过机器学习技术自动生成薄弱环节、关键断面、稳定裕度等结构化领域知识，进一步完善实体或业务逻辑。

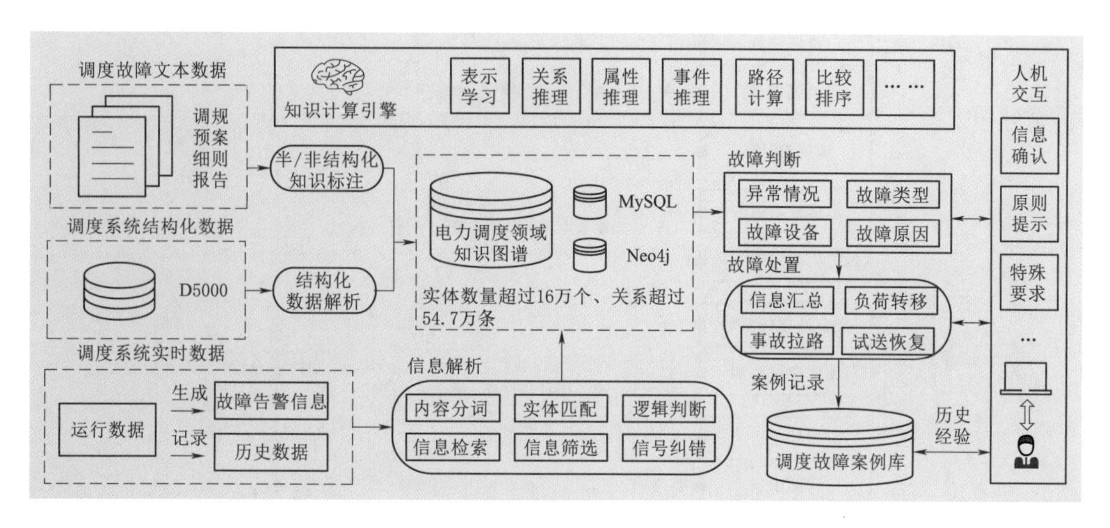

图 3－39　电力调度故障处理应用架构示意图

当故障发生时，知识计算引擎寻找电力通信网络知识图谱中相匹配的知识路径，而后向下级查询与故障密切相关的概念与设备实体。得到相关知识后，通过信息解析、故障判断、故障处置 3 大模块进行研判，给出故障类型和处置建议。在处置过程中，机器需要对调度人员提示筛选后的主要信息、隐含知识、操作原则与特殊要求等内容。故障处置流程结束后，自动化提取故障事件的结构化知识并汇入案例知识库，用于后续案例记录、查阅和推理。

3.4　面向电力通信专业的知识图谱案例

我国电力系统的通信服务覆盖范围极为广泛且分布不均匀，包含了发电、配电和调度等多个环节。按照国家电力监管委员会印发的《电力二次系统安全防护总体方案》（电监安全〔2006〕34 号）的相关规定，电力业务被划分为四个类别和对应的安全区，分别是生产运行控制类业务和对应的安全区、生产运行信息类业务和对应的安全区、管理信息类业务和对应的安全区、管理办公类业务和安全区。不同安全区中发电、配电、调度、销售等业务承载在电力通信网络之上，在电力通信网中进行知识图谱应用，能够对电网的生产、控制、销售等各个环节起到促进作用。电力通信网结构如图 3－40 所示。

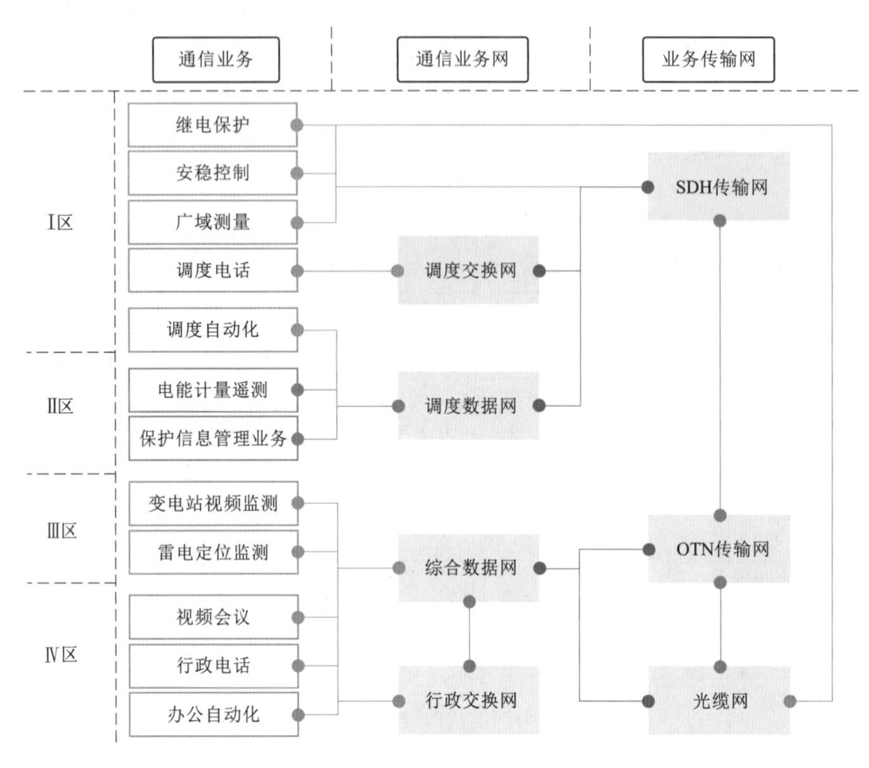

图3-40　电力通信网结构图

3.4.1　知识抽取

1. 知识组成

电力通信规划文本的核心概念相对固定，但是通过核心概念进一步细分的概念类型多样，本节所述案例选择混合方式构建电力通信规划领域的知识图谱。混合方式模式层的构建需要预先定义一个电力通信规划文本中的实体和关系概念，分析文本内容，实体概念与关系概念相对明确，通过领域专家的帮助得出表3-4、表3-5所示实体与关系概念。

表3-4　电力通信规划实体概念

实体类别	说　明	示　例
时间	反映规划进程	截至×××年、预计到×××年
网络	通信网络层级与类别	骨干网、接入网、业务网
设备	通信设备、少量电力设备	光缆、路由器、环网柜
指标	通信指标	带宽、覆盖率
数量	设备数量或者指标量	光缆××条、覆盖率××
业务	需求业务	调度电话、视频监控

表 3-5　　电力通信规划关系概念

实体 A	实体 B	关系类别	实体 A	实体 B	关系类别
时间	网络、投资	B 时间为 A	网络、设备	指标	A 指标为 B
网络	网络、设备、业务	A 含有 B	设备	数量	A 数量为 B
指标	数量	A 指标量为 B			

例如，“截至 2013 年年末，地区三级骨干通信网运行光缆 11 条，总长 1131km。光缆类型以光纤复合架空地线（Optical Fiber Composi te Overhead Ground Wire，OPGW）为主。OPGW 光缆 9 条，总长 1091km；全介质自承式光缆（All Dielectric Self Supporting，ADSS）光缆 0 条，总长 0km；沟/隧道光缆 2 条，总长 40km；直埋光缆 0 条，总长 0km”。其中存在时间“2013 年”、网络“三级骨干通信网”、设备“OPGW 光缆”等、数量“9 条、长 1091km”等具体实体。同时可提取“三级骨干通信网”包含“OPGW 光缆”，“OPGW 光缆”数值为“9 条、长 1091km”等具体关系。

2. 实体抽取

数据层构建的前 3 步总称为知识抽取，其主要目的是将非结构化的文本数据通过相关技术获得知识本体以及相互关系，形成结构化数据，以便后续数据的可视化。

知识抽取前需要对输入的电力通信规划文档数据预处理，通过构建停用词表去除文档内的停用词，采用 BIO 标注的方法进行文档标注，B 表示实体的开头、I 表示实体的中间、O 表示非实体。进一步的，以 B-x，I-x 表示具体的实体概念。其中 x 为 time、net、equ、bus、ind、num 分别表示为时间、网络、设备、业务、数量、指标、数量。为了保证数据集的质量，采用人工标注的方式。例如“截至 2013 年年末，地区四级骨干通信网运行光缆 3471 条，总长 26130 公里。”通过 BIO 标注可表示为图 3-41 所示形式。

截	止	到	2	0	1	3	年	年	末
O	O	O	B-time	I-time	I-time	I-time	I-time	O	O
，	地	区	四	级	骨	干	通	信	网
O	B-net	I-net	I-net	I-net	I-net	I-net	I-net	I-net	I-net
运	行	光	缆	3	4	7	1	条	，
O	O	B-equ	I-equ	B-num	I-num	I-num	I-num	I-num	O
总	长	2	6	1	3	0	公	里	。
O	O	B-num	I-num	I-num	I-num	I-num	I-num	I-num	O

图 3-41　BIO 标注方法示例

采用词频—逆向文件频率（Term Frequency-Inverse Document Frequency，TF-IDF）统计文本内的词频与逆文档频率，结合 one-hot 编码作为 Word2Vec 中连续词

袋模型（The Continuous Bag-of-Words，CBOW）的初始词向量，其中向量第一位为词频表示词在文档中出现的频率，第二位为逆文档频率表示词的普遍重要性，之后为正常 one—hot 编码。

命名实体识别采用 Bi-LSTM-CRF 模型，实体抽取的步骤为：首先根据已标注的电力通信规划文本，词向量进入 LSTM，然后通过学习上下文的信息，提取文本的特征，输出为每个单词对应于每个标签的得分概率。例如，“ADSS 光缆”转化为词向量作为模型的输入。词向量通过 Bi-LSTM 层后可能得到表 3-6 所示的标签概率。

表 3-6　词向量通过 Bi-LSTM 层后可能得到的标签概率

	A	D	S	S	光	缆
B-time	0.01	0.01	0.50	0.30	0.11	0.20
I-time	0.02	0.01	0.40	0.40	0.12	0.01
…	…	…	…	…	…	…
B-equ	0.80	0.16	0.01	0.05	0.52	0.02
I-equ	0.15	0.79	0.02	0.15	0.01	0.75
…	…	…	…	…	…	…

模型为训练时，每个词对应的标签得分不能反映真实的分布。模型训练时，通过学习数据的特征，“A”代表的 B-equ 的正确标签得分变高，相应的其他词对应的正确标签得分提高。这些标签得分将作为 CRF 层的输入。模型的训练以损失函数为约束条件，当损失函数取得最小值时，模型得到最优解。

3. 关系抽取

根据识别出的电力通信相关文本中的实体，对实体间的关系进行标注，通过 PCNN 进行关系抽取。在实体之间根据之前定义的种类给关系打上标签。出现未定义的关系以 UNKOWN 表示。在典型的方法中，统计模型已应用于特设特征，而特征提取过程的产生的噪声可能会导致性能不佳。倘若使用远程监督的方法进行关系提取容易造成标记错误，为此 PCNN 不使用特征工程，而是使用具有分段最大池化的卷积体系结构来自动学习相关特征，并将关系提取转化为一个多实例问题，其中考虑了实例标签的不确定性。将通过 CBOW 模型的词向量句子作为模型的输入矩阵，其中行表示词的维度，大小为初始词向量维度加二。增加的两个维度表示词的位置编码，表示词的相对位置信息。下层卷积层通过不同的卷积核捕捉不同特征，通过分段最大池化去除冗余数据，最后通过 softmax 输出分类结果。

3.4.2 知识融合

知识融合目标是融合各个层面间的知识，优化知识的结构和内涵，提供高质量的知识服务。知识融合划分为数据层融合以及模式层融合两个层面。

数据层融合主要包括实体链接，其主要内容为实体消歧、共指消解。实体链接是指对于从文本中抽取得到的实体对象，将其链接到知识库中对应的正确实体对象的操作。实体消歧是专门用于解决同名实体产生歧义问题的技术，通过实体消歧，就可以根据当前的语境，准确建立实体链接。共指消解技术主要用于解决多个指称对应同一实体对象的问题。电力通信规划文本中的实体都是专业领域内的名词，有歧义的实体可以忽略不计，无需进行实体消歧。由于电力通信规划文本都是人工撰写，用词不统一的现象十分普遍，例如“ADSS”、“全介质自承式光缆”、“A 缆”、“ADSS 光缆”全都指代同一对象，需要将其对应至规范的实体名称。为解决共指消解问题，在命名实体识别任务时，对实体的词向量进行余弦相似度计算，由于意思相同的词分布的向量空间中较近，余弦相似度较高的词进行归类，任选其一规范实体名称。

模式层融合是对多个知识库或者信息源在概念层进行模式对齐的过程，主要研究本体对齐、跨语言融合等技术。由于目前对电力通信规划领域的知识体系构建仍较为欠缺，领域内的知识库尚未形成，暂不需要进行模式层融合。

3.4.3 知识更新和可视化

随着电力通信技术的发展，电力通信网的设备更新、网络结构变化、新兴技术的应用都会带来知识上的更新。例如，随着 5G 网络通信技术的发展应用，将其应用于电力通信规划将会有新的实体概念产生，相应的实体也需要更新 5G 相关设备。知识更新的方式选择增量更新，以当前新增数据为输入，向现有知识图谱添加新增知识。通过 Neo4j 图数据库完成知识的存储与数据的可视化示例如图 3-42 所示。

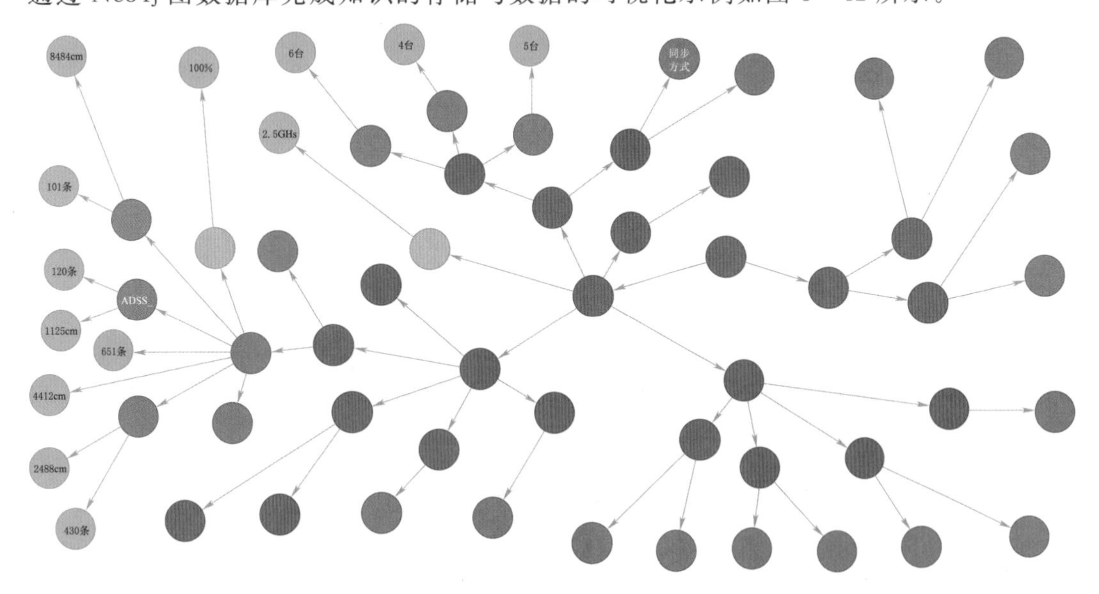

图 3-42 知识图谱可视化示例

通过图3-42可以看出，假如需要根据规划内容了解传输网中直埋光缆与该通信网之间的联系，就可以通过查找这两个实体，产生一条路径，“通信网—骨干网—传输网—光缆网架—光缆—直埋光缆”，能够直观地反映出两者之间的关系。同时可以在“直埋光缆”该实体下的路径继续查找得出该通信网中传输网直埋光缆有101条，总长848km。类似的，也可以得到其他相关的结论。通过知识图谱，将电力通信规划文本中的知识结构化，并以图的形式展现，天然具有图的各种特征，可以进行图的相关操作，并且方便知识以及知识之间的关联性获取。

参考文献

[1] 郭榕，杨群，刘绍翰，等. 电网故障处置知识图谱构建研究与应用［J］. 电网技术，2021，45（6）：2092-2100.

[2] 李刚，李银强，王洪涛，等. 电力设备健康管理知识图谱：基本概念、关键技术及研究进展［J］. 电力系统自动化 2022，46（3）：DOI：10.13335/j.1000-3673.pst.2021.1886.

[3] 赵梦娜. 基于SVM和BP神经网络的量化策略研究［D］. 大连：大连理工大学，2021.

[4] 田嘉鹏，宋辉，陈立帆，等. 面向知识图谱构建的设备故障文本实体识别方法［J/OL］. 电网技术：1-10［2021-12-30］. DOI：10.19635/j.cnki.csu-epsa.000912.

[5] 马文杰，何子嗣，吴颖俐，等. 基于依存句法分析与五防操作规范的变电运行操作知识图谱构建［J］. 科技风，2021，（28）：94-98.

[6] 李彦儒，陈耀军，王慧芳，等. 知识图谱在电力设备缺陷文本查错中的应用问题与对策［J/OL］. 电力系统及其自动化学报：1-8［2021-12-30］.

[7] 袁博，施运梅，张乐. 基于知识图谱的问答系统研究与应用［J］. 计算机技术与发展，2021，31（10）：134-140.

[8] 蒲天骄，谈元鹏，彭国政，等. 电力领域知识图谱的构建与应用［J］. 电网技术，2021，45（6）：2080-2091.

[9] 代梓硕. 基于贝叶斯网和知识图谱的化工过程故障诊断［D］. 大连：大连理工大学，2021.

[10] 聂勇. 基于知识图谱的输电规程知识查询系统设计［D］. 南昌：南昌大学，2021.

[11] 付鑫，郭阳，聂玲，等. 基于知识图谱技术的电网运营监测分析系统设计［J］. 供用电，2021，38（7）：45-50.

[12] 巩宇，李碧薇，李德华，等. 基于知识图谱的电力设备故障知识库构建方法［J］. 电子产品可靠性与环境试验，2021，39（4）：72-77.

[13] 苏楠. 基于集成学习与深度学习的网络入侵检测技术研究［D］. 保定：河北大学，2021.

[14] 王晓虎，康兵，王宗耀，等. 基于决策树支持向量机的家用典型负荷分类［J］. 科技创新与应用，2021，11（34）：24-27.

[15] 戴宇欣，陈琪美，高天露，等. 基于加权倾斜决策树的电力系统深度强化学习控制策略提取［J］. 电力信息与通信技术，2021，19（11）：17-23.

第4章

电力通信业务重要度分析及应用

电力通信网作为电力系统第二张实体网络，在保证电力生产中起着非常重要的作用。随着能源互联网企业概念的提出，电网与通信网络的关系愈加密切，对通信网络的传输容量提出了更高的要求，对电力通信网的安全性和可靠性要求也逐渐提高。电力通信网是承载电力生产信息传送的通道，要满足承载业务的不同重要性需求，即传输网络承载的业务要根据不同业务安排不同的运行方式，以满足电力生产信息的传送要求。

4.1 电力通信网承载业务分析

能源互联网作为一种能源体系架构，依靠云计算和大数据等互联网技术，综合运用先进的信息技术与电子技术实现分散能源存储和按需供应。当前能源互联技术越来越成熟，不同类型的能源采用分散式就地收集和存储，通过建立通信网络，实现对能源的销售和分配，对电力通信网络的传输容量提出了更高的要求。

目前随着电力能源互联网设施建设的不断完善，电力物联终端设备及信息上报频率都得到大幅增加。由于电力“发、输、配、电、用”各个环节的应用状态、网络资源配置不同，使各环节下的电力业务具有完全不同的业务需求。本节着重分析各环节下通信业务的需求，并对各类通信业务的重要度进行评估。

4.1.1 电网发电侧业务需求

1. *虚拟电厂*

虚拟电厂是一种利用各种先进信息通信技术和软件应用的系统，能够实现分布式发电装置（Distributed Generation，DG）、可预期负荷、电动汽车（Electric Vehicle，EV）、储能系统等分布式能源（Distributed Energy Resources，DER）的聚合以及协调优化。虚拟电厂作为一个特殊火电厂参与组织电力市场选择和电网运行的电源协调管理系统，其关键核心可总结为“通信”和“聚合”。虚拟电厂的主要的核心技术包括智能计量技术、协调控制以及信息通信技术。虚拟电厂最具吸引力的核心功能在于可以整合 DER 来进行电力市场和辅助服务国内市场的稳定运行，为配电网和输电网提供管理和辅助服务。虚拟电厂是随着电力物联网发展而提出的新业务场景，其中电能质量监测业务对于原有业务传输速率小于 0.01kbit/s 的要求发生了变化，模拟通道传输速率大于 9600bit/s，比特差错率小于 10^{-5}；数字通道传输速率大于 1Mbit/s，数字微波比特差错率不大于 10^{-6}，光纤通道比特差错率不大于 10^{-9}。

2. 分布式能源

分布式能源是建立在用户端的一种能源供应模式，可以独立运行，也可以接入电网。它是一个综合系统，通过最大化资源和环境效益来确定模式和能力。它可以整合和优化用户的多种能源需求和资源分配。与集中式能源供应相比，它是一种分布式的能源供应模式。随着物联网技术的发展，将分布式能源系统和物联网技术进行结合，满足了节能环保和建设节能型社会的要求。下面将对分布式能源相关业务进行整合分析。

（1）新能源云建设。新能源云通过电力物联网提供的强大数据感知及接入能力，以光伏和风电为典型代表，通过将风电和光伏发电等项目的数据进行实时的智能分析，来掌握风电机组和光伏组件的运行状态。其中，采集监控类业务通信速率为 2.424kbit/s（380V）、53.04kbit/s（10kV），业务通信时延均为毫秒级，属于重点业务，高于现有秒级信息采集类业务时延要求。泛在电力物联网收集全面实时数据，有利于为包含风电和火电的综合能源发售电商制定更加合理的竞价策略，同时基于泛在数据下报价的概率密度函数能够优化电力营销策略，更好地提供综合能源服务，其中配售电一体化、综合服务类业务的单业务通信速率为 2Gbit/s，业务通信时延均为毫秒级，带宽要求高，且有较高的通信时延需求。

（2）微网。一般来说，微网是用户端的电网，微网通过公共连接点连接到大型电网。微网和配电网之间的能源交换和信息交换通过该公共接口进行。微网与配电网的信息交互如图 4－1 所示，各种微网信息描述见表 4－1。

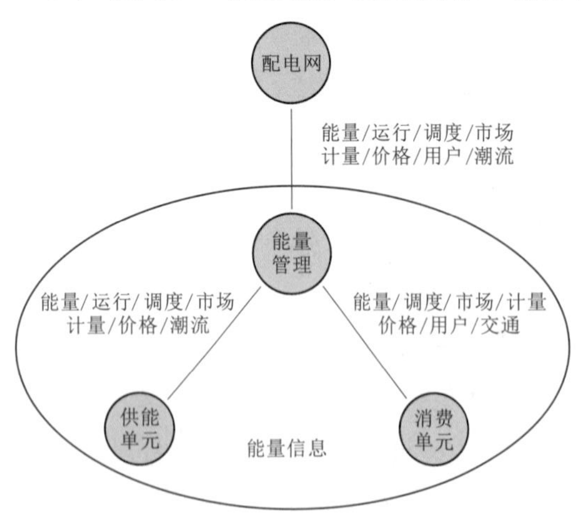

图 4－1　微网与配电网的信息交互

由图 4－1 和表 4－1 可知，微网本身及其与配电网的互动不仅包括智能微网的实时监测信息、模拟和预测信息，还包括智能电网电力市场的价格，这与能源利用的多元性、调度计划的波动性、发电技术的多样性以及电力市场中微网用户需求的多变性有关。同时，由

表 4-1　微网信息描述

信息类型	说明
能量	电能、制冷、制热等能量利用信息
潮流	电压、频率、符合、储运损耗、电能质量等信息
运行	保护、控制、系统状态、供需关系、气象、备用容量、短路水平、计划储运、孤岛控制、恢复时间等信息
调度	调度功能单位和负荷的控制信号
市场	电能、输电权、价格、服务、规则等信息
价格	店家、费率、成本等信息
计量	电/气/热读表、计量数据管理
用户	费用清单、家用设施控制、碳排放、订制选择、消费历史、客服、电网计划信息、需求侧响应等
交通	即插式混合动力车、汽车电网等控制信息

于信息的复杂性和多样性，也对配电网和微网的通信提出了新要求，主要包括以下几个方面：

（1）可靠性：分布式电源大多采用可再生能源，具有间歇性、多样性和随机性的特点，这直接增加了微网与配电网之间的协调控制的难度。为实现微网有效的调度与管理，克服可再生能源间歇性和随机性对配电网的影响，有必要提高调度控制信息的可靠性，以确保微网安全稳定运行。另外，在系统保护方面，由于分布式电源和微网的存在，使得配电网中的潮流具有双向性。如果该特性能够利用多点信息，将有效提高对故障点判断的准确性。例如网络化数字微网保护以通信为基础，构建微网级的通信网络，利用微网多处的电流电压信息进行综合分析判断，从而实现对微网的保护。

（2）安全性：微网的通信设施可以连接各种智能电子设备，如智能仪表、控制中心、电力电子设备和客户终端等。由于通信终端的多样性和复杂性，对微网通信系统抵御外部攻击的能力提出了更高的要求。因此要做好配电网与微电网的安全隔离，确保信息安全。

（3）扩展性：随着可再生能源的发展和推广，越来越多的分布式电源将接入电网，这也将导致微网的规模和数量不断增加。因此，不仅要求微网通信设备具有足够的带宽来支持未来的需求，而且还对配电网通信带宽提出了更高的要求。

（4）标准化：不同的通信技术广泛应用于配电网和微网，所有通信技术都需要基于统一和开放的通信标准，以便双方能够交互和信息重组。

（5）实时性：在大电网发生故障时，电力系统可以根据需要实现对分布式电源的开启和关闭，进行实时远程调度，这就要求通信网具有较高的实时性，实现测量、监视和控制信息的及时交互。此外，如果采用分布式电源作为调峰设备，则要求大电网和微网之间能够实时交互电力系统的负荷、电能质量等信息。

总之，分布式电源并网要求配电网做出适应性调整，同时也对未来电网的建设也提出了更高的要求。

3. “源-网-荷-储”协同互动（柔性负荷调控）

电力柔性负荷指能够主动参与电网运行控制并与电网实时交互的具有柔性特性的负荷。柔性表现为在固定时间内灵活可变。柔性负荷协同调度是缓解电力供需矛盾的重要手段之一。“源-网-荷-储”的柔性调控是在常态下通过“源-网-荷-储”协同优化、冷热电多能互补、分钟级需求响应等多种柔性调节手段来满足电网时段电力平衡需求并提升新能源消纳效率，柔性调控单业务通信速率为30kbit/s。

4. 区域能源互联

区域能源互联网是能源革命和时代发展的新产物，其目的是提升能源系统的终端能效和智能化水平，满足不同时代的人对于能源的不同需求和追求，实现社会能源的智能化供需，最终达到能源系统智能供需、智慧用能、高效利用、信息互联和灵活交易等目的。

区域综合能源系统的特点是高效、节能、智慧、信息互通、智能结算和交易。区域能源互联包括对可再生能源和清洁能源的互联。可再生能源有风电、分布式光伏、生物质能、水源地源热泵、污水源热泵等，清洁能源有燃气分布式能源、生物质能源、储能系统等，同时配置微网能源管理系统、大数据平台、充电桩和终端用能负荷等。

区域能源互联网具有多能互补和信息互动的特点。能源信息网包括热网、电网和信息网。热源为燃气三联供系统、燃气锅炉、地源热泵、太阳能集热系统，冷源为三联供系统、地源热泵和蓄冷系统，远期可考虑接入冷水机组等设施。热用户为工业园、商务写字楼和居民社区等。热网可供工业热负荷、生活热负荷、采暖热负荷和空调热负荷。

5. 云储能

云储能是一种基于已建成的现有电网的共享式储能技术，使用户可以随时、随地、按需使用由集中式或分布式的储能设施构成的共享储能资源，并按照使用需求支付服务费。

云储能依赖于共享资源实现规模效益，使得用户可以更加方便地使用低价的电网电能和自建的分布式电源电能。云储能可以综合利用集中式的储能设施或聚合分布式的储能资源为用户提供储能服务。云储能可将原本分散在用户侧的储能装置集中到云端，用云端的虚拟储能容量来代替用户侧的实体储能。云端的虚拟储能容量以大规模的储能设备为主要支撑，以分布式的储能资源为辅助，可以为大量的用户提供分布式的储能服务。

云储能提供商投资大规模的储能设备可以充分利用规模效应，使用分布式的储能资源来提高现有的闲置储能的利用率。使用云储能的用户可以根据实际需求向云储能提供商购买一定期限内的虚拟储能的使用权。云储能用户使用云端的虚拟储能如同使用实体储能，通过公共互联网，用户可以控制其云端虚拟电池充电和放电，但与使用实体储能设备不同的是，云储能用户免去了用户安装和维护储能设备所要付出的额外成本。云储能提供商把原本分散在各个用户处的储能装置集中起来，通过统一建设、统一调度、统一维护，以更小的成本为用户提供更好的储能服务。

4.1.2 输变电侧业务需求

输变电侧业务的应用场景主要面向电网的输电和变电的业务。下面将对与输变电相关的业务进行整合分析。

1. 生产管理

电力物联网的发展有利于实现良好的电网生产管理。考虑到信息管理与信息存储安全性问题，电力设备的生产—设备采购—生命周期管理—维护—退役整个过程都需要电力云平台的参与，目前生产管理相关的业务对通信业务的需求如下：

（1）营配贯通。为改善配网粗放式管理、跨专业业务协同与信息共享缺乏以及数据多重录入等问题，可以通过物联网平台将应用营销、运营检查和监管视为一个整体，加强统一数据模型和企业级基础数据的综合应用和控制，解决工作进度和卡滞环节以及发现电网薄弱设备。其中营销系统传输速率为0.18Mbit/s；办公自动化传输速率为0.18Mbit/s；软视频会议系统传输速率为2Mbit/s；行政电话传输速率为0.5Mbit/s。电网终端业务是通过数据实现的，通过业务流程，使变电站—线路—变压器—用户之间的关系能够保持一致，从而实现运行数据与配电数据的连接。

（2）电力资产管理。电工装备行业的互联网化，需要满足各生产制造企业供需对接的需求。电网的电气设备管理系统通过物理身份标识号（Identity Document，ID）来统一实体资产的身份标识码，其贯穿于电网实体资产整个生命周期的各个阶段，如资产规划计划、采购与建设、运营与维护、退役与报废等，直接关联项目立项、工程预算、物资采购、设备监造、安装调试、交工验收等信息，打破了长期以来电网实体资产的分段管理模式，实现资产管理关键信息的全过程互联共享。通过二维码扫描，可以查询电网设备的全流程画像，实现电网资产信息的真正共享，确保资产管理水平的不断提高。其中，资产管理系统（生产维护信息）时延要求要达到变电站内不大于1s，变电站外不大于10s。

2. 现代电力企业智慧供应链

电力企业依托智能采购、数字物流、全景质量控制三大智能商务链，提升物资专业运营能力。通过高效的内部和外部协同控制，可以更好地为客户提供高质量的服务。现代电力企业从采购源头入手，利用各种状态传感器、信息采集器等终端实现定位和跟踪等功能，保证全程条码化、数字化、可溯源管理供应配送。因此，为更好实现感知信息的实时性，供应链前端设备要求接入监控中心时延不大于2s，传输速率不小于512kbit/s，重要场所不小于2Mbit/s，前端设备与用户终端设备时延不大于4s，各级监控中心的传输带宽不小于2.5Mbit/s。

3. 电力设备运维管理

传统电网设备运维管理往往存在着数据不能共享、必须依靠人力监督维护安全等问题，无法满足智能电网的发展要求。因此，通过对变电站的设备进行物联网技术改造，将包括哑设备在内的所有设备接入网络，来实现设备的智能识别、状态跟踪、智能告警等功能。变电站设备和环境状况监测对单个接入点的速率要求约为几kbit/s，传输延时为秒级。而目前传统运维业务已经转型为线上用电托管业务，企业通过与电力专业服务企业签订契约，将自身非核心业务或者工作交给承包方完成，共同建立一个平台，实现实时监测用户设备情况，并通过平台发布通知等功能。

4. 输电线路无人机巡检

无人机线路具备高空远距离、高效快捷、自主作业能力等优势，能够不受地理因素影响穿行山川江河，对所经航线沿途线路开展巡检工作，极大提高了巡检效率，巡检视角更全面。无人机可以利用物联网技术，协同多种监测手段，构建全方位智能感知的监测体系，目前无人机巡检融合多维数据，对全覆盖状态进行监测，实现设备状态评价及趋势预测智能化，可以为电网管理和维护提供数据支持。无人机巡检的图像传输速率要求2Mbit/s以上，遥控操作信息传输速率在100kbit/s以内，对实时性和可靠性的要求较高，一般时延小于300ms，属于重点业务。

5. 智能巡检

智能巡检机器人可以代替人工进行日常检测，具有自动检测功能。机器人可根据日常计划巡检任务定期启动巡检，并根据巡检点的预设位置沿预定轨道进行自动巡检。机器人配备各种高精度数据采集设备，核心部件为红外成像和可见光摄像机。通过移动监控，电力智能巡检机器人能够执行多次数、大范围、全方位的巡检任务，既降低了人力物力，又简化了巡检工作。其中，监控数据传输速率要求大于2Mbit/s，对通信延时和可靠性要求较高，延时小于300ms，可靠性为99.99%。目前智能巡检的主要应用场景包括：

(1) 变电站。变电站智能检查系统适用于户外全天候机器人作业。它是一种基于可见光、红外热成像、SF_6泄漏检测等技术的多功能实用变电站智能检测机器人，是电网专用机器人的代表产品。巡检机器人通过无线通信将监控数据实时传输至变电站大数据系统，并与其他在线巡检（监控）数据进行集成、分析和处理，将其他变电站的大数据信息传输至上层大数据处理中心，进一步与生产管理系统（production management system，PMS）等异构数据实时集成。这种多层分布式网络体系结构，支撑了状态维修辅助决策系统的实时数据源，构成了数据采集、分析、预警和辅助决策的闭环系统。

(2) 电力隧道。采用隧道智能巡检机器人进行巡检，可实现多次重复巡检，并连续动态采集隧道状态，弥补了原有隧道在线监控系统的不足，保证了隧道内突发事件的实时发现。在发生火灾、恐怖袭击等恶性事故时，智能巡检机器人可在第一时间进入事故现场，将视频、图像、空气中有害气体含量、温湿度报警等数据传回指挥中心。

(3) 配电所/开闭所。结合室内实际情况，智能巡检机器人系统主要包括可见光视频巡检、红外热像仪视频巡检、自动定点设备红外热图存档、自动定点设备照片存档、自动定点设备温度检测存档（自动温度越限报警）以及设备历史温度分析等。

6. 变电站故障红外监测

传统变电站监控业务采用的是人力巡检的模式，这种模式存在效率低、疏漏错报的情况。变电站故障红外监测是利用由红外摄像仪、可见光摄像头以及温度传感器所构建的温度传感物联网来采集变电站电力设备的温度信息，可以实现远程监控。采集和传输变电站故障现场的语音、图像、视频信息的传输速率需求约为4Mbit/s，时延要求为百毫秒级，实时性要求高。周期性采集到的温度信息被上传到数据库中进行存储，并在服务器中进行处理，当有异常信息时，服务器通过对比历史信息就可以实时发现故障信息并将其发送给客户端。

7. 变电站三维全景入侵感知

变电站三维全景入侵感知技术利用视频监测、机器人等模块采集图像数据，并在服务器中进行预处理从而构建整个变电站的实时三维全景图，通过对历史全景图数据进行智能算法处理可判断变电站站点中是否存在入侵行为，这种方式节省大量成本，还较大程度地避免了安全隐患。其中，主站可接入实时数据容量的传输速率不小于200kbit/s；可接入终端数不小于2000；数据动态实时更新时延不大于1s；数据记录时标精度不大于10ms；85%画面调用响应时间不大于10s。

8. 三维变电站

截至2022年，我国共有41641座变电站。变电站运维是变电站的核心业务，运维质量直接关系到电网的安全可靠供电。随着电网设备规模的不断扩大和新技术、新设备的广泛应用，也对广大变电站运维人员的业务能力和专业素质提出了更高的要求。

可视化运维可以解决传统管理中存在的诸多问题，主要包括：

(1) 手工效率低：目前携带纸质巡检操作卡的方式效率低，容易出错。

(2) 分散管理控制：存在大量的传感控制子系统，每个系统是独立、分散的，管理和控制手段之间无法形成有效的联系。

(3) 决策数据分散：物联网数据与生产运营数据分离，物理环境数据与数字信息分离。

通过三维可视化，展示变电站的整体结构和设备分布。同时，提供鸟瞰、漫游、动态巡查等多种展示方式，满足多样化的展示需求，实现了变电站管理规模和管理工具的多样化，管理信息和管理数据的海量显示有助于变电站多维数据的深入挖掘和智能分析，将实际生产业务无缝集成到平台中，使日常管理规范化、精细化、自动化，实现企业智能化、专业化管理。

4.1.3 配电侧业务需求

4.1.3.1 配电侧通信业务分析

1. 配电侧“源-网-荷-储”协同互动

配电侧“源-网-荷-储”协同互动主要包括分布式调控和集中式调控两种方式。其中“源-网-荷-储”协同互动的分布式调控主要依靠的是聚合商与用户的分布式交互，利用负荷聚合商把具备需求响应的电力用户参与整合并进行需求侧响应，从而实现批量分散负荷的协同控制。除了聚合商与用户的分布式交互，“源-网-荷-储”协同互动过程也离不开电力云平台的集中式调控，其中“源-网-荷-储”的刚性调控与电力智能调度系统主要通过电力光纤专线进行通信，可以在秒级和毫秒级时延条件下响应电网大功率缺额故障、电网故障应急处置、可调节发电资源充裕性不足等场景问题，为之提供紧急服务，确保供电安全。

2. 高级配电运行

高级配电运行（Advanced Distribution Operation，ADO）通信需求包括纵联网络保护、先进配电自动化、分布式电源和储能站。目前，配电网线路保护业务采用纵联网保护方式。该业务的通信延迟小于100ms，通信带宽为64kbit/s～1Mbit/s。高级配电自动化的单向通信延时要求小于500ms，通信带宽约30kbit/s。分布式发电技术的推广应用与配电网的建设密切相关。配电通信网络需要为分布式电源和储能站提供信息交互通信通道。储能站状态监测、控制和管理信息与配电网调度终端的交互通信延时为秒级，通信带宽为64kbit/s～1Mbit/s。分布式能源站，数据采集与监视控制（Supervisory Control And Data Acquisition，SCADA）系统、自动发电控制（Automatic Generation Control，AGC）、自动电压控制（Automatic Voltage Control，AVC）信息与配电网调度端交互通信时延为秒级，通信带宽约30kbit/s。分布式能源站负荷预测曲线一般为1次/15min，24h内上传96个预测点到调度端。通信延迟为分钟级，通信带宽约为5kbit/s。

3. 配电自动化

配电自动化是一项集成多种现代化技术和设备及管理于一体的综合信息管理系统平台，其作用是保障供电可靠性，改进供电质量，向用户提供更优的服务，降低运营成本，降低运行人员的劳动强度。物联网引入之后，配电自动化开始从星型集中接线模式向点到点分布式接线模式转换，主站系统逐渐下移，出现了更多的本地就近管理和边缘计算，配电网控制也开始逐步从10kV走向0.4kV，联接节点数量从万到亿。

4. 10kV电力通信终端接入网业务

电力通信终端接入网作为配电和用电业务的重要载体网络，它的重心在于覆盖配电和用电环节通信，实现智能配电网配电及用电环节的通信需求。目前电力通信终端接入网主要承担着用电信息、配电网调控一体化、配电自动化采集等多项生产业务，10kV电力通信终端接入网主要包括配电网开关站、柱上开关、配电室、配电变压器、环网柜、分布式能源站点等，主要承担用电信息采集系统、配电自动化接入层、智能小区、上联通道、远程信道的信息通信业务。

10kV电力通信终端接入网主要承担用电信息采集系统、配电自动化接入层、智能小区、上联通道、远程信道的信息通信业务，并作为0.4kV电力通信终端接入网承载业务的上联通道。其承载业务通信速率需求的典型值见表4-2。

表4-2　10kV电力通信终端接入网承载业务通信速率需求典型值

业务类型	终端类型	通信速率/(kbit/s)
配电自动化	开关站	6～30
	环网柜	1.8～5
	箱式变压器	1.8～5
	柱上开关	0.9～2.5
	柱上变压器	0.9～2.5
电能质量监测	配电线路	2～4
配电监控运行	配电网重要节点	1000～2000
分布式电源控制	例：32个遥测、16个遥信、4个电度量计	0.592
配电线路视频监控	线路运行状态监测	1000
	线路视频监测	3000

4.1.3.2 配电侧通信业务时延和通信流量需求

电力通信终端接入网中配电侧承载业务对接入网通信延时的要求具有较大的差异，根据电力通信终端接入网中配电侧承载业务对延时的要求不同，将配电侧承载业务按照延时要求进行分类见表4-3。

为统一标准，假定配电情况如下：每个配电变压器包括32条配电设备出线，每个配电线路分别设置1个分布式电源监测点、1个电能质量监测点和2个视频监测点。根据15个柱形开关、2个开关站、8个环网柜、30个箱式变电站和50个杆上变压器计算每条配电线路。共有105个站点需要实现配电自动化的“三遥”业务，其中20个站点需要实现分布式馈线自动化高级业务。

表4-3　　电力通信终端接入网配电业务延时要求

<table>
<tr><th>位置</th><th>业务名称</th><th>延时要求</th></tr>
<tr><td rowspan="3">配电业务</td><td>配网保护业务
故障定位信息</td><td><40ms</td></tr>
<tr><td>SCADA遥信、遥测
SCADA遥控、遥调
调度电话
分布式能源站/储能站控制信息
分布式能源站/储能站状态监测
电能质量监测</td><td><500ms</td></tr>
<tr><td>遥视（视频监控）
电力设备运行状态监测信息</td><td><2s</td></tr>
</table>

根据终端流量和变电站汇总流量两级计算流量需求。终端流量是指每个终端节点需要保证完成数据通信的流量，变电站汇总流量指每个业务的所有终端节点汇总到变电站的数据流量。电力通信终端接入网配电环节通信流量需求统计见表4-4。

表4-4　　电力通信终端接入网配电环节通信流量需求

<table>
<tr><th colspan="3">业务类型</th><th>终端流量
/(kbit/s)</th><th>终端数量
/个</th><th>并发比例</th><th>汇总流量
/(kbit/s)</th></tr>
<tr><td rowspan="6">配电自动化</td><td rowspan="4">“三遥”业务</td><td>开关站</td><td>15</td><td>2</td><td>100%</td><td>30</td></tr>
<tr><td>环网柜</td><td>3</td><td>8</td><td>100%</td><td>24</td></tr>
<tr><td>箱变</td><td>3</td><td>30</td><td>100%</td><td>90</td></tr>
<tr><td>柱上变/
柱上开关</td><td>1.5</td><td>65</td><td>100%</td><td>97.5</td></tr>
<tr><td colspan="2">合计</td><td colspan="4">241.5</td></tr>
<tr><td>分布式馈线
自动化</td><td>20</td><td colspan="2">20</td><td>100%</td><td>400</td></tr>
<tr><td colspan="3">电能质量监测（中压侧）</td><td>24</td><td>32</td><td>100%</td><td>768</td></tr>
<tr><td colspan="3">分布式能源接入</td><td>2</td><td>32</td><td>100%</td><td>64</td></tr>
<tr><td colspan="3">配变视频监控</td><td>8000</td><td>32</td><td>10%</td><td>25600</td></tr>
<tr><td colspan="3">语音业务</td><td>64</td><td>—</td><td>—</td><td>64</td></tr>
<tr><td colspan="3">合计</td><td colspan="4">基本业务流量1.47Mbit/s，含视频业务流量27.07Mbit/s</td></tr>
</table>

统计说明如下：

配电自动化“三遥”业务是根据IEC 104通信规约每秒上传一次数据所计算的，信息量根据Q/GDW 625—2011《配电自动化建设与改造标准化设计技术规定》定义的典型配电站点信息量表进行计算。

电能质量按照每次10kHz采样点数，监测每条线路采集点的电流波形以及三相电压等信息，记录扰动数据2s，每次扰动数据需要在10s内上送到主站计算信息量。

根据IEC104通信规约，分布式能源接入每秒上传一次数据计算，根据每个接入终端点上送32点遥测，16点遥信以及4点电度量计算信息量。

配变视频监控根据覆盖到开关站计算，视频格式为1080p，单通路需要4Mbit/s带宽，汇总流量按10%的并发比例进行计算。

4.1.4 用电侧业务需求

4.1.4.1 用电侧通信业务分析

1. 物联网监控平台

物联网监控平台是一种具有较强防范能力的综合系统，主要由前端采集设备、传输网络和监控操作平台三部分构成，能够在监控领域（图像、视频、安全、调度）等相关方面得以应用，其通过视频、声音监控的方式实现物与物之间的联动，能够完成直观、准确、及时的信息传递。目前，物联网监控平台已广泛应用于智能楼宇、智慧城区、商业服务、分布式荷储、工业制造、数据中心等重要领域。通过物联网监控平台的数据内容反馈来指导实际工作，能够大大提高生产管理效率，降低人工成本。物联网监控平台应用于电力基础设施现场监控时，视频的传输速率要求较大，每路普清视频传输速率要求大于2Mbit/s，每路高清视频传输速率要求大于4Mbit/s，所以需要骨干网大带宽的支持以实现基本视频传输要求。

2. 电网云平台

电网云平台是具备电力系统业务、调控业务、电网潮流分布及信息流分布等数据的信息共享平台，具有虚拟化、动态可扩展性、按需配置、灵活性高、可靠性高和性价比高等特点，能为广大行业提供数据储存与计算服务，快速满足用户的需求。

电力系统中的云平台技术通过整合及分析发电计划、负荷预测、检修计划、调度员潮流、电压调整等数据，提高电网对全局运行状态的掌控能力，提供更佳的电网运行方式。

云平台在电力系统中的结构包括基础层、应用层、协调层及服务层。其中，基础层包含基础设备层和基础管理层，是电力系统的数据存储和数据管理的基础；应用层是电力系统的用户认证、接入的接口；协调层可为电力系统用户提供更高标准的服务，包括组织、管理、通信等；服务层是最后出口，发送针对性数据给电力系统用户的终极通道。

云平台在电网运行方式中的应用包括服务云、基础云、应用云、协调云。其中，服务云作为云平台在电网运行方式中的入口，即界面入口。基础云整合电网运行的温度、光、热信号数据及各系统数据库，统一管理，形成数据服务。应用云接入电力系统，提供全面覆盖调度领域的结构化、非结构化数据。协调云提供潮流计算、暂态稳定及短路计算服务，对电网运行数据进行稳定、调节和设计，使电网的运行达到最佳状态；提供参数准备、数据准备、状态通知、综合检修情况、故障情况、负荷情况等完善调度计划；综合各类数据，辅助调度人员调整电网运行方式；及时发现目前电网运行存在的不足，给出优化策略及解决方案；判断区域电网架构的合理性，给出合理的整改方案。

3. 高级计量体系

高级计量体系（Advanced Metering Infrastructure，AMI）由智能电表和负荷需求侧管理系统组成。它使用各种通信设备，根据需求或设定的方法测量、收集和分析用户功耗数据。用户可以根据电价变化选择用电时间，也可以使用其分布式发电设备参与削峰填谷，从而使单一的被动用电方转变为电网运行控制的主动参与者。与传统的自动智能抄表（Automatic Meter Reading，AMR）相比，它是一种开放的双向交互通信方式，具有高实时性和自动化的特点。

智能电表是安装在用户处的智能终端设备，具有数据采集、停电监测、双向通信、窃电监测、控制用户设备、远程维护升级等功能，其连续通信功能可用于电力系统的实时监测，并作为需求侧管理的接口，实现需求侧的实时管理操作。电力用户可以实时采集用户的用电信息，将各智能电器的用电、用电状态等信息上传到配电调度终端，并将实时电费、分时电价、分时电价提供给用户端。每台电表按300B/15min信息量考虑，通信带宽小于0.01kbit/s。一个110kV变电站通常有20条10kV出线，并配电400个台区，共20万户智能电表。智能电能表通过RS-485电缆、载波和WiFi汇聚到台区集中点，然后通过配电通信网实现信息交换。

负载侧需求管理的通信带宽约为5kbit/s。复杂电网的新业务需求是管理电网设备的整个生命周期，保证电网资源利用率。因此，有必要对整个网络设备（线路）的运行状态进行在线监测，以提高维护效率。设备运行状态监测为秒级业务，单点流量约4kbit/s，110kV变电站，覆盖配电网内约2000个信息点，包括变压器、断路器、避雷器、二次设备、线路故障指示器等。

4. 电动汽车

电动汽车服务通过借助电力物联网更好地实现车—桩—人—网的全面协同互动。一方面，与电动汽车有关的电网运营监控类业务需要通过光纤和可编程逻辑控制器（Programmable Logic Controller，PLC）等通信技术实现，业务通信速率要求为20.3kbit/s，时延要求为秒级、分钟级，安全性要求高，可靠性为99.99%；另一方面，与电动汽车销售、充电以及支付等一站式服务有关的新业务需要“大云物移”等新技术的支持，通过高频度的车辆信息采集、智能传感、大数据分析、精准调控等方式，使新业务得到快速发展。其中，营业厅销售业务带宽需求为kbit/s级，时延要求为毫秒级、秒级，安全性要求高，可靠性为99.99%；充电桩用电信息采集业务带宽需求为kbit/s级，时延需求为秒级，安全性要求较高，可靠性要求为99.99%。

5. 电动汽车充电站（桩）

电动汽车对电网的影响就笼统地反映在充电站（桩）对电网的影响。由于充电桩容量较小且相对分散，所以其对电网影响较小，而由于充电站包含有多台充电机和充电桩，其对电网的影响较大。电动汽车充电不仅会影响配电网的负荷平衡，而且会给配电网带来其他问题。另外，电动汽车可以看成为一个个分布式电源，它的充电行为具有随机性、间歇性，这一特点给配电网运行带来了更多的不确定性。因此，为避免聚集性充电或者高峰时段的充电行为，需要保证充电站与电网主网之间能实现实时可靠的数据交互，这也对配电通信网提出了较高的要求。但目前配电网的信息化程度不高，配电控制中心对于配电网运行实时信息掌握不够，基于在线运行的电动汽车大规模充放电控制与利用难度较大。下面针对电动汽车充电站的通信需求进行具体分析。

（1）电动汽车充电站业务类型。充电站主要通过 10kV 线路与电网主网相连。主变自动化信号与开闭所类似，加上部分计量计费信息、充电机状态信息等，通信业务主要包括线路保护、调度自动化、计费计量、调度电话、充电站环境视频监控系统、内部语音通信系统、信息管理系统等业务。集线器充电站未来还可能有营销系统、财务系统、OA 办公系统等管理业务。

充电站主要通过 10kV 线路与电网主网相连，相当于配电网。主变自动化信号与开闭所类似，加上部分计量计费信息、充电机状态信息等，通信业务主要包括调度自动化、线路保护、调度电话、计费计量、视频监视系统、信息管理系统以及内部语音通信系统等业务。智能充电站未来还可能有营销系统、财务系统、OA 办公系统、与车载电台互动调度等管理业务。

（2）电动汽车充电站通信通道需求。①充电站—调度部门：1 路调度电话通道，1 路 E/M 远动通道；②充电站—营销部门：计费通道、1 路 E/M 计量；③充电站—管理中心：单路以太网数据通道，多路内部电话接入业务；④充电站机房、充电站—监控部门：视频监控通道；⑤充电站—信息中心：OA 办公 $N\times2M$ 通道；⑥充电站对外：1 路市话通道。

（3）电动汽车充电站通信方式选择。考虑到充电站的特殊性以及充电站的各种需求，如视频、生产调度、结算、语音电话、OA 办公等，因此，有必要考虑一个完整的通信系统以及如何连接和整合传输网、业务网等主要通信系统，从而为社会提供更好的服务，为新能源技术提供更便捷的技术支持。而对于充电站和充电桩的通信方式可分为建设专用网和租用公网两种。由于街道上的充电桩分布分散，因此适合使用租用无线公网的方式。租用公共网络的方式有很多，如 GPRS、CDMA、全球微波互联接入（Worldwide Interoperability for Microwave Access，WiMAX）、非对称数字用户线路（Asymmetric Digital Subscriber Line，ADSL）宽带接入等。而对于专用网络建设，可选择电力线宽带载波、光纤通信、扩频通信、微波通信等方式，电动汽车充电站（桩）通信解决方案如图 4-2 所示。

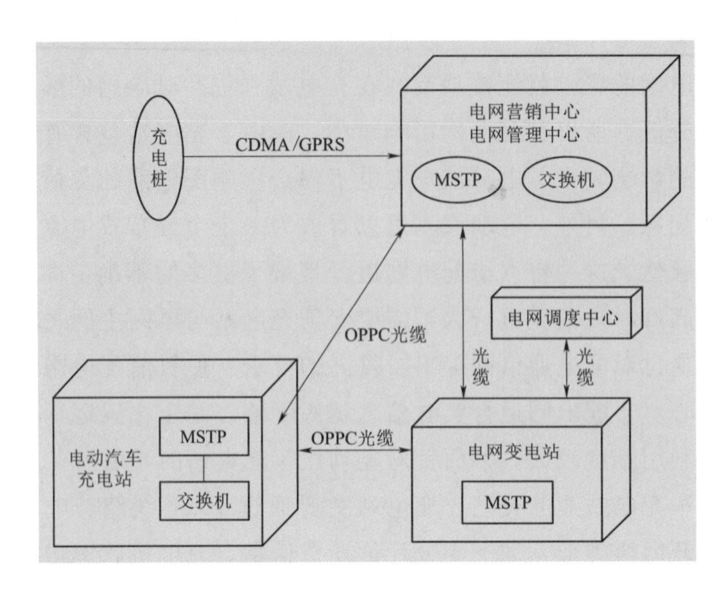

图4-2　电动汽车充电站（桩）通信解决方案

6. 需求响应

需求响应指电力用户针对需求响应实施机构发布的价格信号或激励机制做出响应，来改变自身电力消费模式的一种市场化行为。它能够替代现有的有序用电、负荷管理，在用户资源参与的前提下，进行削峰填谷，通过市场化手段来提升电网企业用户服务满意度。该分类将与需求侧响应相关的业务进行相应的整合分析。

（1）智慧楼宇。随着全国电力供需不足的日益加剧，城市电力紧张问题日益凸显。一种解决方案是利用电网“智能”来抵消部分电力增长，而另一种解决方案是使建筑物变“聪明”。随着物联网技术的应用，通过公共设施集成系统产生数据信息，并利用多数据算法来为智慧楼宇的运维管理提供决策支持，其中包括环境监控智能化等技术，可以实时监测湿度温度光照等。既有信息监测类需求也有控制类需求。在智慧小区中，若支撑“三网融合”、智能家居等业务，则每户带宽要求应大于30Mbit/s；若仅支撑用电信息采集、小区配电自动化等业务，带宽要求应不小于500bit/s。

（2）需求响应负荷控制。电力负荷控制是落实用电负荷有效管理的科学方法，其结构原理就是监控检测用电负荷运行的大小，当负荷超过所设定的负荷阈值时，负荷控制会先报警提示，然后跳闸来切断负荷。从核心业务影响、用户侧需求等角度考虑，希望尽可能降低对重要用户的影响，从形式上进行精准控制，优先处理可中断非重要负荷。引入物联网技术后，需求响应负荷控制从拉闸限电的调峰策略向家电智能控制转变。其中，主站遥控输出时延不大于2s；智能小区主站控制操作命令响应时间不大于5s，控制正确率不小于99.99%；若是紧急控制信号，传输时延要求更低：不大于20ms，属于紧急业务；切负荷信号传输时延不大于20ms，则属于控制类信息，安全性要求较高，可靠性要求为99.99%，带宽需求较低为kbit/s级。

(3) 配用电信息采集。配电信息采集业务包括低压集抄、配变监测、配电设备运行状态监测等应用，其中单集中器带宽为10kbit/s级，月流量3～5MB；采集的对象趋于多媒体化，采集的内容趋于全面化，采集频次由每天上报向每小时上报转变，主站每天集中采集终端1次数据，专变采集终端设备和集中抄表终端单次数据记录的时间为15min，每天记录96次．近于准实时采集，且从单向采集向双向互动演进，要求远程遥控正确率不小于99.99%，单次采集成功率不小于95%，并且周期采集成功率不小于99.5%。

7. 0.4kV电力通信终端接入网业务

电力通信终端接入网作为配电和用电业务的重要载体网络，它的重心在于覆盖配电和用电环节通信，实现智能配电网配电及用电环节的通信需求。目前电力通信终端接入网主要承担着用电信息、配电网调控一体化、配电自动化采集等多项生产业务，0.4kV电力通信终端接入网主要包括0.4kV配电变压器至分布式能源站点、用户智能电表、智能充电桩等，并延伸至用户室内，用于实现双向互动用电、智能家电控制以及增值业务服务，主要承担用电信息采集本地信道、智能小区等业务。其中电力光纤到户是0.4kV电力通信终端接入网建设的核心。

0.4kV电力通信终端接入网主要承载电力需求侧管理、用电信息采集业务、客户服务、售电抄表、电能采集管理、负责监控和充电桩通信等业务。其承载业务通信速率需求的典型值见表4-5。

表4-5　0.4kV电力通信终端接入网承载业务通信速率需求典型值

业务类型	终端类型	通信速率/(kbit/s)
用电信息采集	单相居民/单相一般工商业用户	4～5
	三相一般工商业用户	6～27
	大型专变用户	12～30
	中小型专变用户	10～25
	充电站计量、分布式电源接入计量	12～30

4.1.4.2 用电侧通信业务时延和通信流量需求

根据电力通信终端接入网中用户侧业务对延时的要求不同，将用户侧承载业务按照延时分类，见表4-6。

用电业务的系统容量要求：

为统一标准，假定用电信息点情况如下：每个变电站包括100个台区，每个台区包括6个工商用户以及200个居民用户，其中区域内设有一座智能营业站以及10个电动汽车充电桩。

表4-6　　电力通信终端接入网用电业务延时要求

位　置	业务名称	延时要求
用电业务	视频会议	<2s
	电动汽车充电桩	
	用电信息采集	>2s
	负荷控制与管理	
	企业管理信息	

通信流量需求按照本地通信信道和远程通信信道进行分析。电力通信终端接入网用电环节流量测算见表4-7。

表4-7　　电力通信终端接入网用电环节流量测算

<table>
<tr><th colspan="2">业务</th><th>项目</th><th>业务类别</th><th>字节数/B</th><th>台区数/终端数</th><th>并发比例</th><th>速率</th></tr>
<tr><td rowspan="5">用电信息采集</td><td rowspan="3">上行</td><td rowspan="2">本地信道</td><td>居民单相电表</td><td>20</td><td rowspan="2">单台区单相终端200，三相终端6个，每整点抄收一次，窄带PLC 40min抄完</td><td rowspan="2">轮询，无并发</td><td rowspan="2">1.86kbit/s</td></tr>
<tr><td>工商业用户三相电表</td><td>80</td></tr>
<tr><td>远程信道</td><td>—</td><td>—</td><td>单变电站100个台区，零点冻结数据15min内抄完</td><td>并发100%</td><td>497kbit/s</td></tr>
<tr><td rowspan="2">下行</td><td rowspan="2">费控</td><td>远程</td><td>24</td><td>变电站100个台区，1h内下发</td><td colspan="2">同时下发，速率267kbit/s；并发比例为10%，速率26.7kbit/s</td></tr>
<tr><td>本地</td><td></td><td>单台区206用户，假设1h下发完毕</td><td>轮询，无并发</td><td>1.37kbit/s</td></tr>
<tr><td rowspan="6" colspan="2">用电服务业务</td><td rowspan="2">遥信遥控</td><td>远程</td><td>—</td><td>—</td><td>—</td><td>1.5kbit/s</td></tr>
<tr><td>远程</td><td>—</td><td>—</td><td>—</td><td>1.5kbit/s</td></tr>
<tr><td colspan="2">智能营业厅</td><td>—</td><td>—</td><td>—</td><td>基本业务4.5Mbit/s
视频业务12.9Mbit/s</td></tr>
<tr><td colspan="2">互动化用电</td><td>—</td><td>单台区100用户实现互动化用电，每户速率最低256kbit/s，并发比例10%，100个台区，并发比例10%</td><td>25.6Mbit/s</td><td></td></tr>
<tr><td rowspan="2">电动汽车充电</td><td>上行采集</td><td>80</td><td>充电桩10个，假设1min内抄完</td><td>并发100%</td><td>13.3kbit/s</td></tr>
<tr><td>下行费控</td><td>24</td><td>充电桩10个，假设3min下发</td><td>并发100%</td><td>1.3kbit/s</td></tr>
</table>

统计说明如下：

(1) 基本数据项按照DL/T 645—2007《多功能电能表通信协议》规约计算，由于不同通信模式下数据包包头和包尾长度差异较大，本次计算仅计算有效字节数。

（2）目前，用电信息采集的本地通信大多采用轮询方式，通信速率要求较低，但随着电表规模的进一步扩容，阶梯电价和实时电价的广泛应用，整点抄收所需要的通信速率也随之增加，而部分低速通信方式将不再满足要求。

4.2 业务重要度定义

业务重要度指业务中止或无效后对电力系统运行的可靠性和稳定性的危害程度。业务重要度反映了电力业务对电力系统的影响程度及业务的通信环境要求，是电力通信网风险评估的重要指标。

传统电力业务重要度评价中的专家评分环节主观性太强，可能导致评价结果存在差异，使各种基于业务重要度的网络性能分析受到很大影响。使用客观因素代替主观因素来对电力业务重要度进行评价能够有效地消除这种影响。

电力业务在通信过程中有各种不同的技术指标要求，部分指标不能体现业务的重要程度，如通信带宽。但某些部分指标则具有体现业务重要度的特征，如时延、误码率等。选择那些能够体现业务重要度的指标作为特征指标，根据不同电力业务技术指标要求的不同，从客观角度来对电力业务重要度做出评价。

电力业务作为电力通信网中的关键资产，当不同电力业务出现问题时，通过业务重要度特征指标对电力系统运行安全的威胁程度进行量化分析，从而区分电力通信网中所运行的各类业务相对重要性。

电力通信网中不同业务有着不同的运行安全要求和服务质量要求，电力生产需求特点及业务特性是造成这种需求差异的主要原因。根据这个特点，可以从业务运行安全要求和服务质量要求两个方面对业务重要度进行分析，建立业务重要度层次分析模型，如图 4-3 所示。

业务运行安全指标主要包括安全区、承载方式、业务通道三个指标，是保证业务安全运行的要求；服务质量指标指带宽、时延、误码率、误码率四个指标，是业务对网络所提供通信服务质量的要求。通常情况下，与电力生产直接相关的业务对通信服务质量的要求较高，这类业务关乎电力系统安全运行，业务重要度也相对较大。服务质量要求在一定程度上体现了业务的重要程度。

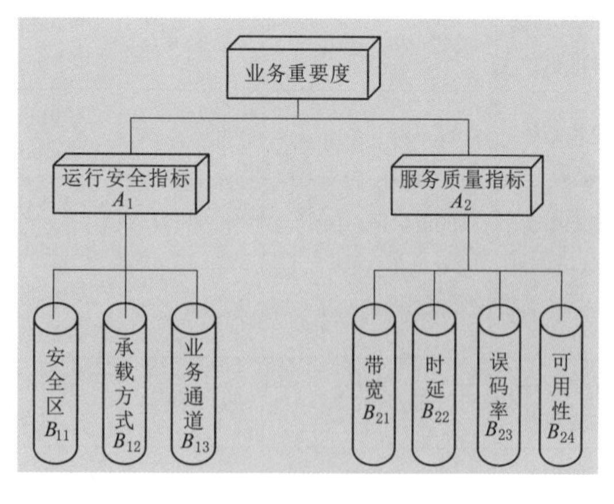

图 4-3 业务重要度层次分析模型

4.3 面向能源互联的电力业务重要度分析

根据对电力业务重要性的评价需求和区分度，构建业务重要度层次分析模型。模型分别用5个标度区间来表示这7种业务重要度评价指标的评价等级，见表4-8。

表4-8 业务性能描述与标度对应关系表

评分	5	4	3	2	1
安全区	Ⅰ区	Ⅱ区	—	Ⅲ区	Ⅳ区
承载方式	专线通道	调度数据网	调度交换网	综合数据网	行政交换网
业务通道	500kV及以上等级变电站之间	220kV及以上等级变电站之间	总调/中调—变电站/电厂	总调/中调—地调	监测中心站—监测站
传输时延	≤15ms	≤30ms	≤250ms	≤500ms	无明确要求
误码率	$\leq 10^{-9}$	$\leq 10^{-7}$	$\leq 10^{-6}$	$\leq 10^{-5}$	无明确要求
可用性	99.99%	99.90%	98%	—	无明确要求
带宽等级	2Mbit/s以上	500kbit/s～2Mbit/s	500kbit/s以下	—	—

收集典型业务相应的各指标需求，并按照表48指标评分标度，得到典型业务各指标的指标得分。对于一些业务的指标同时拥有多种评价等级的，如调度自动化业务的可以有调度数据网和专线通道两种承载方式，对应于5和4两种评分标度，此时则取两种评分值的平均值4.5。业务重要度指标评价数据表见表4-9。

表4-9 业务重要度指标评价数据表

业务名称	服务质量指标/评分		运行安全指标/评分				
	传输时延	误码率	可用性	带宽等级	安全区	承载方式	业务通道
500kV线路继电保护	≤10ms/5	$\leq 10^{-6}$/3	99.90%/4	500kbit/s～2Mbit/s/4	Ⅰ区/5	专线通道/5	500kV及以上等级变电站之间/5
220kV线路继电保护	≤10ms/5	$\leq 10^{-6}$/3	99.90%/4	500kbit/s～2Mbit/s/4	Ⅰ区/5	专线通道/5	220kV及以上等级变电站之间/4
安稳系统	≤30ms/4	$\leq 10^{-7}$/4	99.90%/4	500kbit/s～2Mbit/s/4	Ⅰ区/5	专线通道/5	中调—变电站、中调—地调/2.5
调度电话	≤150ms/3	$\leq 10^{-3}$/1	99.90%/4	500kbit/s以下/3	Ⅰ区/5	调度交换网、调度数据网/3.5	中调—变电站/电厂/3
调度自动化	≤100ms/3	$\leq 10^{-6}$/3	99.99%/5	500kbit/s～2Mbit/s/4	Ⅰ区/5	专线通道、调度数据网/4.5	中调—变电站、中调—地调/2.5
保护管理信息系统	≤15min/1	$\leq 10^{-5}$/2	99.90%/4	500kbit/s以下/3	Ⅱ区/4	调度数据网/4	省地市变电站之间/3.5
广域向量测量系统	≤30ms/4	$\leq 10^{-9}$/1	99.99%/5	500kbit/s以下/3	Ⅱ区/4	调度数据网/4	中调—变电站/3

续表

业务名称	服务质量指标/评分		运行安全指标/评分				
	传输时延	误码率	可用性	带宽等级	安全区	承载方式	业务通道
雷电定位监测系统	≤250ms/3	$\leq 10^{-5}$/2	99.90%/4	500kbit/s～2Mbit/s/4	Ⅲ区/2	综合数据网/2	监测中心站—监测站/1
变电站视频监视业务	≤150ms/3	$\leq 10^{-3}$/1	99.90%/4	500kbit/s～2Mbit/s/4	Ⅲ区/2	综合数据网/2	中调—变电站、中调调—地调/2.5
视频会议系统	≤150ms/3	$\leq 10^{-5}$/2	99.90%/4	2Mbit/s以上/1	Ⅳ区/1	专线通道/综合数据网/3.5	总调/中调—地调/2
行政电话	≤250ms/3	$\leq 10^{-5}$/2	无明确要求/1	500kbit/s以下/3	Ⅳ区/1	综合数据网/行政交换网/1.5	各调度中心及厂站之间/3

采用层次分析法，建立电力通信网业务重要性各层指标相对重要值矩阵，进一步计算得到7个二级指标的权重。具体的相对重要性判断矩阵如下所示：

首先选取特征指标集 $K=\{k_n\},n=1,2,\cdots,N$，根据业务集 $B=\{b_i\},i=1,2,\cdots,I$，对特征指标的不同要求，确定业务集的重要值序列$\{s_i(k_n)\}$，$s_i(k_n)\in\{1,2,\cdots,S_{k_n}\}$，$s_i(k_n)$ 表示业务 b_i 在特征指标 k_n 下的重要值，对特征指标 k_n 要求最高的业务，$s_i(k_n)=S_{k_n}$，对特征指标 k_n 要求最低的业务，$s_i(k_n)=1$。S_{k_n} 由业务集在特征指标 k_n 下的差异程度决定，其数值表示业务对指标 k_n 有 S_{k_n} 种不同的要求。通过业务重要值序列计算特征指标 k_n 下的业务相对重要值矩阵 $A^{(k_n)}$ 为

$$A^{(k_n)}=\begin{pmatrix} a_{11}^{(k_n)} & a_{12}^{(k_n)} & \cdots & a_{1I}^{(k_n)} \\ a_{21}^{(k_n)} & a_{22}^{(k_n)} & \cdots & a_{2I}^{(k_n)} \\ & \vdots & & \\ a_{I1}^{(k_n)} & a_{I2}^{(k_n)} & \cdots & a_{II}^{(k_n)} \end{pmatrix} \tag{4-1}$$

式中　$a_{ij}^{(k_n)}$——业务 b_i 和 b_j 在特征指标 k_n 下的相对重要值。

当 $i=j$ 时，$a_{ij}^{(k_n)}$ 不具有实际意义，应取对结果无影响的数值，这里令 $a_{ii}^{(k_n)}=0$。当 $i\neq j$ 时为

$$a_{ij}^{(k_n)}=\begin{cases} 1 & s_i(k_n)/s_j(k_n)>1 \\ 0.5 & s_i(k_n)/s_j(k_n)=1 \\ 0 & s_i(k_n)/s_j(k_n)<1 \end{cases} \tag{4-2}$$

对特征指标集中 N 个相对重要值矩阵进行求和，得到综合相对重要值矩阵 A，其中 $a_{ij}=\sum_{n=1}^{N}a_{ij}^{(k_n)}$。

使用线性归一化函数和区间映射函数对综合相对重要值进行处理，由此计算得到各个指标的权重，见表4-10。

表 4-10 业务重要度评估权重

	一级指标	二级指标	总权重
业务重要度评估	运行安全指标 A_1	安全区 B_{11}	0.3877
		承载方式 B_{12}	0.2060
		业务通道 B_{13}	0.0730
	服务质量指标 A_2	带宽等级 B_{21}	0.0130
		传输时延 B_{22}	0.1847
		误码率 B_{23}	0.0784
		可用性 B_{24}	0.0573

根据表4-10指标权重计算结果，安全区指标权重最大，即对业务重要性影响最大。“带宽等级”权重最小，对业务重要度的影响最小。由分析可知，安全区属性越高的业务往往影响到电力系统的正常生产，对电力系统的影响越大，相应的业务也就越重要。在带宽方面，生产控制业务对带宽的需求一般较少，而管理信息业务对带宽需求较大，如视频监控等服务。其他指标的权重也能基本反映指标对业务重要性的影响，符合电力生产运行的实际情况。

根据表4-9对典型业务的指标评价等级分数，结合每项指标的权重进行加权平均，归一化后得到典型电力通信业务的业务重要度值，见表4-11。

表 4-11 典型业务重要度值

标号	业　务	业务重要度
S_1	500kV线路继电保护	0.9503
S_2	220kV线路继电保护	0.9399
S_3	安稳系统	0.9044
S_4	调度电话	0.7474
S_5	调度自动化	0.8422
S_6	保护管理信息系统	0.6043
S_7	广域向量测量系统	0.7442
S_8	雷电定位监测系统	0.3524
S_9	变电站视频监视业务	0.3595
S_{10}	视频会议系统	0.3424
S_{11}	行政电话	0.2436

根据业务重要度计算结果，线路继电保护业务重要度最大，其次是安稳系统和调度自动化业务，这几种业务都是保证电力系统安全运行的关键业务，直接实现对电力一次系统的实时监控；保护管理信息系统是电力系统故障诊断和后处理的业务，业务对象是二次设备，其重要度相对较低。视频会议系统业务保证了重要会议的安全进

行，在电力企业运营管理中起着重要作用，与之对应的视频会议系统业务重要度也高于一般管理业务重要度，综上分析，业务重要度评价方法是可行有效的，计算结果符合实际情况。

参 考 文 献

[1] 曹望璋，祁兵，李彬，等．面向需求响应的电力通信网业务均衡与优化［J］．中国电机工程学报，2020，40（23）：7635－7643．

[2] 赵子岩，张大伟．国家电网公司“十二五”电力通信业务需求分析［J］．电力系统通信，2011，32（5）：56－60．

[3] 王勇，利韶聪，陈宝仁．电力通信业务应用及发展分析［J］．电力系统通信，2010，31（11）：44－47．

[4] 赵淑青，王照利，王瑞芳．面向电力物联网新业务的电力通信网需求及发展趋势［J］．电网技术，2020，44（8）：3114－3130．

[5] 樊冰，唐良瑞．电力通信网脆弱性分析［J］．中国电机工程学报，2014，34（7）：1191－1197．

[6] 曾瑛，蒋康明，邹英杰．电力通信网节点重要度跨层融合评价方法［J］．电力信息与通信技术，2015，13（5）：31－36．

[7] 乔熙彭．电力通信设备可靠性重要度评估［D］．北京：华北电力大学，2015．

[8] 王玥琦．电力通信网关键节点辩识方法研究［J］．电力系统保护与控制，2018，46（1）：44－49．

[9] 谢明，叶梧，冯穗力，等．自相似业务流下的排队性能分析［J］．华南理工大学学报（自然科学版），2006，34（1）：24－28．

[10] 李莉，邹英杰，吴润泽，等．面向配用电业务的EPON保护组网有效性评价［J］．智能电网，2016（8）：785－790．

[11] 鲍兴川．配电通信网接入层EPON保护组网可靠性与性价比分析［J］．电力系统自动化，2013，37（8）：96－111．

[12] 王立芊，陈雪，马东超．无源光接入网网络整体可靠性定义与量化分析［J］．北京邮电大学学报，2009，32（5）：66－70．

[13] 刘文霞，罗红，张建华．WAMS通信业务的系统有效性建模与仿真［J］．中国电机工程学报，2012，32（16）：144－150．

[14] 国家电网公司．配电自动化建设与改造标准化设计技术规定：Q/GDW 1625—2013［S］．2011．

[15] 国家能源局．分布式电源接入电网监控系统功能规范：NB/T 33012—2014［S］．北京：中国电力出版社，2015．

[16] 国家能源局．电能质量监测系统技术规范：DL/T 1297—2013［S］．北京：中国电力出版社，2014．

[17] 刘林，祁兵，李彬，等．面向电力物联网新业务的电力通信网需求及发展趋势［J］．电网技术，2020，44（8）：3114－3130．

第5章

电力通信网脆弱性诊断与关键节点识别

随着网络之间的壁垒被逐渐打破，相互关联性不断增强，对复杂网络的研究逐渐兴起，尤其是针对复杂网络关键节点研究的重要性日益显现出来。大量研究的结果表明，拓扑结构的合理性对网络抵抗级联故障的能力有很大影响，不同节点的影响力各不相同，特别是当关键节点受到攻击时，网络甚至可能瘫痪。节点是网络的重要组成部分，发现并保护耦合网络中的重要节点意义重大。

5.1 复杂网络理论

5.1.1 复杂网络的研究历史

数学家的网络研究内容基本可分为两大类别：第一类为含有限节点并可以形成直观印象的网络；第二类为不含有限尺度效应但可以精确求解网络特性的网络。面向第一类网络，分析随机移除单个节点对网络的性能影响即具备研究价值。第二类网络可能拥有成千上万个节点，连接方式复杂多样，对它们的研究需要基于统计物理的方法，通常研究随机移除一定比例节点对网络的性能影响。一般考虑网络时只关心节点之间是否有连接，不考虑其具体形状及位置，这种不依赖于节点特定位置和边的特定形状的网络属性称为网络的拓扑属性，相应的结构称为网络的拓扑结构。

对于什么样的拓扑结构更适合描述真实的系统这一问题，200多年来，其研究经历了三个阶段。起初数学家们相信，真实系统中各因素之间的关系可以用一些规则结构来表示，例如二维平面上蜂窝结构。20世纪50年代末，一种新的网络构造方法被提出，根据该方法，两个节点是否连接根据概率来确定。这种生成的网络为随机网络，许多科学家认为它是未来几十年内最适合描述真实系统的网络。直到最近几年，由于计算机数据处理能力的快速发展，事实表明大量真实网络不属于上述任何一种网络。真实网络具有独特的统计特征，复杂网络这一命名由此而来，对该网络的研究标志着第三阶段的到来。国内对复杂网络理论的介绍始于在国外杂志上发表的一篇文章（见参考文献［1］），该文回顾并总结了在复杂网络研究领域近年来取得的重要成就。

国内期刊对复杂网络理论的介绍，最初主要集中在小世界、集团化和无标度的概念上。参考文献［2］基于统计物理学总结了复杂网络的主要研究成果，包括无向网络、有向网络和加权网络的统计特性研究现状，以及正则网络、完全随机网络等网络模型。参考文献［3］围绕复杂网络的统计特性，如小世界效应和无标度特性，综述了复杂网络的研究进展。参考文献［4］基于平均最短路径、聚集系数和度分布等复杂网络的统计特性，简要介绍了小世界网络和无标度网络等经典网络模型复杂网络领域的相关研究。参考文献［5］从对网络节点度和度分布的理解入手，总结了网络分类、演化机制、模型和结构方面的进展。

基于上述研究，复杂网络有以下含义：首先，复杂网络是真实复杂系统的拓扑抽象；其次，复杂网络至少比规则网络和随机网络更复杂，因为至今还没有公认的完全符合真实系统网络统计特性的简单生成算法；最后，复杂网络作为大量复杂系统的结构基础被认为是研究复杂系统的关键所在。

5.1.2 复杂网络关键统计特征

1. 节点距离

节点距离是两个节点之间边的权重的和或积，是用于研究复杂网络的一个重要概念，其重要性很大程度上体现在网络节点最短距离的研究。在网络拓扑中，可以用一些比较成熟的算法计算出节点距离，例如分别在无权重网络和加权网络中较为适用的 *Dijkstra* 算法和 *Floyd* 算法。

2. 聚类系数

单个节点的聚类系数指与该节点相邻的所有节点之间的边数与这些相邻节点之间的最大可能边数的比例，物理含义为同一节点的两个相邻节点仍然是相邻节点的概率，主要用来反映网络的局部特征；网络的聚类系数指其中所有节点聚类系数平均值，用来表征网络的聚合程度。

3. 度及度分布

网络中，节点的度指与节点相邻的节点数，即连接节点的边数；网络度指网络中所有节点度的平均值；度分布指网络中节点度的概率分布。

4. 介数

介数分为节点介数和边介数。节点介数指网络中所有经过该节点的最短路径数和所有最短路径数的比例；边介数同理，该指标主要用来反映节点或边在整个网络中的作用和影响。

5.1.3 经典网络模型

1. 规则网络

规则网络如图 5-1 所示，其顶点之间的关系可以用规则的结构来表示，其中任意两个节点之间的关系遵循固定的规则，并且通常每个节点拥有相同数量的邻居节点数。

2. 随机网络

随机网络如图 5-2 所示，其节点不按照某些规则连接。它们以纯粹随机的方式连接，由此产生的网络称为随机网络。

3. 小世界网络

大多数实际网络既不是完全规则的，也不是完全随机的，故而这两种经典网络模型无法体现真实网络的一些重要特性。小世界网络如图 5-3 所示，该模型作为从完全规则网络到完全随机网络的过渡在 1998 年被提出。复杂网络的小世界效应意味着，尽管网络规模很大，但任意两个节点之间的距离比我们想象的要小得多，也就是说，网络平均最短路径随着网络规模的增长而对数增长。

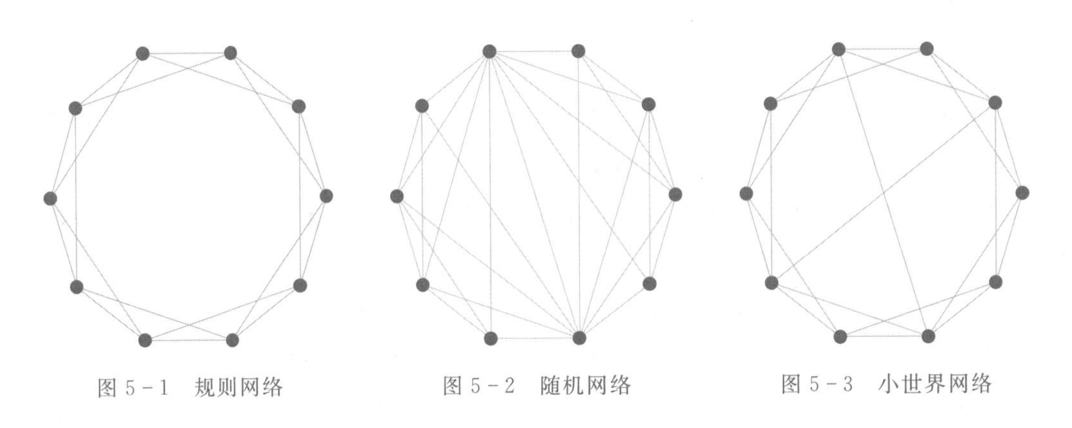

图 5-1 规则网络　　图 5-2 随机网络　　图 5-3 小世界网络

4. 无标度网络

许多网络在一定程度上具有以下特征：大多数节点与其余节点只有少量连接，而一部分节点与其他节点有大量连接，这些高度数节点被称为集散节点。图 5-4 所示网络称为无标度网络，因为网络节点的度没有明显的特征长度。

5. 自相似网络

自相似网络如图 5-5 所示，自相似性是相似性的一个特例。系统的部分和整体之间存在一定的相似性。这种相似性不是两个不相关事物之间的偶然近似，而是始终保持在系统中，是复杂网络的一种常见拓扑性质。复杂系统与各层子系统之间的自相似性可以用分形来描述。

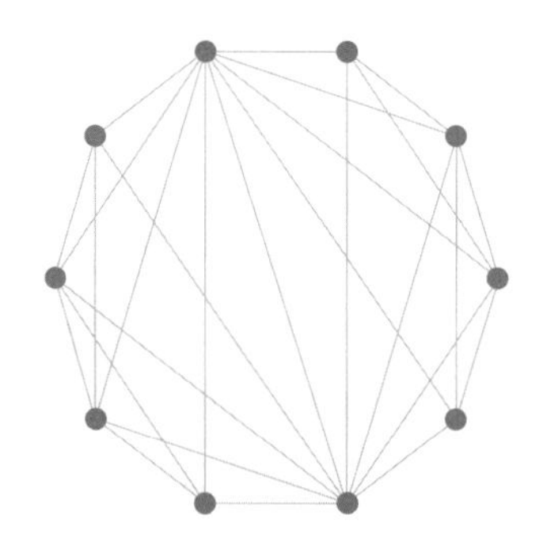
图 5-4　无标度网络

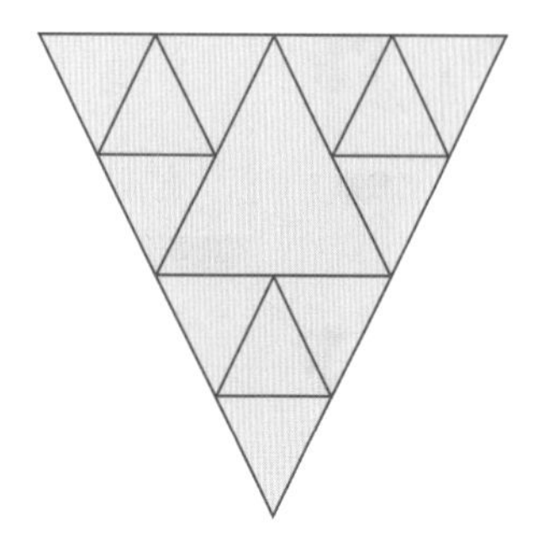
图 5-5　自相似网络

5.1.4　复杂网络主要应用

1. 生态网络

生态网络是模拟能量和物质在系统中流动的结构模型。生态网络分析主要包含生态网络分析的方法和理论，其研究领域包括生态网络流分析、信息分析、随机分析、结构分析和敏感性分析，属于系统生态学研究的重要分支之一。

随着人类基因组测序的完成，蛋白质结构研究逐渐成为生命科学领域的研究热点，它的研究将帮助人类更好地理解蛋白质中的作用及功能。蛋白质相互作用网络是由一个生物体内所有相互作用的蛋白质连接而成的复杂网络。

神经网络如图 5-6 所示，人脑由大量的神经细胞组成，对人脑的研究导致神经网络学科的诞生。脑科学和神经科学的发展对神经网络研究的进展起到了很大的帮助和引领作用。由此发展起来的机器学习可分为有监督学习和无监督学习两类。有监督学习指对学习的数据样本进行标记，学习模型在学习时知道学习结果是什么，然后根据已知结果调整学习过程和模型本身的参数。无监督学习指数据样本没有标注，学习模型不知道最终的学习结果，可以根据一定的规则学习未知的结果。

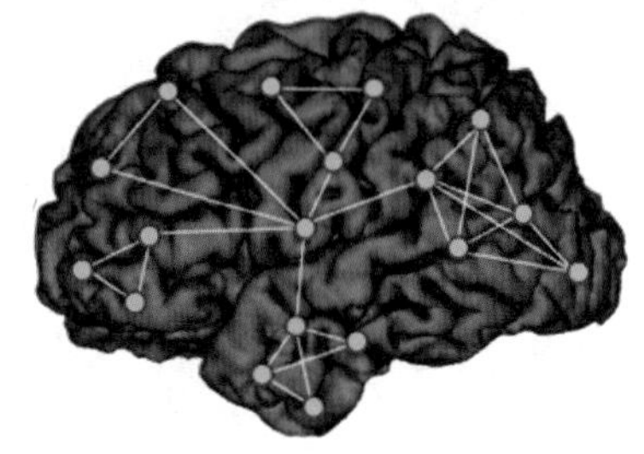
图 5-6　神经网络

2. 计算机网络

计算机互联网已经发展成为一个庞大复杂的系统，如图 5-7 所示。数以千万计的网络终端通过网关与路由器相连，形成了非常复杂和不规则的拓扑结构。此外，越来越多的信息根据协议通过互联网传输到不同的最终用户，随着用户数量和网络连接数的快速增加，网络拓扑结构变得更加复杂，这导致数据传输速率下降，甚至出现网络拥塞现象。人们需要不断改进网络协议和操作系统，提高网络带宽，优化网络资源，以便更便捷地使用网络。

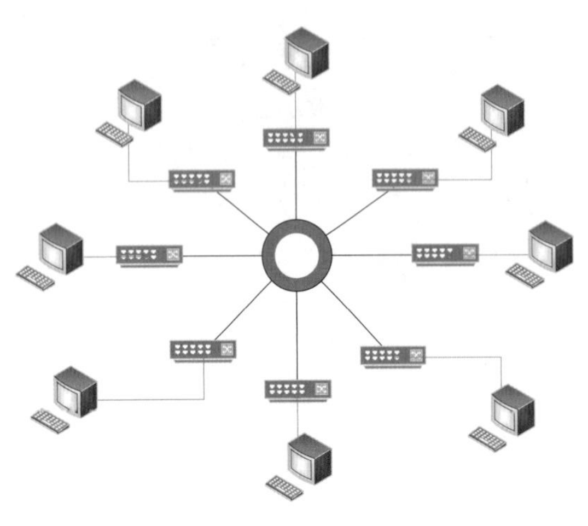
图5-7 计算机互联网

3. 分层复杂网络

电力系统是最复杂的人工网络系统之一，以电力物联网系统为例，如图5-8所示。目前的经典网络与实际电网差异较大，从电网自身的演化机理出发，提出并研究能够模拟电网演化规律的网络模型，能有效地帮助电力系统的运行和维护。在未来的智能电网环境中，庞大的用户集群和各种电源设备将在智能电网制造海量的电源节点，加之由大量通信设备组成的通信网络层。复杂异构的通信节点和电源节点相互耦合。一旦发现故障，准确定位异常节点并快速执行正确指令将变得极其复杂。同时，智能电网用户的高动态性构成了节点和边缘的高动态性，这将实时影响整个网络拓扑，进而影响整个智能电网的空间传播特性，直接关系到智能电网的正常运营。这些问题不能用现有的生存性分析方法或复杂的网络分析工具来解决。因此，如何分析由大规模分布式用户群构成的智能电网双层耦合网络的鲁棒性成为该研究领域的重难点之一。

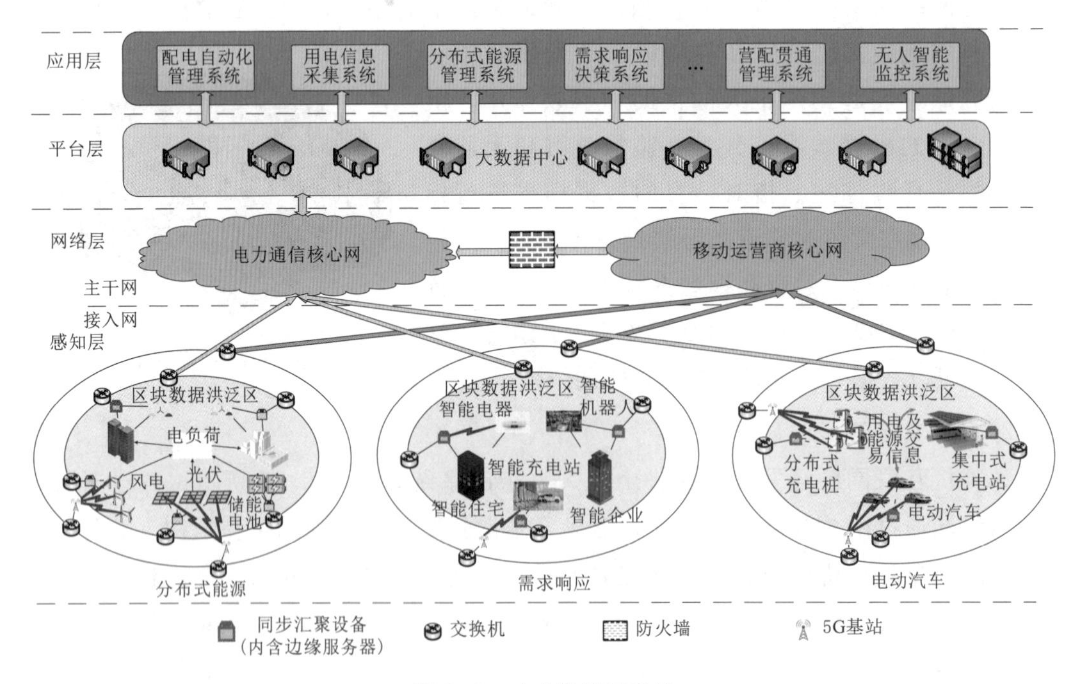

图5-8 电力物联网系统

5.2 双层耦合网络脆弱性分析

电网层和通信层是智能电网两个关键的拓扑网络。其中，电网层负责面向通信层的能量供给；通信层负责信息流的传输，进而实现电力设备远程感知及控制。信息流与电流通过节点之间的依赖和支持关系建立耦合关系，这种关系不仅存在于信息流与电流的直接控制和受控关系中，间接关联关系中也存在着信息流与电流之间的耦合关系。信息流中断或服务质量差可能导致某一区域停电，影响通信设备的正常运行，产生跨层连锁效应。此外，电网层和通信层中不同节点的属性差异很大，不同的节点属性会影响网络通信流和电力流的耦合传播特性，其相关性可能是随机的，偶尔的低电压也可能引起网络通信节点和电能节点的连锁反应。由于电网层和通信层的层内拓扑结构不同，使得跨层网络更难以描述。因此，根据电网层和通信层的各种网络结构和节点属性，如何描述智能电网信息流和能量流的独特耦合行为成为一大难题。

5.2.1 电力通信网节点脆弱性

在智能电网技术快速发展的浪潮下，电力通信网的性质也从一个简单的通信网向一个综合型信息平台靠拢。新型智能电网相较于传统电网功能更为多样，例如分布式电源的监测控制、用户和电网双向互动等，每多一项功能，对于电力通信网意味着多出了一项信息业务。近年来用电规模扩大，信息处理量也随之节节攀升，通信网身上的担子愈发“沉重”。

此外电力系统复杂多变，一些地区的电力规划很不合理，这使得通信网的工作环境极为复杂。一方面，很多通信设备直接处在自然环境中，大风、冰雹、雨雪等自然灾害极易造成设备短路，继而出现各种故障；另一方面，通信节点的分布不一定很均匀，不合理的拓扑结构会导致某些节点的工作量过大，极容易出现死机等故障。以上两点均增加了电力通信网节点的脆弱性。

5.2.2 电网局站脆弱性

我国电能需求近几年急剧增长，电网规模不可避免地变大，其复杂性也有所提升。越是复杂的系统往往越容易出现故障，电网局站的脆弱性主要体现在下述三点：

（1）随着电力需求的增长，传输线路的电压已经达到了百万伏级，信息交互十分频繁，稍有不慎，巨大的能量流就可能导致电网出现大的故障甚至灾难。

（2）早期的电网建设规划不是很合理，这导致了一些不适合的电力传输拓扑结构。再者，经过研究证明我国的电网是典型的无标度网络，具有较高的聚类系数及较短的平均路径长度，故障传播速度很快，极容易因为一些小故障而导致大的事故。

（3）我国电网可以用幅员辽阔这个词来形容，电力传输的覆盖范围极广，气候环境复杂多样，不可控的自然灾害对电网具有不小的威胁。

5.2.3 双网脆弱性关联分析

电力系统是一个由发电、输电、变电、配电、用电和电力调度组成的电力生产和消费系统。随着供电线路越来越多，一个复杂的电网逐渐形成。随着时代的不断进步，各类基础设施之间的关系越来越密切，这意味着通信控制系统和其他系统的协调与合作越来越密切。通信控制系统包括信息采集、处理、传输、保密和信息可视化，是智能电网不可分割的一部分。

电力通信网作为电力系统的一种专有通信网络，具有很强的行业特征。通信节点一般设置在电网调度中心、变电站、电厂等局站。通信网节点与电网局站点高度一致。从通信网络的角度来看，电网的各个局站，如调度中心、变电站或电厂，都只是通信节点，但事实上，这些节点所在的电网局站在电网中的地位和作用是完全不同的。例如，省级调度中心比地市级调度中心等站的管理水平更高，作用和影响更大，500kV 变电站比 220kV 变电站电压更高，也更重要，重要局站之间的业务安全对于确保电力系统的安全运行越来越重要。

相关学者研究了 2003 年意大利的大规模停电事件，他们利用电力通信网组成的互耦双层网络的实际数据，提出了一种简单通用的双层耦合网络模型，其中电站依靠通信站进行控制，通信站依靠电站提供电力。两者相互支持、相互依赖，形成一对一的对应关系。目前，随着电网智能化程度的提高，电网对通信网络的要求越来越高。一些重要的调度、控制和监控信息依赖于通信网络。一旦电力通信网发生故障，信息无法及时传输，控制中心失去对电网的控制，可能给电网带来灾难性事故。随着智能化电气设备的日益增多，对电能质量和供电稳定性的要求也越来越高。总之，电网需要电力通信网络传输监控信息，电力通信设备需要电网提供电力支持。这两个网络相互关联、相互依存、相辅相成。

基于以上分析，随着人们对电网安全和服务水平要求的提高，电网将从传统网络向智能电网演进。在这一过程中，电网与电力通信网之间的相关性不断增强，形成了相互依存的耦合网络。耦合网络在提供高质量服务的同时，也存在一些安全隐患。当一个网络发生故障时，可能会导致另一个网络故障。如果故障像多米诺骨牌一样级联，并在两个网络中传播，将对耦合网络造成严重损坏。因此，在享受耦合网络提供便利的同时，也要考虑相关特性对网络带来的脆弱性。

对耦合电网和电力通信网络进行研究的主要目的是找出智能电网的薄弱点或环节，采取有针对性的预防措施，提高网络的可靠性。近年来，大规模停电事故频繁发生，引发了电力系统可靠性研究的热潮。在复杂的大规模电网中，电力通信网与电网的相互依赖性及其连锁故障是造成大规模停电的重要原因之一。目前，在这方面已经有很多研究。根据耦合网络可靠性研究角度的不同，一般可分为拓扑分析法、渗透理论分析法和重要度分析法。

1. 拓扑分析法

网络拓扑是网络的一个重要特征，它包含了网络的一些特征。对耦合网络的研究大多基于网络拓扑，包括中间数、节点度、聚类系数和节点间距等一些网络参数。这些参数都是从网络拓扑中提取出来的，研究人员根据这些参数已经取得了丰硕的成果。人们对网络拓扑的研究从最初的规则网络模型，到随机网络模型，再到具有小世界特征的无标度网络模型。真实网络不断增长，新节点具有首选连接的特点，如通信网和电网，这是无标度网络的特点，因此，研究人员在研究耦合网络时选择无标度网络进行仿真。相互关联网络拓扑研究的另一个重要方面是网络的连接，即其耦合强度。根据研究，耦合网络的网间连接方式可分为一对一连接、一对多连接和多对多连接。在多对多连接网络中，只要存在一个网间连接，就可以正常工作。当网络之间的连接方式不同时，网络的鲁棒性也不同。研究表明，当耦合强度相同且网络节点间连接数相同时，耦合网络的抗随机攻击能力最强。这一结论对今后的网络规划具有一定的指导意义。根据实际网络的实际耦合特性，网络间连接也可分为单向连接和双向连接。就通信网和电网之间的耦合关系而言，它可能是单向的，即通信节点不一定为提供电力的节点提供通信服务；反之亦然。

2. 渗透理论分析法

渗透理论是分析复杂网络性能的常用理论方法之一。基于渗透理论的级联故障过程可以解释复杂大规模电网停电现象。

（1）渗透理论的中心内容可以理解为：当描述系统的某个指标（如失效节点的比例）达到渗透阈值时，复杂系统的某些物理特性将发生巨大变化。此时，系统的某些特征（如网络连接）将消失。在电网与通信网的耦合网络系统中，两网相互依存的连接方式使系统具有更紧密的协作，正是因为这种紧密相互依存的连接模式，才会出现“雪崩”情况。

（2）渗透状态的变化为：电网整体连通性中断或通信网络整体连通性中断。在复杂网络的研究中，少数被攻击的节点是作为一个整体连接起来的。当被攻击节点超过某个临界阈值时，网络的连通性将发生变化。

渗透理论经常被用来研究耦合网络的级联故障。故障在节点间的传播过程类似于故障在网络中的穿透。在许多实际网络中，一个或多个节点的故障可能导致其他节点通过节点之间的耦合关系发生故障，然后产生连锁反应，最终导致局部故障，甚至整个网络的功能完全丧失。为了理解这种级联故障对多层耦合网络的影响，Bully 等人建立了一个基于双层耦合网络的渗透理论，揭示了这种现象的微妙之处：与孤立的单一网络相比，多层网络系统更脆弱。移除网络中的几个节点就有可能触发级联断层效应，完全破坏双层网络。

3. 重要度分析法

在耦合网络的研究中，许多研究都是通过节点或边所触发的级联故障进行的。不同的节点或边的失效对网络有不同的影响。一旦某些节点出现故障，整个网络可能崩溃。这一现象引起了学者们对关键节点的研究。重要度分析法是识别关键节点的理想方法。目前，大多数节点重要性分析评估方法都是针对单个网络的，如节点删除法、节点收缩法和重要度评价矩阵法。这些方法从单个网络的某些特性出发，识别出网络的关键节点，不再适用于耦合网络。节点在耦合网络中的重要性有待进一步研究。耦合连接方式分为随机连接和规则连接。研究发现，当耦合强度相同时，每个节点的网间连接数相同，网络抵抗级联故障的能力最强。在此基础上，可通过级联失效后的网络连通性来识别耦合网络中的关键节点。

5.3 节点重要性评价模型

近年来，随着智能电网技术的飞速发展，电网的综合性能得到了极大的提高，其复杂性也日益增加，对电力通信网的依赖急剧增加。电网的正常运行需要电力通信网传输监控信息，电力通信网设备需要电网提供电源支持。电网与电力通信网之间的依赖性逐渐增强，形成了相互依存的耦合网络。作为网络的核心要素之一，当电力通信网节点发生故障时，可能会通过网络之间的依赖关系影响电网节点的运行，反之亦然。如果故障像多米诺骨牌那样级联，一个小故障可能最终导致网络中的重大灾难，发现并保护耦合网络中的重要节点是非常必要的。

电力通信网是一个典型的复杂网络。在智能电网不断发展的过程中，电力通信网的拓扑结构越来越复杂，网络承载的业务种类和数量也越来越多样化和复杂。电力通信网节点是构成网络拓扑和承载业务的关键。因此，在研究电力通信网的性能时，将节点作为电力通信网的核心元件进行研究是非常必要的。相关研究表明，当电力通信网络中 5%的重要节点由于自然或人为因素发生故障时，网络的可靠性将下降，严重影响网络的正常运行。近年来，世界各地因电网故障导致的大规模停电事件屡见不鲜，如 2003 年北美停电、2004 年罗马停电、2012 年印度全国停电、2019 年阿根廷停电等，这些事故都是由于电力通信网络重要节点的失效而影响电网安全稳定运行的实例。因此，在对电力通信网的节点重要性进行分析和评估后，获得节点重要性排序，根据节点重要性找出关键节点，加强维护和管理，可以提高网络的抗攻击能力，避免损失，降低电网运行风险。当风险发生时，根据节点的重要性对修复优先级进行排序，可以最大限度地减少损失，保证网络的安全可靠运行。此外，节点重要性还可以为系统重构和恢复提供指导和依据。本节基于有关理论提出了一些节点重要度评估方法以供参考。

5.3.1 基于级联失效的节点重要度评估

电网运行的各类监控信息依赖于电力通信网中的信息通信（Information and Communication Technology，ICT）网传输，ICT网络设备的电力供应来源于电网，二者构成了耦合网络。当ICT节点出现故障时，可能会导致与之关联的电网节点运行故障，如调度通信网节点故障会引发停电事故，因此单一网络故障将引发双网级联故障，有可能引发大停电事故。研究表明电网具有小世界特性，面对蓄意攻击时异常脆弱，找出电网的重要节点加以保护能有效提高电网的安全性。经典节点重要度评估方法有节点删除法和节点收缩法。有关学者成功地把节点收缩法应用于电网，验证了根据电网的拓扑结构辨别重要节点的可行性。还有用全局效率指标对小世界电网进行脆弱性评估，表明电网对关键节点的依赖性非常强。近几年学者从全新的视角研究节点重要性排序，提出了K-核方法，认为K-核值越大节点越重要。以上方法都是针对单个网络的节点重要度评估，用于耦合网络还需要做进一步改进。关于耦合网络，相关学者根据级联失效和耦合连接方式研究耦合网络的鲁棒性，提出的算法侧重于引发级联失效的节点重要度评价，采用最大连通分支的节点数鉴别耦合网络的关键节点，但没有考虑负载因素和节点连通度。以上节点重要度评价方法侧重于单一网络指标特性，例如节点位置、拓扑结构和依赖关系等，不能直接用于带负载的耦合网络。

在电网和ICT网关联关系的基础上，建立了双网耦合模型，将级联失效和负载重分配相结合，引入最大负载分支，并以网络负载率和相邻节点的平均负载均衡度衡量失效节点对网络的影响程度，提出了一种耦合网络节点重要度评估方法，能有效区分耦合网络中各节点重要度差异。

5.3.1.1 基于级联失效的双网耦合模型

1. 双网耦合模型

双网耦合模型由电网、ICT网和两者之间的耦合连接组成。电网和ICT网分别用$\boldsymbol{G}_P=(\boldsymbol{V}_P,\boldsymbol{E}_P)$和$\boldsymbol{G}_C=(\boldsymbol{V}_C,\boldsymbol{E}_C)$表示，$\boldsymbol{V}_P$、$\boldsymbol{V}_C$分别表示各网络节点集合，$\boldsymbol{E}_P$、$\boldsymbol{E}_C$分别表示各网络邻接关系矩阵。$\boldsymbol{E}_{PC}$和$\boldsymbol{E}_{CP}$表示耦合连接关系矩阵，如果$G_P(G_C)$节点$i$为$G_C(G_P)$节点$j$提供支持，则$E_{PC}(i,j)[E_{CP}(i,j)]$设置为1，否则为0。以$\boldsymbol{E}_{PC}$为例，可描述为

$$\boldsymbol{E}_{PC}=\begin{bmatrix} e_{1,1} & e_{1,2} & \cdots & e_{1,n} \\ e_{2,1} & e_{2,2} & \cdots & e_{2,n} \\ \vdots & \vdots & \vdots & \vdots \\ e_{m,1} & e_{m,2} & \cdots & e_{m,n} \end{bmatrix} \tag{5-1}$$

$$e_{i,j}=\begin{cases}1, & G_P \text{ 节点 } i \text{ 为 } G_C \text{ 节点 } j \text{ 提供支持} \\ 0, & G_P \text{ 节点 } i \text{ 不为 } G_C \text{ 节点 } j \text{ 提供支持}\end{cases} \tag{5-2}$$

式中 m、n——G_P、G_C 的节点数。

图5-9为一个简单的双网耦合模型，实线为网内连接，虚线为耦合连接，耦合连接只画出了一部分。

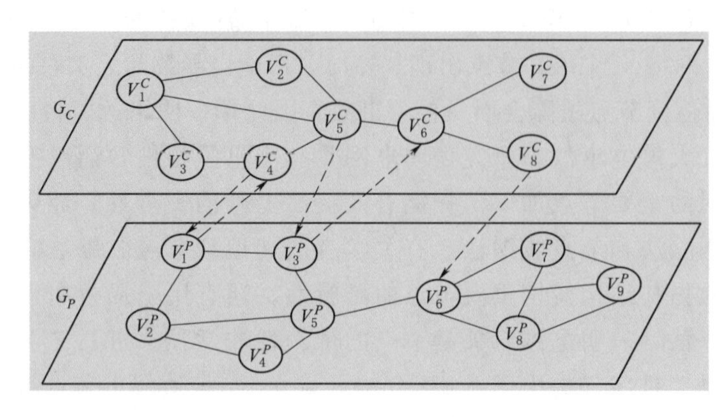

图5-9 双网耦合模型

假设节点失去耦合节点的支持则失效，G_P 中的 V_1^P 和 V_3^P 节点位置类似，节点度数相同，节点 V_1^P 失效后导致节点 V_4^C 失效，故障级联停止，对网络的影响较小。当节点 V_3^P 失效时导致节点 V_6^C 失效，节点 V_7^C 和 V_8^C 成为孤立的节点也失效，节点 V_6^P 失去耦合节点的支持而失效，导致 G_P 裂解成两个子网，网络破坏性大，则认为节点 V_3^P 比 V_1^P 重要。

在双网耦合模型中，一个节点故障可能引起大规模的级联失效过程。为便于分析两个网络的失效过程，假设一个网络处于失效过程时另一个网络保持不变。假设级联失效从 G_P 中一个节点的失效触发，该节点失效可能引起 G_P 一系列的故障，包括边的失效和负载重分配。导致其他节点的失效，称为过程1；G_P 中的故障会引起 G_C 中的节点失效和负载重分配，称为过程2；G_C 中的故障反过来引起 G_P 中的节点失效和负载重分配，称为过程3。故障如此在两个网络中传播直到不再有节点失效。

级联失效过程可能使网络分裂成几个互不连通的子网，有些级联失效模型用最大连通分支处理生成子网的情况，最大连通分支也就是节点数最多的子网，只有与最大连通分支相连的节点才能正常工作。在考虑负载的网络中，网络以尽最大努力传输负载为目的，节点数最多的子网承载的负载不一定最多，所以本小节用最大负载分支代替最大连通分支，定义承担负载最多的子网为最大负载分支，只有与最大负载分支相连的节点才能正常工作。

2. 失效后负载重分配策略

实际网络节点负载跟节点的位置、用户数和运行方式等因素有关，针对耦合网络负载分配用结构负载代替真实负载以屏蔽底层差异。

(1) 通信节点负载及容量。

G_C 一般是专用网络，负载依赖于 G_P，G_P 正常节点越多 G_C 的负载越大，设过程 n 是 G_C 的级联过程，单位时间内 G_C 的总负载为

$$W_n = \sum_{i \in \Phi} \alpha \cdot l_{ni}^t \tag{5-3}$$

式中 Φ——电网正常工作的节点集合；

l_{ni}——过程 n 电网节点 i 的连接度；

α、t——可调参数，控制 ICT 网为保障电网节点正常工作所产生的负载，此负载不考虑具体的业务分类，只表示 G_C 的结构负载。

过程 n 通信节点 i 的负载为

$$L_{ni}^c = \frac{W_n d_{ni}^\tau}{\sum_{i \in Z} d_{ni}^\tau} \tag{5-4}$$

式中 Z——ICT 网中正常工作的节点集合；

d_{ni}——过程 n 通信节点 i 的连接度；

τ——ICT 节点承担负载的影响因子。

设通信节点 i 的容量 C_i^c 与网络故障前负载 L_{0i}^c 成正比，则

$$C_i^c = (1+\delta_c) L_{0i}^c \tag{5-5}$$

式中 δ_c——通信节点的容限系数。

(2) 电网节点负载及容量。

电网负载跟 ICT 网关系不大，通信设备的用电量远远小于本区域全部用电量，在考虑电网负载时忽略 ICT 网的影响。假设电网节点负载与连接度相关，网络故障前电网节点 i 的负载为

$$L_i^p = \beta \cdot l_{0i}^\varphi \tag{5-6}$$

式中 β、φ——节点负载的调节因子；

l_{0i}——故障前电网节点 i 的连接度。

设电网节点 i 的容量 C_i^p 与网络故障前负载成正比，则

$$C_i^p = (1+\delta_p) \cdot L_i^p \tag{5-7}$$

式中 δ_p——电网节点的容限系数。

(3) 负载重分配策略。

在考虑负载的网络模型中，一旦有节点失效，其承担的负载会按照一定的规则分配到其他节点。ICT 网中，节点失效后网络数据包会调整路由；电网节点失效后备用保护线路会启用，一些重要用户的供电则切换母线变压器，从而完成负载的重分配。节点 i 失效后，节点 j 上负载增量为

$$\Delta L_{ij}=\varepsilon L_i L(D_{ij},k_j,\phi,\theta) \tag{5-8}$$

其中

$$L(D_{ij},k_j,\phi,\theta)=\frac{k_j^{\phi}/D_{ij}^{\theta}}{\sum_{m\in\Omega}k_m^{\phi}/D_{im}^{\theta}} \tag{5-9}$$

式中 ε——负载分配系数；

L_i——节点 i 的负载；

D_{ij}——节点 i 和 j 的最短距离，可用 $Floyd$ 算法根据邻接矩阵求得；

k_j——j 的节点度；

ϕ、θ——控制节点度和距离对负载重分配的影响程度；

$L(D_{ij},k_j,\phi,\theta)$——比例系数；

Ω——所有正常工作节点的集合。

由此可见，节点度越大，距失效节点的距离越近，分配到的负载越多。当一些节点失效后，节点 j 负载总增量为

$$\Delta L_j=\sum_{i\in\Lambda}\Delta L_{ij} \tag{5-10}$$

式中 Λ——失效节点的集合。

重分配后节点 j 的负载为

$$L_j=L_j+\Delta L_j \tag{5-11}$$

如果负载重分配后节点 j 的负载大于其容量，那么节点 j 失效，引起新的负载重分配。

5.3.1.2 耦合电力网络节点重要度评估

为准确鉴别每个电网节点的重要度，每次移除一个电网节点，根据网络稳定后各节点负载的变化，用邻近节点的平均负载均衡度以及网络负载率作为评价指标，从节点失效对网络影响的角度评价节点的重要度。

1. 节点失效的影响分析

(1) 相邻节点的平均负载均衡度。

根据负载重分配策略，节点失效后大部分负载被分配到相邻节点，相邻节点容量有限，当负载接近容量上限时，节点变得非常脆弱，给电网带来安全隐患。本小节用相邻节点的平均负载均衡度 S 衡量节点失效对相邻节点的影响，其反映的是相邻节点的负载接近容量上限的平均程度，计算公式为

$$S=\frac{\sum_{j\in H}\frac{C_j-L_j}{C_j}}{N_H} \tag{5-12}$$

式中 H——与失效区域相邻的节点集合；

N_H——集合 H 的节点数；

C_j——节点 j 的容量；

L_j——网络稳定后节点 j 的负载。

当 S 值较小时，节点的负载比较接近容量上限，稍微有点负载波动，节点就可能失效，则 S 越小说明邻近节点越脆弱，$1-S$ 则反映了失效节点对邻近节点的重要程度。当节点失效导致整个网络瘫痪时，N_H 取值为 0，这时 S 置为 0。

（2）网络负载率。

从电网角度来看，级联失效后丢失的负载量反映了失效节点对电网的影响程度，用网络负载率来衡量这一影响。定义网络负载率 R 为级联失效后电网总负载与故障前总负载的比值，即

$$R=\frac{L_P}{L_{IP}} \tag{5-13}$$

式中　L_P——级联失效后电网总负载；

L_{IP}——故障前总负载；

R——网络负载率，取值范围为（0，1）。

分析两个特殊情况，当节点失效导致整个网络瘫痪，R 值为 0，该节点对电网影响很大，节点失效导致网络损失的负载很少时，R 值接近 1，说明该节点对整个网络影响很小。可见，R 越小，节点失效对网络的影响越大，$1-R$ 反映了失效节点对网络负载的重要程度。

2. 电网节点重要度评估指标的建立

当某个电网节点失效时，移除该节点及其所连的边，如果该节点引起了级联失效，则会导致附近节点的负载显著上升和总负载下降，即 S 值和 R 值变小。这两个值反映了失效节点对网络的影响程度，将 S 和 R 结合起来评价电网节点的重要度，相当于联合网络拓扑和负载的重要度信息对引发级联失效的耦合网络节点重要度进行评估。据此，定义耦合网络中电网节点 i 的重要度 I_i 为

$$I_i=\sqrt{(1-S_i)\cdot(1-R_i)} \tag{5-14}$$

式中　S_i——节点 i 失效后的相邻节点平均负载均衡度；

R_i——节点 i 失效后的相邻节点平均网络负载率。

S 和 R 从不同角度反映了失效节点对网络的影响，它们之间没有必然的联系，两个值可能相差很大，通过计算几何平均值把两个因素结合起来，有效避免因某一值过大对评价结果的拔高效应。

为避免节点重要度评价结果之间的差异过大或过小，即

$$I'_i=\frac{I_i-I_{\min}}{I_{\max}-I_{\min}}(1-X)+X \tag{5-15}$$

对 I_i 进行线性处理，把重要度值映射到［X，1］上，取 $X=0.1$，将重要度最大差异设定为 10 倍，整体算法描述如下：

耦合网络节点重要度评估算法
输入：耦合网络 $G=(G_P, G_C, E_{PC}, E_{CP})$
输出：电力各节点的重要度矩阵 I
Begin
(1) 用 *Floyd* 算法分别计算网络 G_P 和 G_C 各节点之间的距离。
(2) 计算电力通信网各节点的初始负载和容量。
(3) 计算电网各节点的初始负载和容量。
(4) 计算各电力节点的重要度：
For$i=1:N$　%N 为电力节点的数量
移除节点 i 及其所连的边。
级联失效被触发，根据级联失效模型，对网络进行仿真。
计算节点 i 的重要度 I_i。
End
(5) 输出重要度矩阵 I。
End

5.3.2 基于网络流介数的重要节点辨识

现阶段关于评估节点重要度的研究大致有下述两种思路：

(1) 在拓扑层面评价节点的重要性。有关学者通过节点度、介数、节点效率等网络拓扑特性构建重要度指标评估节点重要度，这些方法可以用于大多数复杂网络的重要节点评估。如相关文献选取链路带宽作为权值构建电力骨干网络模型，根据节点在拓扑层面的分布，利用节点权重计算修正系数，建立重要度评价模型，可较为准确地评估拓扑层面上的电力通信网节点重要度。

(2) 结合网络实际情况来评估节点重要度，比如通过衡量电力通信网络节点对电力系统可靠性影响来确定节点的重要度。还有相关文献在考虑电力网络和电力通信网的耦合特性的条件下，判断各通信网节点在电网级联失效中所起到的作用。但是将网络的实际能量和信息交流过程等效成简单的负载分配过程，与实际情况存在一定偏差。

此外，以上的研究方法大多用于评估已投入运行的电力通信网的节点重要度，但未考虑规划建设初期的节点重要度评估问题，提出网络流介数可应用于网络建设初期的节点保护。在规划建设初期辨识关键节点，更利于对关键节点进行安全保护建设，因此具有较大意义。在网络规划初期，各节点所承担业务数量的多少是未知的，只根据所承载业务的重要度无法直接判别电力通信网节点的重要度。因此应用网络流介数判断节点重要度的方法从传输流量和承载业务两个方面考虑，通过计算流介数估算各节点承载的业务流大小，结合业务重要度指标辨识网络中的重要节点，可解决网络规划建设初期业务流量未知导致的重要度判别不准确的问题，由此可以在规划时对重要节点进行保护。

5.3.2.1 电力通信网络模型的建立

本小节主要通过拓扑层面与承载业务两方面对电力通信网的重要节点进行辨识。因此，根据电力通信网连接模型构建合理的容量矩阵，根据节点间的业务往来构建合理业务分布矩阵是保证重要节点辨识有效性的前提。

1. 电力通信网链路容量矩阵

电力通信网节点类型包括设置在调度中心的调度中心节点、设置于变电站的变电站节点等。同类型的节点可按电压等级进行区分，电压等级越高的站点其通信节点也就越重要，影响力也就越大，比如 500kV 变电站影响力就大于 220kV 变电站。因此不同类型的电力通信网节点，其所承载的业务种类不同，业务数量也就不同，与此节点相连的链路容量也就相对较大，所以在构建电力网连接模型时，应充分考虑其链路容量的不同，所构建的电力通信网 $G=(E,S)$，容量矩阵为

$$A=\begin{bmatrix} a_{11} & a_{12} & \cdots & a_{1N} \\ a_{21} & a_{22} & \cdots & a_{2N} \\ \vdots & \vdots & \vdots & \vdots \\ a_{N1} & a_{N2} & \cdots & a_{NN} \end{bmatrix} \tag{5-16}$$

式中 N——电力通信网络节点总数；

a_{ij}——电力通信网节点 i 和节点 j 之间的通信链路的链路容量，若节点 i 和节点 j 之间不存在链路相连，则 a_{ij} 为 0。

链路容量按通信节点所在节点的重要度确定，省级调度节点所连链路的容量最高；与 500kV 变电站或地市级调度中心相连接的通信链路容量应不低于与 220kV 变电站相连接的通信链路容量；与 220kV 变电站相连接的通信链路容量应不低于与 110kV 变电站相连接的通信链路容量。

2. 电力通信网业务分布矩阵

电力通信网承载着多种电力业务，不同类型电力节点所承载的电力业务种类不尽相同，每对电力节点间传输的电力业务也不相同。如中调节点承载广域测量、调度自动化、变电站视频监测等业务，其与变电站之间链路相应传输此类业务信息，但中调节点不承载继电保护业务，其与变电站节点之间没有继电保护业务的交换。而 500kV 变电站节点之间需要交换继电保护业务信息，500kV 变电站节点之间链路上也因而会传输继电保护业务的信息。根据节点所承载业务的不同，与电力通信网业务分布的情况，可以构建电力业务分布矩阵为

$$L^u=\begin{bmatrix} l_{11} & l_{12} & \cdots & l_{1N} \\ l_{21} & l_{22} & \cdots & l_{2N} \\ \vdots & \vdots & \vdots & \vdots \\ l_{N1} & l_{N2} & \cdots & l_{NN} \end{bmatrix} \tag{5-17}$$

式中　u——业务类型；

l_{ij}——用于衡量电力通信网节点 i 与节点 j 之间是否有业务 u 的传输，若存在业务 u 的传输，则 $l_{ij}=1$，否则 $l_{ij}=0$。

电力通信网业务分布矩阵可以体现业务在拓扑层面的分布情况，应用业务分布矩阵可将节点、链路的连接与业务传输情况相结合，便于进行节点重要度的评估。

5.3.2.2　网络业务流介数

复杂网络理论中的介数常作为判断节点重要度的指标，但实际介数是通过衡量通过节点 s 的最短路径数占网络最短路径比值来衡量节点在网络中的重要度，介数反映了节点在拓扑层面的重要程度，但是相对忽略了节点承载的信息对于节点重要度的影响。基于此，有关学者提出了流介数指标，定义式为

$$C_F(k)=\frac{\sum_{i=1}^{N}\sum_{j=1}^{N}m_k(i,j)}{\sum_{i=1}^{N}\sum_{j=1}^{N}m(i,j)} \tag{5-18}$$

式中　$m(i,j)$——节点 i 和节点 j 之间的最大流；

$m_k(i,j)$——节点 i 和节点 j 之间最大流通过节点 k 的流量。

为解决任意两点间最大流路径不唯一的问题，一般流介数的计算公式为

$$C_F(k)=\frac{\sum_{i,j\in S(k)}({}^kM_{i,j}-{}^kM_{i,j}^*)}{\sum_{i,j\in S(k)}{}^kM_{i,j}} \tag{5-19}$$

$$S(k)=\{(i,j):1\leqslant i\leqslant N;1\leqslant j\leqslant N;i\neq j\neq k\} \tag{5-20}$$

$$M=[m_{ij}]_{N\times N}$$

式中　M——最大流矩阵；

m_{ij}——源节点 i 和宿节点 j 之间的最大流；

${}^kM$——最大流矩阵 M 删除 k 行 k 列后得到的矩阵；

${}^kM^*$——删除节点 k 后计算的最大流矩阵。

流介数指标基于网络流进行计算，综合考虑了网络的拓扑结构与网络的实际容量限制对于评估节点重要度的影响。

根据定义，流介数可以衡量任意一对节点间可转发的最大流量通过节点 k 的比

例。因此将流介数应用于电力通信网中，可以衡量一个节点对于某类业务的转发能力，结合各类业务的重要度，可综合得到衡量节点传输能力和承载业务重要度的网络业务流介数指标，其重要度定义式为

$$I_k=\sum_u b_k^u \times w_u \tag{5-21}$$

$$b_k^u=\frac{\sum\limits_{i,j\in S(k)}[{}^kV^u-({}^kV^u)^*]}{\sum\limits_{i,j\in S(k)}{}^kV} \tag{5-22}$$

$$v_{ij}=m_{ij}\times l_{ij}^u \tag{5-23}$$

$$w_u=\frac{s_u}{\sum\limits_u s_u} \tag{5-24}$$

$$V=[v_{ij}]_{N\times N}$$

式中 b_k^u——对应于 u 类业务下的节点业务流介数；

V——第 u 类业务对应下的业务流矩阵，其计算公式见式（5-23）；

${}^kV$——业务流矩阵 V 删除 k 行 k 列后得到的矩阵；

$({}^kV^u)^*$——根据网络删除节点 k 后得到最大流矩阵与业务流分布矩阵得到的业务流矩阵；

s_u——业务重要度；

w_u——业务权重；

I_k——根据网络业务流矩阵和业务重要度计算得到的节点重要度。

本方法提出的节点重要度计算指标，可根据流介数衡量节点对 u 类业务的转发传输能力，根据节点承载的各类业务重要度对相对应的业务流介数加权，从两个维度评价节点在网络中的地位。而流介数作为一种全局性的指标，可以综合节点在拓扑与业务上的重要性。

5.3.3 基于层级结构的节点重要度评价方法

现实中电力通信网中的节点地位存在着明显的差异，构建一种较为有效且复杂度低的电力通信网节点重要度评价模型仍具有较大的研究潜力。基于层级结构的节点重要度评价方法根据电网站点的电压等级建立通信节点网络层次结构模型，考虑电网层级结构映射下的通信网节点业务传输过程，全面分析节点在不同电压传输层面下的重要程度，更加符合电力通信网业务流动状况。基于所有可能的最短传输路径分别分析节点三种层面节点重要性，最终在不同的层级权值下得到归一化后的节点综合重要度。本方法揭示了以电网层级结构为背景的通信节点之间的传输关联性，较为有效、全面地评价了节点的重要程度，对于不同重要度的节点予以的重视程度以及在网络发生故障时相应保护策略的实施都具有较大参考价值。

5.3.3.1 基于电压等级的通信网层级结构模型

网络层级结构模型的构建首先需明确提供通信服务的站点电压等级，支撑骨干通信网站点的电网站点电压等级在35kV及以上，目前主要划分为500kV、220kV、110kV及35kV四种。按照电压等级将节点分类，将处于相同电压等级电网节点覆盖下的通信网节点归为一类同层节点。根据高电压等级节点的汇聚作用以及低电压等级节点的业务接入特点，明确每一层节点与其他电压等级节点业务信息汇聚与下发的关系，构建网络层级结构模型，如图5-10所示。

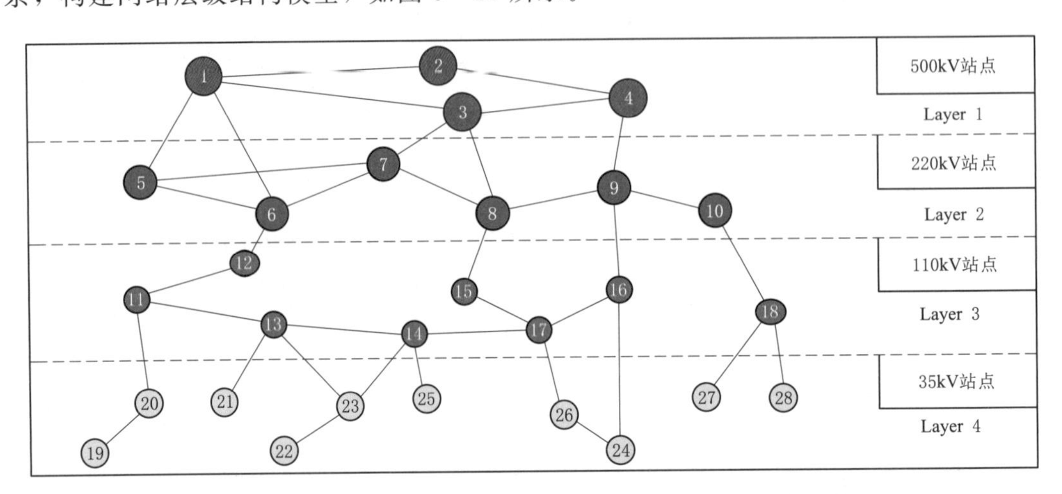

图5-10 基于电压等级的网络层级结构模型

图5-10所示的基于电压等级的网络层次结构图中，将所有通信站点与通信链路抽象成节点与边。按照电压等级由高到低的顺序将所有节点进行分层分类，节点对之间的所有链路分为层内与层间边集，层级网络结构图直观展示了任意层级的节点分布以及节点对间的连接情况。网络从上至下形成了一种具有多叶子结构的简单连通图，最高层的500kV节点1～4作为树根，是绝对的汇聚中心，树枝向下延伸至各220kV节点5～10、110kV节点11～18，两种节点同时具有汇聚以及接入作用，而最底层的35kV叶子节点19～28是绝对的接入节点。

5.3.3.2 节点中心性评价方法

1. 节点上层关联中心性

当通信节点向高电压等级站点上传业务流量的距离越短时，表明节点距网络核心位置越接近，上传效率越高，因此根据传输效率定义上层节点关联中心性为

$$R_i = \left| \frac{1}{V_i} \right| \sum_{j \in V_i} \frac{1}{d_{ij}} \tag{5-25}$$

式中 V_i——节点 i 的上层高电压等级节点交互集；

d_{ij}——节点 i、j 间的最短路径距离。

节点上层关联中心性主要基于节点的平均上传效率，与该节点承载的其他接入节

点数量多少无关。

2. 节点同层协作中心性

为分析观察该节点在相似节点中的位置关键度，定义节点同层协作中心性为

$$TC_i = p_i \cdot \frac{1}{|Q_i^k|} \sum_{j \in Q_i^k} \frac{1}{d_{ij}} \tag{5-26}$$

式中 Q_i^k——同层连通交互集，表示节点 i 所在同层电压等级电网节点覆盖下的通信网连通片 k 中的节点集；

p_i——节点同层连通率。

节点所处连通片越大，表明其与同层其他节点的聚合程度越高，交互强度越大，因而这些节点间的协作效率越高；与处于连通边缘的节点相比，位于连通片中心的节点传输效果最好。

3. 节点汇聚中心性

考虑实际的网络架构与通道可靠性，承载的接入节点越多，则节点的汇聚性越高。高层级节点一方面通过汇集直连接入节点自身产生的流量，另一方面也间接参与了很多下层接入节点的流量汇聚过程，因此定义节点汇聚中心性为

$$TZ_i = TR_i + LC_i \tag{5-27}$$

节点汇聚中心性 TZ_i 由节点同层汇聚中心性 TR_i 与节点下层汇聚中心性 LC_i 两部分组成，分别表示为

$$TR_i = \sum_{j \in S_i} (TR_j + R_j) \tag{5-28}$$

$$LC_i = \sum_{g \in L_i} (LC_g + R_g) \tag{5-29}$$

式中 S_i、L_i——与节点 i 直连的下层节点集合以及隶属于一种特殊汇聚方式的同层直连节点集合。

节点的汇聚中心性将由同层汇聚中心性与下层汇聚中心性共同决定。节点汇聚中心性关联了所有与之直连接入节点的汇聚中心性与关联中心性，作为自身的汇聚总量。

在计算节点汇聚总量的同时，重点统计所有接入节点的流量汇聚情况。总汇聚量较高，表明该节点负荷较重，其可靠运行对于保障网络负荷的完整性有重要作用。

最后，节点重要度将表示为

$$NI_i^0 = \omega'_1 R_i + \omega'_2 TC_i + \omega'_3 TZ_i \tag{5-30}$$

式中 ω'_1、ω'_2、ω'_3——节点上层关联中心性、节点同层协作中心性与节点汇聚中心性的权值。

在各中心属性权重的取值方面，考虑到虽然主观打分能较好地反映评估人员的主观倾向，但缺乏客观性，其评估结果往往波动较大。因此，先由评估人员给出一组权

重系数，再利用属性集之间的离差来修正相应的属性权重。离差反映了各中心属性在不同节点之间的数值差异，其值越大越能反映该属性的差异程度，否则认为该属性在各节点的区别不大，应减小相应属性的权值。假设由评估人员给出三组中心性的权重系数分别为 ω_1、ω_2、ω_3，节点 i 与其他节点关于中心性 j 的离差设为

$$h_{ij}=\sum_{k=1}^{n}\mid a_{ij}-a_{kj}\mid\omega_j \tag{5-31}$$

则可得出所有中心性 j 的总离散差 H_j，直至得出它们的修正系数 r_i。H_j 计算式为

$$H_j=\sum_{i=1}^{m}h_{ij}=\sum_{i=1}^{m}\sum_{k=1}^{n}\mid a_{ij}-a_{kj}\mid\omega_j \tag{5-32}$$

为方便运算，采用向量的形式来表示修正向量 $r=(r_1,r_2,\cdots,r_n)$。接下来对原权重系数进行修正，得到修正后的权重系数为

$$\varpi'=\{\omega_1',\cdots,\omega_n'\}=\left\{\frac{\omega_1'\times r_1}{\vec{\omega}\times\vec{r}},\cdots,\frac{\omega_n'\times r_n}{\vec{\omega}\times\vec{r}}\right\} \tag{5-33}$$

在分析节点中心性的过程中，利用原始数据分布修正权重系数，实现专家评估过程主观性的同时，也保证了评估的客观性和均衡性。

最后选取线性归一化方式将 NI 映射到区间 $[X,1]$ 上，为

$$\begin{aligned}NI_i'&=F\left(\frac{NI_i-\min\limits_{j\in V}(NI_j)}{\max\limits_{j\in V}(NI_j)-\min\limits_{j\in V}(NI_j)}\right)\\&=\frac{NI_i-\min\limits_{j\in V}(NI_j)}{\max\limits_{j\in V}(NI_j)-\min\limits_{j\in V}(NI_j)}(1-X)+X\end{aligned} \tag{5-34}$$

其中，X 的取值范围为 $(0,1)$，可避免出现 L_i 为0的不合理情况；同时，为直观体现节点拓扑重要度的差异，X 的取值不宜过大。骨干通信网节点重要度评价方法流程如图5-11所示。

5.3.4 基于节点影响力的电力通信网络薄弱点识别方法

节点影响力代表网络中节点对于网络抗毁性的影响程度，少数高影响力节点的瘫痪就可能导致网络整体的严重裂解甚至瘫痪。为确保通信网络在台风、地震、海啸等大规模自然灾害侵袭时能够尽量维持其连通性及骨干通信能力，使调度中心在恶劣自然环境下依旧能够保证充足的调度能力。

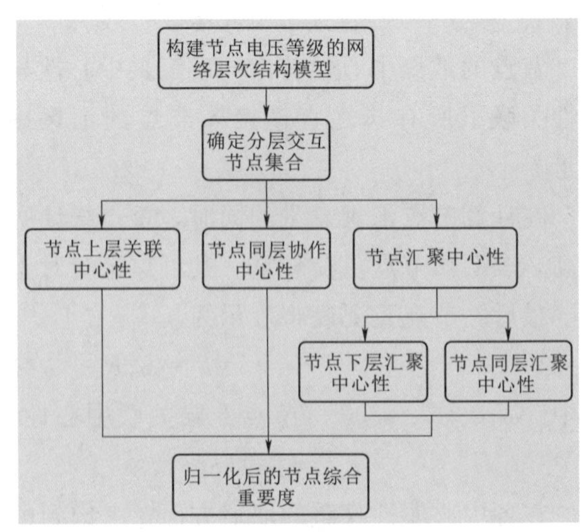

图5-11 骨干通信网节点重要度评价方法流程图

但电力通信网络拓扑结构复杂，节点的影响力也和多种因素相关，单纯凭借专家经验判断精确度有限，实际上设备状态变差的原因往往是由于网络结构的变更导致其影响力变大，运行压力剧增，因此这类节点的影响力往往相对较大且难以发现，结合多维指标体系，在研究现有多维分析方法的基础上，本方法基于设备运行状态计算其影响力，提出基于节点影响力的电力通信网络薄弱点识别方法。

5.3.4.1 通信网络薄弱环节分析

运行维护是电力网络建设的关键环节，传统的电力网络结构较为简单，其运维模式见表 5-1。

表 5-1 传统运维模式

运维环节	传统模式
服务对象	电网，监视采集为主＋少量控制＋流程
技术体制	线路交换为主＋少量分组交换
数据流向	单/双中心业务星型汇聚，上行为主
可靠性策略	“双重化配置”为核心思想，通道策略
安全策略	物理孤网，物理层防范
网络边界	源侧/业务系统物理边界清晰（电网并网点/资产界面）、少量，封闭
资源管理	对应电力调度分为内资源管理，地理区域相对固定，连续，粗放
建设方式	伴生电网，碎片式建设，频繁调整
发展原则	以保证可靠性为主要目标

从表 5-1 可知，传统的维护策略较为简单，主观性过强，适用于简单网络。随着泛在电力物联网的建设，海量设备融入电力专网，面向多维度异构电力大数据，网络薄弱环节主要存在以下问题：

（1）数据管理粗放固化。传统的通信资源分配较为粗放，数据资源管理欠缺，统计性数据溯源、衍生难度较大；数据共享性，统一性弱；历史数据容易缺失，大大增加了网络关键节点的筛选难度。

（2）数据分析的精准度欠缺。随着通信网络规模的不断扩大，电力数据的多源性及异构性不断上升，传统模式的数据分析能力较弱，定性为主，定量薄弱，数据分析的维度、广度、精度不足，急需改进。

（3）决策过分依靠专家经验，缺乏科学的量化方法作为辅助。传统的决策模式过分依靠专家经验，主观性过强，当前电力网络体量较大，单纯依靠个人经验已经不足以应对复杂多变的电力网络，需要科学的量化方法作为辅助。

从上述分析可以看出，在没有合理的量化方法作为辅助的前提下，单纯依靠专家经验，网络分析难度较大，急需可靠的分析方法加深对历史数据的挖掘，在充分研究现有多维分析方法的前提下，结合多维通信网络发展状况指标体系，本小节提出基于节点影响力的电力通信网络薄弱点识别方法，使得电力公司在需要进行关键节点维护时有据可循。

5.3.4.2 多属性决策模型

本算法不考虑电力通信网各节点容量等因素的影响，将全部节点视为无差别节点，将电力通信网抽象为一个无向无权的复杂网络。假设网络 $G=(V,E)$ 是由 $|V|=N$ 个节点和 $|E|=M$ 条边组成的无向网络。节点度指与节点相连的网络节点的数目，反映了节点与整体网络的连接程度，表征了网络拓扑局部连通性，网络中任意一个节点 i 的度 k_i 可表示为

$$k_i=\sum_{j\in G}\delta_{ij} \tag{5-35}$$

其中

$$\delta_{ij}=\begin{cases}1, & i\text{ 到 }j\text{ 有连接}\\ 0, & i\text{ 到 }j\text{ 没有连接}\end{cases} \tag{5-36}$$

多属性决策系统一般用于解决多个属性或指标情况下，最佳备选方案的选择问题，是用来确定属性权重的重要方法之一。本节选择多属性决策方法来确定不同指标之间的权重，以得到指标组合的最优方案，具体算法为

$$E_j=-\frac{1}{\ln m}\sum_{i=1}^{m}\frac{r_{ij}}{\sum\limits_{i=1}^{m}r_{ij}}\ln\frac{r_{ij}}{\sum\limits_{i=1}^{m}r_{ij}} \tag{5-37}$$

$$w_j=\frac{1-E_j}{n-\sum\limits_{j=1}^{n}E_j} \tag{5-38}$$

式中 r_{ij}——第 j 个指标的第 i 个属性值；

m——属性值的个数；

n——不同指标的个数；

w_j——第 j 个指标的权重。

1. 站点影响力

本算法主要从二级度、聚类系数、电压等级三个方面对电力通信网中的站点影响力进行评价，避免了以往研究中只对电力通信网节点拓扑位置属性评价节点影响力的局限。电压等级和节点位置属性分别根据节点中实际运行所处电网中的电压等级等因素衡量节点的重要程度，使评价结果更加客观全面。

节点的二级度 f_i 反映了节点自身度与其邻居节点度之和，计算式为

$$f_i=k_i+\sum_{w\in\Gamma_i}k_w \tag{5-39}$$

式中 k_w——节点 w 的度；

Γ_i——节点 i 的邻居节点集合。

聚类系数描述网络中节点与其邻居节点之间的相互连接，反映了节点周围三角结构的存在情况，是描述节点邻居之间连通能力指标，计算式为

$$c_i = \frac{2e_i}{k_i(k_i - 1)} \tag{5-40}$$

式中 e_i——节点 i 邻居节点的连边数。

电压等级主要有 500kV、220kV、110kV、35kV 及以下，根据电压等级与站点影响力的关系，节点电压属性量化方法见表 5-2。

表 5-2　节点电压属性量化方法

电压等级	500kV	220kV	110kV	35kV 及以下
电压属性	4	3	2	1

节点影响力的计算是网络拓扑结构诊断的前提，网络中的每个节点根据其影响程度对网络有不同的影响。优先维护网络中影响较大的节点是提高网络影响力的有效途径。在计算节点影响的过程中，首先考虑节点度，它是判断节点影响的重要指标，反映了节点邻域的大小，并强调节点自身属性的影响。由于电力通信网节点稀疏、无标度，其节点度大多为 1 或 2，只有少数节点的度较大且多为星型分布，因此本方法采用度指数作为判断节点影响的条件。在电力通信网中，节点发生故障后，能否找到一条路径继续完成业务传输也是判断节点影响的重要依据。因此，本小节提出节点影响评价指标 q_i，计算式为

$$q_i = w_z \frac{z_i}{\sqrt{\sum_{j=1}^{N} z_j^2}} + w_g \frac{g_i}{\sqrt{\sum_{j=1}^{N} g_j^2}} + w_l \frac{l'_i}{\sqrt{\sum_{j=1}^{N} (l'_j)^2}} \tag{5-41}$$

式中 w_z、w_g 及 w_l——根据多属性决策模型确定的权值。

z_i 是节点度 k_i 归一化后的结果，计算式为

$$z_i = \frac{h_i - \min(h_i)}{\max(h_i) - \min(h_i)} \tag{5-42}$$

h_i 表示为

$$h_i = \frac{k_i}{N-1} \tag{5-43}$$

式中 N——节点总数。

聚类系数 g_i 表示为

$$g_i = \frac{\max\limits_{1 \leqslant j \leqslant N}\left\{\frac{c_j}{k_j}\right\} - \frac{c_i}{k_i}}{\max\limits_{1 \leqslant j \leqslant N}\left\{\frac{c_j}{k_j}\right\} - \min\limits_{1 \leqslant j \leqslant N}\left\{\frac{c_j}{k_j}\right\}} \tag{5-44}$$

式中 c_j——节点 j 的聚类系数。

归一化后的电压系数 l_i' 表示为

$$l_i' = \frac{\max\limits_{1 \leqslant j \leqslant N}\{l_j\} - l_i}{\max\limits_{1 \leqslant j \leqslant N}\{l_j\} - \min\limits_{1 \leqslant j \leqslant N}\{l_j\}} \tag{5-45}$$

式中　l_j——节点 j 的电压等级所对应的属性。

电压属性量化了节点的电压等级，在层次化结构的电网中高电压等级节点的地位十分重要，应具有较高的保护优先级。度指标描述了节点的邻居规模，反映了网络与节点之间的连接程度。节点的度数越大，与整个网络的连接边数量越多，这表示网络的邻域越大。然而，仅考虑节点的邻域大小并不能反映节点与其邻域之间的结构特征。聚类系数描述了节点周围存在的三角形结构。节点周围的三角形结构越多，其相邻节点之间的边数越多，节点相邻节点之间的连接越紧密。为了更准确地测量节点的影响，本节考虑了节点度信息，并结合节点周围存在的三角形结构，使测量结果更加可靠。由于不同指标对节点影响的贡献不同，根据多属性决策理论，属性值的相似度越高，属性对决策结果的影响越小。因此，本节算法根据不同指标属性值的相似性来确定其对节点影响的贡献。

聚类系数反映了节点之间的紧密度，而节点度更侧重于反映节点的规模，所以本节对这两个指标使用同趋化函数 $u(x)=\frac{x}{\sum x^2}$ 进行处理，使得 q_i 反映同一个节点上两个不同性能相互作用效果。

2. 设备影响力

通信设备的影响力评估指标与站点评估有所不同，主要从老化程度、带宽压力、故障次数三个方面对通信网络中的设备影响力进行评价，避免了以往研究中只对设备性能属性评价节点影响力的局限，使评价结果更加客观全面。

设备的老化程度与运行时间和冗余度有关，计算式为

$$n_i = \frac{1}{r_i}\log_2\left(1 + \frac{t_i}{T_i}\right) \tag{5-46}$$

式中　t_i——设备 i 的运行年数；

T_i——设备 i 的老化年限，当设备运行年限超过老化年限时即判定该设备处于老化状态，t_i 与 T_i 二者比值可以直观地量化设备老化程度；

r_i——设备冗余度，具体指同构设备数量，如设备采用“1＋1”备份方式时该设备的冗余度为 2，冗余度越大设备的脆弱性越低。

此外，带宽压力也可直观地表现设备的脆弱性，一般高性能通信设备往往会部署在数据流较为集中的站点，这些设备的稳定性对于网络的重要性不言而喻，设备相对带宽压力计算式为

$$l_i' = \frac{l_i - \min\limits_{1 \leqslant j \leqslant N}\{l_j\}}{\max\limits_{1 \leqslant j \leqslant N}\{l_j\} - \min\limits_{1 \leqslant j \leqslant N}\{l_j\}} \tag{5-47}$$

式中　l_i——设备 i 的带宽使用情况，是其已用带宽和最大带宽的比值；

l_i'——l_i 经过式（5-47）归一化后的数值。

同理，设备故障次数的归一化方法如下，其中 f_i 代表设备 i 的检修次数为

$$f_i' = \frac{f - \min\limits_{1 \leqslant j \leqslant N}\{f_j\}_i}{\max\limits_{1 \leqslant j \leqslant N}\{f_j\} - \min\limits_{1 \leqslant j \leqslant N}\{f_j\}} \tag{5-48}$$

综合考虑设备的老化程度、带宽压力、故障次数三个方面对通信设备的影响力，计算式为

$$p_i = w_l \frac{l_i'}{\sqrt{\sum\limits_{j=1}^{N}(l_j')^2}} + w_b \frac{f_i'}{\sqrt{\sum\limits_{j=1}^{N}(f_j')^2}} + w_c \frac{n_i'}{\sqrt{\sum\limits_{j=1}^{N}(n_j')^2}} \tag{5-49}$$

式（5-49）对这三个指标使用同趋化函数 $u(x) = x/(\sum x^2)$ 进行处理，处于高电压站点、冗余性较差、老化率较高、带宽压力大、故障率较高的通信设备将从大量设备中被筛出，辅助调度人员制定下一步规划。

参　考　文　献

[1] Wang XiaoFan. Complex networks：topology，dynamics and synchronization [J]. International Journal of Bifurcation & Chaos，2002，12（5）：885-916.

[2] 朱涵，王欣然，朱建阳. 网络“建筑学”[J]. 物理，2003，32（6）：364-369.

[3] 吴金闪，狄增如. 从统计物理学看复杂网络研究 [J]. 物理学进展，2004，24（1）：18-46.

[4] 刘涛，陈忠，陈晓荣. 复杂网络理论及其应用研究概述 [J]. 系统工程，2005，23（6）：1-7.

[5] 史定华. 网络——探索复杂性的新途径 [J]. 系统工程学报，2005，20（2）：115-119.

[6] Stelzl U，Worm U，Lalowski M，et al. A human protein-protein interaction network：a resource for annotating the proteome [J]. Cell，2005，122（6）：957-968.

[7] Heuvel M P V D，Pol H E H. Exploring the brain network：A review on resting-state fMRI functional connectivity [J]. Eur Neuropsychopharmacol，2010，20（8）：519-534.

[8] 盛成玉，高海翔，陈颖，等. 信息物理电力系统耦合网络仿真综述及展望 [J]. 电网技术，2012，36（12）：100-105.

[9] 张棵. 基于相依网络理论的通信网对电力网鲁棒性的影响分析 [D]. 成都：西南交通大学，2014.

[10] 李稳国，邓曙光，李加升，等. 智能电网中信息网与物理电网间连锁故障的防御策略 [J]. 高电压技术，2013，11：2714-2720.

[11] 吴润泽，张保健，唐良瑞. 双网耦合模型中基于级联失效的节点重要度评估 [J]. 电网技术，2015，39（4）：1053-1058.

[12] 张保健. 复杂大电网中基于级联失效的双网可靠性分析 [D]. 北京：华北电力大学，2015.

[13] 李莉，朱正甲，宋欣桐，等. 基于业务的电力通信网重要节点辨识 [J]. 电力信息与通信技术，2018，16 (6)：62－66.

[14] 肖盛，张建华. 基于小世界拓扑模型的电网脆弱性评估 [J]. 电网技术，2010，34 (8)：64－68.

[15] 钟嘉庆，李颖，卢志刚. 基于属性综合评价方法的电网脆弱性分析 [J]. 电力系统保护与控制，2012，40 (2)：17－22.

[16] Yagan O，Qian D，Zhang J，et al. Optimal allocation of interconnecting links in cyber－physical systems：Interdependence，cascading failures，and robustness [J]. Parallel and Distributed Systems，IEEE Transactions，2012，23 (9)：1708－1720.

[17] 蔡泽祥，王星华，任晓娜. 复杂网络理论及其在电力系统中的应用研究综述 [J]. 电网技术，2012，36 (11)：114－121.

[18] 唐明，崔爱香，龚凯. 关注耦合网络及其传播动力学研究 [J]. 复杂系统与复杂性科学，2011，8 (2)：87－91.

[19] Kurant M，Thiran P. Error and attack tolerance of layered complex networks [J]. Phys Rev E，2007，76 (2)：026103.

第6章

电力通信网诊断分析方法

6.1 概述

分析地市级电力通信骨干网在某一段时间内的发展情况，找到影响发展的不利因素，需要对电力通信网建立全面、合理的诊断体系。为此，本章首先介绍了可拓学理论基础及几种常见的电力通信网诊断分析方法，从电力通信网在该阶段下的发展水平、拓扑水平、业务水平、运行水平等多个层次对电力通信网进行剖析，最终得出电力通信网的诊断结果，为电力通信网诊断提供可行且优质的方案，对确定电力通信网重点建设方向具有重要参考意义。

6.1.1 电力通信网诊断原则

通过诊断目的选取合理的、不同层次的诊断指标，构建符合实际的诊断指标体系。在对电力通信网进行诊断分析时，需要遵循以下原则：

(1) 科学性原则。科学性是指标体系建立的前提。对指标的选择、数据的采集和处理以及指标模型的建立都需要科学的理论作为指导。同时还要结合电力通信网所处的实际地理环境、发展情况，构建科学的指标体系和诊断方法，来反映电力通信网实际发展情况和未来重点建设方向。

(2) 全面性原则。指标体系的构建要覆盖电力通信网诊断的各个方面。最终的诊断指标体系，需要考虑电力通信网发展水平、拓扑水平、业务水平、运行水平等多个层次指标，对于每个层次中指标的选取要充分遵循全面性原则。

(3) 严谨性原则。指标生成算法根据规范不同而产生差异，因此数据样本采集、留存是根本。相关研究的相同性质定义应相同，避免交叉沟通障碍，如电网的 $N-1$、$N-2$ 通过率，配电自动化中的覆盖率等。

(4) 系统性原则。电力通信网诊断指标体系是一个多层次、多指标的复杂指标系统，每层指标既相互影响又相互独立。相互影响是因为各层指标不能独立存在，对于每一层指标都会受到其他层指标的影响；相互独立是要去除指标的冗余，排除信息上的重复性。

（5）可操作性原则。可操作性指对于指标设置的准确性、指标数据的可获得性，尽量选取可以包含网络全部信息的指标，同时避免过多的指标冗余，比如具有代表性的电力通信网记录数据，以及与国家标准、行业标准对比的统计数据等，方便对数据进行分析与研究。对于指标的选取应该具有针对性、明确性，既要体现电力通信网的网络特点，又要方便进行分析，同时还要考虑与相关模型、相关研究的数据共用机制以及数据的可核验性。

（6）典型性原则。电网、电力通信网千差万别，但在一定范围内仍存在典型特征，典型信息、典型结构的提取对网络的整体设计至关重要。

（7）差异性原则。构建电力通信网发展水平、拓扑水平、业务水平、运行水平等各层诊断指标要考虑诊断地区网络的实际情况，如天气因素、环境因素、网络破坏因素等，同时，不同的地区经济发展水平对于电力通信网的诊断结果也会造成影响。此外，电网的结构特性、市场需要也会对电力通信网的诊断结果造成影响。

（8）动态性原则。考虑到电力行业的特殊性，地区电网的发展是一个动态的过程。在地区电网，不同的发展阶段会有不同的发展要求及评价标准，不同的诊断目标也会有不同的指标聚合形式，诊断方法、权值也会随之变化，因此诊断应具备动态调整能力。相应的评价方法也要具有较强的可变性，从而客观反映地市级电力通信网发展时效性特征。

（9）适应性原则。反映同类问题的指标根据统计口径和算法不同，其数据差距也不同，因此应根据诊断目标的不同选取不同的指标。如光缆的长度比和条数比的不同应用，应确保客观、准确地表述问题。

6.1.2 电力通信网诊断分析技术路线

对电力通信网进行诊断分析的关键是根据所选取的指标建立符合实际需求的指标体系，分析电力通信网现阶段发展现状，挖掘电力通信网目前主要存在的问题及薄弱环节，并提出有针对性的合理化建议。

诊断分析步骤可以分为：

（1）构建电力通信网诊断指标体系。这是网络诊断的基础环节，指标体系构建的合理性是诊断结果的重要影响因素。

（2）收集所需数据，并对数据进行归一化处理。根据诊断体系的需要进行数据收集工作，然后对指标进行无量纲化处理。

（3）确定指标权重。确定指标权重是诊断分析的关键一步，对于诊断分析的准确性有着至关重要的作用。

（4）选取诊断分析方法。目前其他领域已经有大量的诊断分析方法，但电力通信网有着本行业的特性，并非所有的诊断分析方法对电力通信网诊断都适用。电网及电力通信网的可持续发展的诊断分析方法应该符合影响因素多、发展较快的行业特性，在选取评级的指标之后，需要对所选取的指标体系进行诊断分析。

（5）结果分析。根据诊断结果对网络发展水平从不同的角度分别分析，再根据多目标进行融合，得出地市级骨干通信网的发展状态。

电力通信网诊断分析流程图如图 6-1 所示。

电力通信骨干网诊断是根据当地电网的发展情况，对电力通信网络的现状（如规模、健康、支撑等）进行诊断和评估。根据不同的诊断需求，可以从多目标、多层次的指标体系中提取相应的指标，建立不同的诊断模型，进行有针对性的诊断，如全景指标诊断、局部（节点）分析、网络效用诊断等，从而得出诊断结论。其诊断分析技术路线如图 6-2 所示。

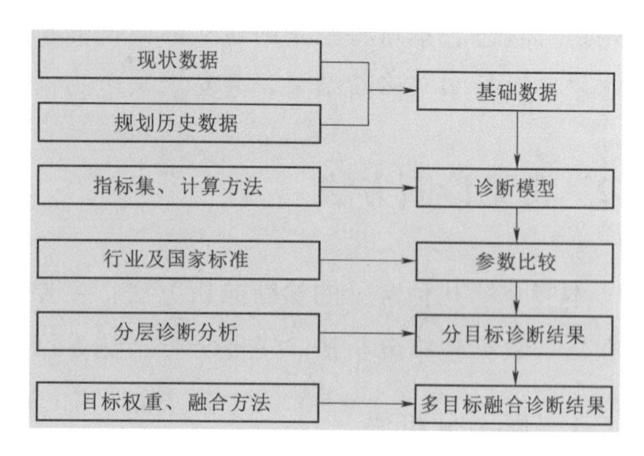

图 6-1　电力通信网诊断分析流程图

电力通信网诊断指标体系中的发展水平指标主要针对光缆和设备的应用现状进行诊断分析，分析电力通信网的发展水平；电力通信网拓扑水平诊断是电力通信网诊断的重要组成部分，网络的拓扑水平可以反映网络的拓扑结构状态、网络连通性、网络抗毁性等重要性能指标；电力通信网的业务水平诊断主要针对网络中所传输的业务种类、承载率等指标进行诊断分析，准确把握业务水平情况；电力通信网的运行水平诊断主要针对网络的运行状态，根据电力通信网发生故障的概率及故障时长，分析电力通信网运行水平。电力通信网诊断指标体系如图 6-3 所示。

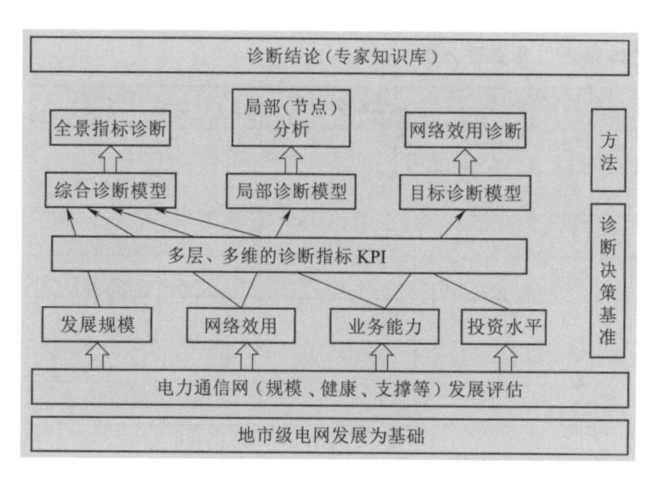

图 6-2　诊断分析技术路线图

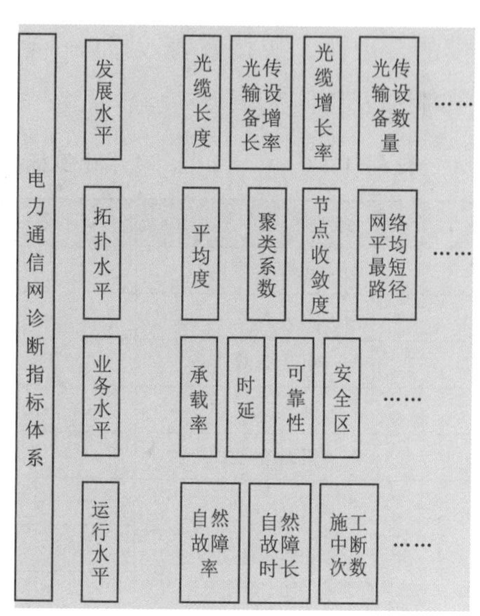

图 6-3　电力通信网诊断指标体系

电力通信网发展水平诊断结果可分为等级1、等级2、等级3、等级4、等级5五个等级，分别代表着差、合格、中等、良好、优秀。对电力通信网发展水平、拓扑水平、业务水平、运行水平进行诊断是电力通信网诊断的重要环节，分别对网络的发展现状、拓扑状态、业务能力、运行故障情况做出准确诊断分析，准确把握我国电力通信网运行状态。本章将主要通过实际案例分析电力通信网的发展水平、拓扑水平、业务水平、运行水平诊断结果，并对未来电力通信网建设做出指导性建议。

6.2 常见诊断方法

本节介绍几种常见的诊断分析方法，主要包含层次分析法、模糊综合评价法、反熵权法、数据包络分析法、主成分分析法、D-S证据理论法、TOPSIS法。

6.2.1 层次分析法

层次分析法是一种将决策问题的相关要素分解为目标、准则、方案等层次，并在此基础上进行定性和定量分析的决策方法。其基本思想是通过建立清晰的层次结构来分解复杂问题，引入测量理论，通过使用相对尺度两两比较来标准量化人们的判断，并逐层建立判断矩阵，然后求解判断矩阵的权重，最后计算方案的综合权重。主要步骤如下：

（1）分析评价体系中包含的因素。根据各因素之间的相关性、影响性和隶属关系，将各因素按不同层次进行聚合和组合，形成多层次结构模型。

层次分析法的核心问题是建立一致合理的判断矩阵。判断矩阵的合理性取决于规模的合理性。所谓量表，指评价者对各评价指标重要性水平差异的量化值。比例标度值体系表具体见表6-1。

表6-1　比例标度值体系表（重要性分数 x_{ij}）

取值含义	1～9标度	5/5～9/1标度	9/9～9/1标度
i与j同等重要	1	1	1
i与j较为重要	3	1.5	1.286
i与j更为重要	5	2.33	1.8
i与j强烈重要	7	4	3
i与j极端重要	9	9	9
介于上述相邻两级之间重要程度的比较	2	1.222	1.125
	4	1.875	1.5
	6	3	2.25
	8	5.67	4.5

(2) 初始权重通常通过定性和定量分析相结合来确定。将研究的目的、确定的指标以及指标重要性定量标准发送给多个专家，由专家对各评价指标独立赋予相应的权重。根据专家给出的各指标权重，分别计算各指标权重的 E 和 σ，将所得结果反馈给专家，并请专家根据反馈结果再次修改指标权重。重复上述操作步骤，直到每个专家为每个评价指标确定的权重趋于一致，从而获得初始指标权重系数。

(3) 依据专家组给出的初始权重系数构建判断矩阵 $\boldsymbol{X}$，元素 x_{ij} 表示指标 i 与 j 比较后所得的标度系数；接着计算判断矩阵 $\boldsymbol{X}$ 中的每一行各标度数据的几何平均数，记作 w_i；之后通过公式 $w_i'=\dfrac{w_i}{\sum_{i=1}^{n} w_i}$ 进行归一化处理，依据计算结果确定各个指标的权重系数。

(4) 判断矩阵的一致性主要针对当需要确定权重的指标较多时，矩阵的初始权重系数可能存在的相互矛盾的情况。当权重由多个指标共同决定时，只有通过一致性检验，才能认为所得到的各项指标的权重系数是可信的。

6.2.2 模糊综合评价法

模糊综合评价法是一种基于模糊数学的综合评估方法。根据模糊数学的隶属理论，模糊综合评价法将定性评价转化为定量评估，即模糊数学用于全面评估对受多种因素制约的事物或物体。具有结果明确、系统性强的特点，能较好地解决模糊性和难以量化的问题，适用于各种不确定问题的求解。模糊综合评价法广泛应用于服务质量、网络性能等方面的评估。主要步骤如下：

(1) 确定评价指标集 $\boldsymbol{U}=(u_1,u_2,\cdots,u_n)$。将不同量纲的指标,通过适当的变换,转换为无量纲的标准化指标的过程称为指标的无量纲化处理,也就是定量指标量化的过程。x_{ij} 为第 i 个指标 x_i 的观测值,归一化公式为

$$x_{ij}^{*}=\frac{x_{ij}}{\sum_{i=1}^{n} x_{ij}} \tag{6-1}$$

(2) 确定影响因素权重。确定评价因素集中元素的权重 $\boldsymbol{A}=(w_1,w_2,\cdots,w_n)$是评价的核心。

(3) 确定评语集。评语集 $\boldsymbol{V}=(v_1,v_2,\cdots,v_m)$是对评判对象可能做出的各种评价结果所组成的集合。

(4) 确定隶属关系及隶属度，建立模糊关系矩阵。通过寻找因素集中元素与评语集中元素的隶属关系，建立隶属函数，确定隶属度。若单个因素构成的评判向量为 $\boldsymbol{R}_i=(r_{i1},r_{i2},\cdots,r_{im})$，则所有单因素的模糊向量构成因素模糊评判矩阵为

$$R=\begin{bmatrix}R_1\\R_2\\\vdots\\R_n\end{bmatrix}=\begin{bmatrix}r_{11}&r_{12}&\cdots&r_{1m}\\r_{21}&r_{22}&\cdots&r_{2m}\\\vdots&\vdots&\vdots&\vdots\\r_{n1}&r_{n2}&\cdots&r_{nm}\end{bmatrix}$$

确定隶属度：简单方法有等级比重法，即用若干个指标对评价对象所属等级做出判断，然后将根据第 i 个指标判定为第 j 个等级的人数与全部评价者人数的比值作为 r_{ij}。

（5）确定模糊综合评价指标。将因素模糊评判矩阵与各个因素的权重集进行模糊运算，即得到模糊综合评价指标为

$$B=AR=[w_1\quad w_2\quad\cdots\quad w_n]\begin{bmatrix}r_{11}&r_{12}&\cdots&r_{1m}\\r_{21}&\cdots&r_{22}&r_{2m}\\\vdots&\vdots&\vdots&\vdots\\r_{n1}&r_{n2}&\cdots&r_{nm}\end{bmatrix}=[b_1\quad b_2\quad\cdots\quad b_m]$$

（6）评价结果。等级参数评判法：设法将模糊子集 $\boldsymbol{B}$ 转化为一个分值，根据这个分值来划级或排序，因此需要给出一组关于等级的参数值，即等级参数向量 $\boldsymbol{W}=(w_1,w_2,\cdots,w_m)$。并且确定等级划分分数线的标准之后，即可根据各等级的总分比较最优值来断定业务服务质量所属等级为

$$S=B\times W=\sum_{j=1}^{m}B_jW_j$$

6.2.3 反熵权法

由于熵值可以反映指标的无序程度，因此可以根据指标的内部特征对指标进行加权。信息熵值越小，指标的分散度越大，指标对综合评价的影响（即权重）越大。它是客观赋权的一种重要方法。反熵权法认为指标的差异越大，反熵越大，对应的权重越高。

假设有 m 项评价指标，n 个评价对象。反熵权法的赋权步骤如下：

（1）指标预处理。在相同的条件下对不同业务进行评价，其结果往往很不公平。为适应不同条件间的差异，需要对不同指标进行预处理操作，具体模型为

$$c_{ij}=\frac{\min\{x_{ij},a_{ij}\}}{\max\{x_{ij},a_{ij}\}}\times 100\% \tag{6-2}$$

式中 x_{ij}——第 j 个对象的第 i 项指标的实际值；

a_{ij}——第 j 个对象的第 i 项指标的目标值；

c_{ij}——第 j 个对象的第 i 项指标预处理后的指标值，反映该对象实际值与目标值的达标程度。

预处理后得到的评价指标矩阵为

$$C=\begin{bmatrix} c_{11} & c_{12} & \cdots & c_{1n} \\ c_{21} & c_{22} & \cdots & c_{2n} \\ \vdots & \vdots & \vdots & \vdots \\ c_{m1} & c_{m2} & \cdots & c_{mn} \end{bmatrix} \tag{6-3}$$

（2）确定反熵。由评价指标矩阵 C 确定各指标反熵的公式为

$$h_i' = -\sum_{i=1}^{n} r_{ij}\ln(1-r_{ij}) \tag{6-4}$$

$$h_i'' = -\sum_{i=1}^{n} (1-r_{ij})\ln r_{ij} \tag{6-5}$$

其中
$$r_{ij}=c_{ij}/\sum_{j=1}^{m} c_{ij}$$

（3）确定权重。使用式（6-1）对 h_i' 和 h_i'' 进行归一化操作，可得到两类反熵的权重 w_i' 和 w_i''，公式为

$$w_i' = h_i'/\sum_{i=1}^{m} h_i' \tag{6-6}$$

$$w_i'' = h_i''/\sum_{i=1}^{m} h_i'' \tag{6-7}$$

6.2.4 数据包络分析法

数据包络分析法是一种定量分析方法，根据多个输入指标和多个输出指标，使用线性规划方法评估同类型可比数据的相对有效性。在数据包络分析法中，每个输入和输出的权重不是根据评价者的主观判断确定的，而是根据实际数据得出最优权重，消除了人为因素造成的偏差，具有较强的客观性。其主要步骤如下：

（1）确定评价指标集和评价等级集。设 $\boldsymbol{A}=(A_1,A_2,\cdots,A_n)$ 为对象集，$\boldsymbol{B}=(B_1,B_2,\cdots,B_m)$ 为评价指标集，m 为评价指标的个数，n 为待评价对象数目；$\boldsymbol{C}=(C_1,C_2,\cdots,C_k)$ 为评价等级集，k 为评价等级的个数，通常情况下 $k\in[3,5]$。

（2）构造评价指标的隶属度矩阵。针对每一个评价指标 $B_j(j=1,2,\cdots,m)$，构造模糊关系矩阵 $\boldsymbol{R}_j(j=1,2,\cdots,m)$，则 $\boldsymbol{R}_j$ 为 B_j 的隶属度矩阵。首先对第 i 个评价对象 A_i 作单对象评判，评价指标 B_j 被评价为等级 $C_h(h=1,2,\cdots,k)$ 的隶属度可表示为 r_{ijh}，可得到评价对象 A_i 的单对象评判向量 $\boldsymbol{r}_{ij}=(r_{ij1},r_{ij2},\cdots,r_{ijk})(i=1,2,\cdots,n;j=1,2,\cdots,m)$，则 n 个 A_i 的属于统一等级 j 的评判向量就构成一个新的隶属度矩阵 $\boldsymbol{R}_j$，即

$$\boldsymbol{R}_j=\begin{bmatrix} \boldsymbol{r}_{1j} \\ \boldsymbol{r}_{2j} \\ \vdots \\ \boldsymbol{r}_{mj} \end{bmatrix}=\begin{bmatrix} r_{1j1} & \cdots & r_{1jk} \\ \vdots & \ddots & \vdots \\ r_{mj1} & \cdots & r_{mjk} \end{bmatrix}$$

(3) 确定最优目标函数值矩阵。它是针对每一个决策单位建立对其最有利的数学规划矩阵，通过解其最优解来判断对目标决策的有效性，本项目选择DEA模型，即

$$\boldsymbol{H}=(\boldsymbol{H}_1, \boldsymbol{H}_2, \cdots, \boldsymbol{H}_n)=(h_{ij})_{m\times n}=\begin{bmatrix} h_{11} & \cdots & h_{1n} \\ \vdots & \ddots & \vdots \\ h_{m1} & \cdots & h_{mn} \end{bmatrix}$$

(4) 综合评价结果的确定。将第 i 个对象 $A_i(i=1,2,\cdots,n)$ 与所有评价指标的最优目标函数值 h_{ij} 相乘，可得到该综合评价结果 g_i 为

$$g_i=\prod_{j=1}^{n} h_{ij}(i=1,2,\cdots,m) \tag{6-8}$$

6.2.5 主成分分析法

在多指标研究中，由于变量数量庞大，且变量之间存在一定的相关性，收集的数据所反映的信息会有一定程度的重叠，针对这种情况，可采用主成分分析法。主成分分析法是通过正交变换将一组可能具有相关性的变量转换为一组线性不相关变量的多元统计分析方法。它采用降维算法和一定的筛选方法，选择小于原始变量个数的主要综合因子来表示多个原始变量，使这些综合因子尽可能地反映原始变量的信息量，且相互不相关，它可以解决几乎所有的复杂综合评价问题。

假设有 n 个评价对象和 m 个评价指标，使用主成分分析法确定权重的基本步骤如下：

(1) 采集数据获得指标原始数据，并对指标原始数据进行归一化处理，构造判断矩阵 $\boldsymbol{X}=(x_{ij})_{m\times n}$。Z-Score法是一种数据归一化处理方法，适用于评价对象数目庞大的情况，所以在此利用Z-Score法对原始指标数据进行标准化处理，即

$$Z_{ij}=\frac{x_{ij}-\overline{x_j}}{S_j} \tag{6-9}$$

其中 $\overline{x_j}=\sum_{i=1}^{n} x_{ij}/n$；$S_j=\sum_{i=1}^{n}(x_{ij}-\overline{x_j})^2/(n-1)$；$i=1,2,\cdots,n$；$j=1,2,\cdots,m$

(2) 求指标相关矩阵 $\boldsymbol{R}=(r_{jk})_{m\times m}$ (j, $k=1$, 2, $\cdots$, m)，r_{jk} 为指标 j 与指标 k 的相关系数，计算公式为

$$r_{jk}=\frac{1}{n-1}\sum_{i=1}^{n}\frac{(x_{ij}-\overline{x_j})^2}{S_j}\frac{(x_{ik}-\overline{x_k})^2}{S_k}=\frac{1}{n-1}\sum_{i=1}^{n} Z_{ij}Z_{ik} \tag{6-10}$$

特殊的，当 $r_{jj}=1$ 时，$r_{jk}=r_{kj}$。

(3) 确定主成分。求得相关矩阵 $\boldsymbol{R}$ 的 m 个特征根，即主成分方差将这些特征根排序为 $\lambda_1\geqslant\lambda_2\geqslant\cdots\geqslant\lambda_m\geqslant 0$，特征根的大小代表了各个主成分在被评价对象中所起作用的大小。

(4) 根据各个评价指标对方差的贡献率，确定主成分个数 k。k 值由方差贡献率

$\sum_{j=2}^{k}\lambda_j / \sum_{j=1}^{m}\lambda_j \geqslant 85\%$ 来决定。这样既保证了用于综合评价的主成分（$k<m$）尽量少，同时还可以使损失的信息量最少。

（5）确定主成分指标值（F_{ij}）$_{n\times m}$。由特征方程得到各个特征根对应的特征向量 $\boldsymbol{L}_j=(l_{j1},l_{j2},\cdots,l_{jm})(j=1,2,\cdots,m)$。

则各主成分的指标值为特征向量与标准化后的指标变量乘积之和，即

$$F_{ij}=l_{j1}Z_{i1}+l_{j2}Z_{i2}+\cdots+l_{jm}Z_{im} \tag{6-11}$$

（6）主成分指标的权重为

$$w_j=\frac{\lambda_j}{\sum_{j=1}^{k}\lambda_j}$$

6.2.6 D-S证据理论法

D-S证据理论诞生于20世纪60年代，它能够考虑并处理不确定事件，具有直接表达不知道、不确定的能力。面对一件事的结果，概率论认为非此即彼，如明天是否会下雨，概率论会给出下雨的概率为0.6，则不下雨的概率为0.4。而证据理论则会考虑我们不知道的情况，即信任明天下雨的值为0.6，不知道明天下不下雨给出0.4，通过明确考虑不知道、不确定情形进行推导结论。

D-S证据理论的具体步骤如下：

（1）确定假设空间（也称为识别框架）。针对问题，设集合 D 为人们认为的可能结果的集合，x 为集合元素；A 为命题，即子集。

在证据理论中，若 D 的任何一个子集 A 都对应于一个关于 x 的命题，则称该命题“x 是在 A 中”。

例：设 x 为所看到的颜色，$D=\{$红,黄,蓝$\}$，则

$A=\{$红$\}$表示“x 是红色”；

$A=\{$红,蓝$\}$ 表示“x 或者是红色，或者是蓝色”。

（2）确定基本概率分配，即获得每种情况发生的概率，mass(M) 为概率分配函数，mass(A) 为概率。

定义：设函数 M：$2^D\rightarrow[0,1]$ （对任何一个属于 D 的子集 A，命它对应一个数 $M\in[0,1]$）且满足：$M(\varnothing)=0$；$\sum_{A\subseteq D}M(A)=1$，其中$\varnothing$表示空集。

其中 M 为 2^D 上的基本概率分配函数；$M(A)$ 为 A 的基本概率函数。

（3）信任函数：表示对命题的信任程度。命题的信任函数 Bel 可表示为

$$2^D\rightarrow[0,1] \text{ 且 } Bel(A)=\sum_{B\subseteq A}M(B)\ \forall A\subseteq D \tag{6-12}$$

（4）似然函数：不否定命题的信任程度。似然函数 Pl：$2^D\rightarrow[0,1]$且满足

$$Pl(A)=1-Bel(-A)\text{对所有的} A\subseteq D \tag{6-13}$$

（5）确定置信区间：对命题A的信任区间。信任函数和似然函数构成的区间表示对命题的不确定度信任区间，代表证据的不确定程度，信任区间、支持区间和拒绝区间关系示意图如图6-4所示。

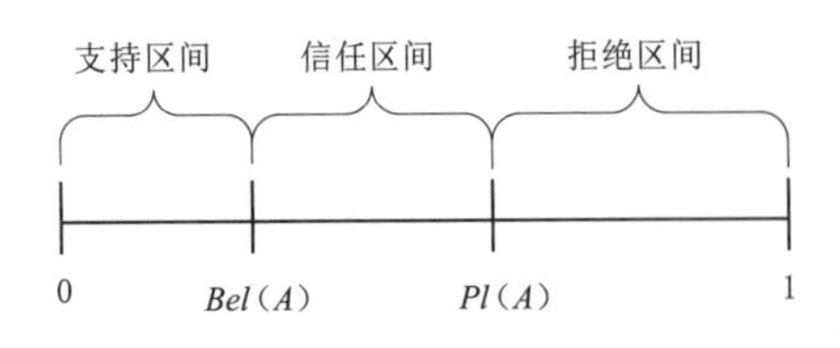

图6-4　信任区间、支持区间和拒绝区间关系示意图

（6）进行证据组合：将不同的证据进行组合，进而推导。

定义：设M_1和M_2是两个概率分配函数，则其正交和为

$$M=M_1\oplus M_2 \text{且} M(\Phi)=0 \tag{6-14}$$

$$M(A)=K^{-1}\sum_{x\cap y=\Phi}M_1(x)M_2(y) \tag{6-15}$$

其中
$$K=1-\sum_{x\cap y=\Phi}M_1(x)M_2(y)=\sum_{x\cap y\neq\Phi}M_1(x)M_2(y)$$

6.2.7　TOPSIS法

TOPSIS法即为优劣解距离法，该方法能够根据现有的数据对一系列个体进行评价。与AHP法类似，但AHP法不需要对指标进行量化。

1. TOPSIS法基本原理

优劣解距离法，即为一个指标到该指标的最优解的距离越小说明越好。

2. 数据正向化

有的数据是越大越好，有的数据是越靠近某个值越好，有的是在一个区间中最好，这种不同的方向和区间使分析变得混乱。为了简化分析，可以将数据进行正向化处理，使其均为越大越好。常见的数据可以分为下述四类：

（1）极大型指标（效益类指标）。指标数值越大越好。

（2）极小型指标（成本类指标）。指标数值越小越好。

（3）中间型指标。指标数值越接近某个值越好。

（4）区间型指标。指标数值在某个区间范围内最好，区间中的数值大小无优劣之分。

为了将后三种指标正向化，可以采用如下方法，将一个指标的所有数据记为集合X，其中的元素为具体的数据值x_i，则

（1）极小型指标转化为极大型指标为

$$\overline{x_i}=\frac{1}{x_i}\quad\text{或}\quad\overline{x_i}=\max(X)-x_i$$

（2）中间型指标转化为极大型指标为

$$\overline{x_i}=1-\frac{|x_i-x_{\text{best}}|}{\max(|X-x_{\text{best}}|)}$$

（3）区间型指标转化为极大型指标为

$$\overline{x_i}=\begin{cases}1-\dfrac{a-x_i}{M}, & x_i>a\\ 1, & a\leqslant x_i\leqslant b\\ 1-\dfrac{x_i-b}{M}, & x_i>b\end{cases}$$

其中 $$M=\max\{a-\min(X),\max(X)-b\}$$

式中　a，b——最优区间（a，b）的下界和上界。

3. 标准化

正向化后依然保留了自身的量纲，会对最终数据产生不利影响，为消除数据量纲的影响，需要对数据进行标准化处理，公式为

$$Z_i=\frac{x_i}{\sqrt{\sum_{i=1}^{n}x_i^2}}$$

4. 评分构建

首先寻找各个指标的最大值和最小值，联合不同指标的最值可以构建出一个多维的最大值指标集和最小值指标集，这两个集合分别称为最优方案和最劣方案，最优解和最劣解的距离分别记为 D^+ 和 D^-，则最终的评价指标 C 为

$$C=\frac{D^-}{D^++D^-}$$

C 越接近于 1，就说明最终的指标评价越优。于是可以根据 C 的大小，评价各个指标的优劣。

计算指标权重有两种方法。第一种方法是 AHP 法，通过构造判断矩阵和求解系数，得出不同因素的重要性。假设各指标的权重分别为 w_1、w_2、w_3 和 w_4，则最终的距离表达式为

$$D^+=\sum_{i=1}^{4}\sqrt{w_i(x_i-x_i^{\max})} \tag{6-16}$$

$$D^-=\sum_{i=1}^{4}\sqrt{w_i(x_i-x_i^{\min})} \tag{6-17}$$

因为通过 AHP 判断矩阵判断专业问题时，需要专家进行分析、给出指标权重。然而，考虑到实际因素，这可能很难实现。

为了相对客观地建造权重系数，我们还可以使用第二种计算指标权重的方法，即熵权法。熵权法构建指标权重时使用了信息论知识。数据的差异程度（方差）越大，

该指标中包含的信息量就越大，也就越重要。

具体的计算步骤如下：

第一步，对指标数据进行正向化和归一化，以保证所有的权重都是正数。

第二步，计算熵值，计算公式为

$$e=-\frac{1}{\ln n}\times\sum_{i=1}^{n}p_i\times\ln p_i$$

其中 p_i 值的计算可以用相应值除以一列中数值的和，n 是需要排序的个数，$\frac{1}{\ln n}$ 是归一化处理的系数。

第三步，构建权重。权重的构造方法是用（$1-e$）得到信息的效用值，然后对效用值进行归一化得到权重 W。

6.3　电力通信网诊断指标体系

本节依次给出电力通信网发展水平、拓扑水平、业务水平、运行水平指标并建立指标体系。电力通信网发展水平指标对现阶段电力通信网设备水平、发展情况进行分析；拓扑水平指标从电力通信网拓扑结构出发，对现阶段电力通信网拓扑水平、抗毁水平进行分析；业务水平指标从电力通信网中运行的业务运行状态出发，对现阶段电力通信网业务承载能力进行分析；运行水平从环境、故障等因素对电力通信网运行状态的影响出发，对电力通信网运行状态进行分析。电力通信网发展水平、拓扑水平、业务水平、运行状态水平四个指标体系包含了电力通信网诊断内容的所有信息，不同阶段、不同需求的诊断研究可适当选取其中全部或者部分指标进行诊断分析。

最终的诊断结果分为五个等级，电力通信网发展水平诊断结果可分为等级1、等级2、等级3、等级4、等级5五个等级，分别代表着差、合格、中等、良好、优秀。电力通信网诊断结果为优秀，说明网络不存在任何隐患，已达到最佳水平；诊断结果为良好则说明还有部分建设需要完善；诊断结果为中等，说明网络总体上运行正常，但总体水平较低，存在隐患，需要进行重点升级改造及建设；诊断结果为合格，说明网络存在较大隐患，需要进行重点改造及建设；诊断结果为差，说明部分网络存在重大隐患，网络随时有瘫痪的可能。

6.3.1　电力通信网发展水平指标体系

对电力通信网发展水平做全面的诊断是电力通信网诊断的重要工作，电力通信网发展水平直接影响着电力通信网的诊断评级结果，电力通信网诊断指标体系中的发展水平指标主要针对光缆和设备的应用现状进行诊断分析。网络发展水平指标及其释义统计见表6-2。

表 6-2　　网络发展水平指标及其释义统计表

指标名称	指 标 释 义
光缆平均运行年龄	统计口径下的所有类型光缆平均运行年限
光缆老化率	统计口径下，超过 N 年运行光缆的占比，N 由运行水平确定，阶段调整
光缆总长度	统计口径下的所有类型光缆总长度
光缆平均长度	统计口径下的所有类型光缆平均长度
光缆条数	统计口径下的所有类型光缆条数
光缆平均芯数	统计口径下的所有类型光缆平均芯数
光芯可用率	统计口径下的未故障的芯数与光缆总芯数之比
光芯平均利用率	统计口径下的在运芯数与光缆总芯数之比
光芯平均裕度	统计口径下的平均未故障的空闲芯数
光芯平均冷备用率	统计口径下的明确了具体用途的备用芯数与光缆总芯数之比
光缆组成特性	包括光缆类型、路由类型、网络级数、电压等各类统计口径的分布占比
发展趋势	包括光缆类型、路由类型、网络级数、电压等某时间阶段某类指标的变化率
网络级数	根据光缆承载省际、省级、地市级网络确定
平均网络级数	统计口径下的光缆平均级数
逻辑电压	光缆两端电压取低电压，公司本部、地市级调度电压取 500kV，县级取 220kV
物理电压	设备/光缆所在变电站/线路电压，独立通信站/光缆路由电压为 0
压差光缆条数	光缆物理电压和逻辑电压存在差异的光缆条数
压差光缆长度	光缆物理电压和逻辑电压存在差异的光缆长度
保护业务超限光缆条数	统计口径下 220kV 光缆承载继电保护业务不少于 8 套的光缆数
光缆瓶颈段占比	统计口径下剩余纤芯不多于 4 芯的光缆数占所有光缆数之比
变电站双路由合格率	统计口径下 110kV 光缆 2 路由、B 类 35kV 以上光缆 2 路由的光缆占比
中心站多路由合格率	统计口径下中心站（地调）出站光缆独立路由不少于 3 条的光缆占比
设备数量	统计口径下设备数量、系统数量
设备老化率	统计口径下，超过 N 年运行设备的占比，N 由运行水平确定，阶段调整
国产化率	国产设备占所有设备的比率
设备总容量	所有设备的总容量之和
设备平均容量	总容量和设备数量之比
传输设备覆盖率	配置有传输设备的站点和所有变电站之比
传输双设备覆盖率	配置 2 台及以上传输设备的站点和所有配置传输设备的站点之比
核心部件冗余度	主要板卡、电源转换模块的冗余配置率
平均线路侧端口密度	统计口径下线路侧端口密度均值
设备利用率	槽位数量、端口数量、带宽等实际使用量与配置量之比
设备裕度	槽位数量、端口数量、带宽等可用量与设备架构规模之比
设备标准化	满足某一阶段技术政策典型要求如典型配置、供电模式等的设备占比
组成特性	设备参数、品牌、站点类型、运行年限等各类统计口径的分布占比
发展趋势	某时间阶段某个指标的变化率

通过对电力通信网发展水平指标进行分析，可以对电力通信网发展水平做出准确诊断，为未来电力通信网的重点建设及改进方向提出合理建议。

6.3.2 电力通信网拓扑水平指标体系

电力通信网拓扑水平指标体系主要针对网络中节点的特性、网络的拓扑结构和网络的流量进行分析。网络拓扑水平指标及指标释义见表6-3。

表6-3 网络拓扑水平指标及指标释义

指标名称	指标释义
覆盖率	统计口径下网络、系统的设备配置数量、级别、路由等某类数量与该类总数之比
节点设备平均配置量	统计口径下的节点某类设备的平均配置数量
节点成环率	统计口径下的环网内通信站点数与通信站总数之比
节点度	与该节点相连接的光缆/链路、上联/下行汇聚/平行汇聚的各类型统计口径下的光缆、链路数量
平均节点度	统计口径下的平均节点度
最大节点度	统计口径下的最大节点度
纵向平均节点度变化率	物理层、网络层、业务层平均节点变化情况
收敛度	统计口径下节点到某固定节点的最短路径平均跳数
环路平均节点数	统计口径下环路上平均节点数量
环路节点数	统计口径下环路上节点数量
时钟链路平均节点数	统计口径下时钟链路包括的平均节点数量
平均线路带宽	统计口径下配置的线路侧平均带宽
最大环路带宽	统计口径下环路中配置最大线路侧带宽
平均节点出口流量	统计口径下节点出口流量平均值
带宽利用率	统计口径下节点出口流量与配置线路带宽之比
平均汇聚接入流量	统计口径下骨干网边界汇入10kV接入网平均流量
最大汇聚接入流量	统计口径下骨干网边界汇入10kV接入网最大流量
断面流量	统计口径下某一时刻最大流量
凝聚度	统计口径下网络节点数与平均最短距离乘积的倒数
二级度	节点自身度与其邻居节点度之和

除了表6-3给出的拓扑水平指标及释义外，网络抗毁性指标也是网络拓扑水平诊断指标体系的重要组成部分，网络的抗毁性指标主要包括平均最短路径、网络效率、聚类系数、最大连通子图等指标。对于网络 $V=\{G,E\}$，其中 $G=\{1,2,\cdots,N\}$ 表示网络中节点的集合，$E=\{1,2,\cdots,M\}$ 表示网络中边的集合。

1. 平均最短路径

网络中节点 i 和节点 j 之间的距离 d_{ij} 定义为连接这两个节点的最短路径上的边数。网络中任意两个节点之间的距离的最大值称为网络的直径，网络的平均最短路径（也称为特征路径长度）L 定义为任意两个节点之间距离的平均值。N 为网络节点数，网络的平均最短路径 L 计算公式为

$$L=\frac{\sum_{i>j} d_{ij}}{N(N-1)/2} \tag{6-18}$$

2. 网络效率

设 d_{ij} 的倒数为节点对之间的连通效率，可以反映网络的连通效率，网络中节点 i 和节点 j 之间的距离 d_{ij} 定义为连接这两个节点的最短路径上的边数，N 为网络节点数，全局网络效率为所有节点对连通效率的平均值，计算公式为

$$E=\frac{\sum_{i\neq j, i, j\in V} d_{ij}}{N(N-1)} \tag{6-19}$$

3. 聚类系数

邻居节点为与节点 i 直接相连的节点，设其数量为 k_i。显然，在 k_i 个节点之间最多可能有 $k_i(k_i-1)/2$ 条边。这 k_i 个节点之间实际存在的边数 E_i 和最多可能边数 $k_i(k_i-1)/2$ 之比就定义为节点 i 的聚类系数 C_i，计算公式为

$$C_i=\frac{E_i}{k_i(k_i-1)/2} \tag{6-20}$$

4. 最大连通子图

网络的最大连通子图表征网络自身的脆弱性，统计网络受到攻击之后的最大连通子图的节点数目 N_{def} 占总节点数的比值，可直观地反映网络的抗毁性能。最大连通子图 H 计算公式为

$$H=\frac{N_{def}}{N} \tag{6-21}$$

网络抗毁水平是网络拓扑水平的重要组成部分，抗毁水平指标及指标释义见表 6-4。

表 6-4　网络抗毁水平指标及指标释义

指标名称	指标释义
平均最短路径	表示所有节点对之间最短路径之和的平均值，反映网络中节点之间信息传输的平均难度
网络效率	与节点间最短路径的倒数有关，用于测量两点之间的信息传输速度
聚类系数	通过相邻节点之间的实际边数与可能边总数的比率获得
成环率	计算站点之间的环路度和表征通信网节点的环路保护程度
最大连通子图	反映了网络被攻击和破坏的程度。网络中大部分连通子图节点数与节点总数的比值可以直观地反映网络的抗毁性能
收敛度	统计口径下通信节点到某固定的业务核心节点（如公司本部、调度机构的最短路径平均跳数）
220kV 平均连接度	统计口径下 220kV 节点的平均连接度

6.3.3 电力通信网业务水平指标体系

电力通信网业务水平指标体系主要对网络业务数量、可靠性和配置进行分析。网络业务水平指标及指标释义见表6-5。

表6-5 网络业务水平指标及指标释义

指标名称	指标释义
业务数量	统计口径下的业务数量
可靠性指数	统计口径下的可靠性指数
带宽配置	统计口径下的业务带宽配置
发展趋势	某时间阶段某个指标的变化率
业务承载率	统计口径下已占用带宽与总带宽比值
平均业务承载率	统计口径下网络中所有链路业务承载率的平均值

6.3.4 电力通信网运行水平指标体系

电力通信网运行水平指标体系主要针对设备老化年限和工程对网络运行的影响进行分析。网络运行水平指标及指标释义见表6-6。

表6-6 网络运行水平指标及指标释义

指标名称	指标释义
自然故障数量	光缆类型、设备类型等统计口径下自然故障总次数
自然故障光缆中断的总时长	自然故障引起使用中的光芯数与中断时间乘积之和
自然故障率	统计口径下自然中断在运行光芯数与在运行光芯总数之比
工程施工计划光缆中断条次数	因工程施工引起光缆中断的条次数
工程施工计划光缆中断的总时长	因工程计划使用中的光芯数与中断时间乘积之和

6.4 多级可拓诊断方法

本节将给出可拓学的研究内容和可拓学诊断方法。首先给出可拓学的基础研究内容，从可拓学基本概念、方法、应用等角度对可拓学理论进行研究，然后给出基于多级可拓的诊断方法和基于可拓学与TOPSIS融合的诊断分析方法，同时给出了逻辑架构及研究步骤。

6.4.1 可拓学原理

6.4.1.1 可拓学研究概况

可拓学是1983年由中国学者提出的原创性学科。它使用形式化模型来探索事物扩展的可能性以及发展和创新的规律和方法，用于解决矛盾问题。

可拓学是一门数学、哲学和工程学交叉的学科。与控制论、信息论和系统论一样，可拓学也是一门横断学科，涉及面很广。正如数学存在于有数量关系和空间形式的地方一样，可拓学在有矛盾的地方也有发挥作用之处。它在各个学科和工程技术领域应用的有效性不在于发现新的实验事实，而在于提供新的思路和方法。为了解决具体的矛盾问题，我们必须研究能够处理一般矛盾问题和领域矛盾问题的形式化模型、定性与定量相结合的操作工具、推理规则和独特的方法。

6.4.1.2　可拓学的基本概念

1. 物元

以物 O_m 为对象，C_m 为特征，O_m 关于 C_m 的量值 V_m 构成的有序三元组为

$$M=(O_m, C_m, V_m)$$

作为描述物的基本元，称为一维物元，O_m、C_m、V_m 三者称为物元 M 的三要素，其中 C_m 和 V_m 构成的二元组（C_m，V_m）称为物 O_m 的特征元。

例如，$M=$(光缆，类型，OPGW）是一个一维物元，其中（类型，OPGW）为该一维物元的特征元。

为方便起见，把物元的全体记为 $\xi(M)$，物的全体记为 $\xi(O_m)$，特征的全体记为 $\xi(C_m)$。关于特征 C_m 的取值范围记为 $V(C_m)$，称为 C_m 的量域。一物具有多个特征，与一维物元相仿，同时也可以定义多维物元。

2. 事元

物与物的相互作用称为事元，事以事元来定义。

把动作 $\boldsymbol{O}_a$、动作的特征 $\boldsymbol{C}_a$ 及 $\boldsymbol{O}_a$ 关于 $\boldsymbol{C}_a$ 的量值 $\boldsymbol{V}_a$ 构成的有序三元组为

$$\boldsymbol{A}=(\boldsymbol{O}_a, \boldsymbol{C}_a, \boldsymbol{V}_a)$$

作为描述事的基本元，称为一维事元。动作的基本特征有支配对象、施动对象、接受对象、时间、地点、程度、方式、工具等。

例如，动作 $\boldsymbol{O}_a$，n 个特征 C_{a1}，C_{a2}，…，C_{an} 和 $\boldsymbol{O}_a$ 关于 C_{a1}，C_{a2}，…，C_{an} 的量值 V_{a1}，V_{a2}，…，V_{an} 构成的阵列为

$$\begin{bmatrix} & C_{a1} & V_{a1} \\ \boldsymbol{O}_a & C_{a2} & V_{a2} \\ & \vdots & \vdots \\ & C_{an} & V_{an} \end{bmatrix} = (\boldsymbol{O}_a, \boldsymbol{C}_a, \boldsymbol{V}_a) \Leftrightarrow \boldsymbol{A}$$

$\boldsymbol{A}$ 称为 n 维事元，其中

$$\boldsymbol{C}_a = \begin{bmatrix} C_{a1} \\ C_{a2} \\ \vdots \\ C_{an} \end{bmatrix}, \boldsymbol{V}_a = \begin{bmatrix} V_{a1} \\ V_{a2} \\ \vdots \\ V_{an} \end{bmatrix}$$

3. 关系元

在大千世界中，任何物、事、人、信息、知识等与其他的物、事、人、信息、知识都有千丝万缕的关系。由于这些关系之间又有互相作用、互相影响，因此，描述它们的物元、事元和关系元也与其他的物元、事元和关系元有各种各样的关系，这些关系的变化也会互相作用、互相影响。关系元是描述这类现象的形式化工具。

关系 $\boldsymbol{O}_r$，n 个特征 C_{r1}，C_{r2}，…，C_{rn} 和相应的量值 V_{r1}，V_{r2}，…，V_{rn} 构成的 n 维阵列称为 n 维关系元，即

$$\begin{bmatrix} \boldsymbol{O}_r & C_{r1} & V_{r1} \\ & C_{r2} & V_{r2} \\ & \vdots & \vdots \\ & C_{rn} & V_{rn} \end{bmatrix} = (\boldsymbol{O}_r, \boldsymbol{C}_r, \boldsymbol{V}_r) \Leftrightarrow \boldsymbol{R} \tag{6-22}$$

$\boldsymbol{R}$ 称为 n 维关系元，用于描述 V_{r1} 和 V_{r2} 的关系，其中

$$\boldsymbol{C}_r = \begin{bmatrix} C_{r1} \\ C_{r2} \\ \vdots \\ C_{rn} \end{bmatrix}, \boldsymbol{V}_r = \begin{bmatrix} V_{r1} \\ V_{r2} \\ \vdots \\ V_{rn} \end{bmatrix} \tag{6-23}$$

为方便起见，常把上述关系元记作 $\boldsymbol{R}(\boldsymbol{O}_r, V_{r1}, V_{r2}, \cdots)$。

光缆网节点 V_{r1} 与节点 V_{r2} 之间的邻接关系可描述为

$$\boldsymbol{R}_1 = \begin{bmatrix} & \text{前项} & V_{r1} \\ \textbf{邻接关系} & \text{后项} & V_{r2} \\ & \text{程度} & 100 \\ & \text{维系关系} & \text{连边} \\ & \vdots & \vdots \end{bmatrix} = \begin{bmatrix} & C_{r1} & V_{r1} \\ \boldsymbol{O}_r & C_{r2} & V_{r2} \\ & C_{r3} & V_{r3} \\ & C_{r4} & V_{r4} \\ & \vdots & \vdots \end{bmatrix} \tag{6-24}$$

光缆网节点 D_1 和电网节点 D_2 的依存关系可描述为

$$\boldsymbol{R}_2 = \begin{bmatrix} & \text{前项} & D_1 \\ \textbf{依存关系} & \text{后项} & D_2 \\ & \text{程度} & \text{密切} \\ & \text{维系方式} & \text{相互支撑} \\ & \text{联系通道} & \text{耦合网络} \end{bmatrix} \tag{6-25}$$

在上述特征中，C_{r1}、C_{r2}、C_{r3} 是常用的基本特征，它们表达了关系的对象及其程度。

4. 基元

把物元、事元和关系元统称为基元，基元可以分为静态基元和动态基元。

（1）静态基元：在不致引起混淆的情况下，静态基元表达式为

$$\boldsymbol{B}=(\boldsymbol{O},\boldsymbol{C},\boldsymbol{V})=\begin{bmatrix} \boldsymbol{Object} & c_1 & v_1 \\ & c_2 & v_2 \\ & \vdots & \vdots \\ & c_n & v_n \end{bmatrix} \tag{6-26}$$

式中　$\boldsymbol{O}$，$\boldsymbol{Object}$——某对象（物、动作或关系）；

c_1，c_2，…，c_n——对象 $\boldsymbol{O}$ 的 n 个特征；

v_1，v_2，…，v_n——对象 $\boldsymbol{O}$ 关于上述特征的相应量值。

（2）动态基元：若基元 $\boldsymbol{B}$ 是某参变量 t 的函数，动态基元表达式为

$$\boldsymbol{B}(t)=(\boldsymbol{O}(t),\boldsymbol{C},\boldsymbol{V}(t))=\begin{bmatrix} \boldsymbol{Object}(t), & c_1, & v_1(t) \\ & c_2, & v_2(t) \\ & \vdots & \vdots \\ & c_n, & v_n(t) \end{bmatrix} \tag{6-27}$$

5. 类基元

对于一类对象，规定了类基元的概念：给定一类对象 $\{\boldsymbol{O}\}$，若对任一 $o\in\{\boldsymbol{O}\}$，关于特征 $C_i(i=1,2,\cdots,n)$，有 $V_i=C_i(i=1,2,\cdots,n)$，有 $v_i=c_i(o)\in V_i$，基元集为

$$\{\boldsymbol{B}\}=\begin{bmatrix} \{\boldsymbol{O}\} & c_1 & V_1 \\ & c_2 & V_2 \\ & \vdots & \vdots \\ & c_n & V_n \end{bmatrix}=(\{\boldsymbol{O}\},\boldsymbol{C},\boldsymbol{V}) \tag{6-28}$$

式中　V_i——类对象 $\{\boldsymbol{O}\}$ 关于特征 C_i 的量值域。

为方便起见，类基元常用 B 表示。显然，类基元包括类物元、类事元和类关系元。

例如，要描述某光缆网中光缆的情况，可用类物元表示为

$$\{\boldsymbol{M}\}=\begin{bmatrix} \{\textbf{光缆}\} & \text{使用年限}\ c_1 & V_1 \\ & \text{光缆芯数}\ c_2 & V_2 \\ & \text{光芯利用率}\ c_3 & V_3 \\ & \text{光缆类型}\ c_4 & V_4 \\ & \text{带宽占用率}\ c_5 & V_5 \end{bmatrix} \tag{6-29}$$

类事元表示为

$$\{\boldsymbol{A}\}=\begin{bmatrix} \{\textbf{诊断}\} & \text{支配对象}\ c_1 & V_1 \\ & \text{施动对象}\ c_2 & V_2 \\ & \text{时间}\ c_3 & V_3 \\ & \text{所属网络}\ c_4 & V_4 \\ & \text{程度}\ c_5 & V_5 \end{bmatrix} \tag{6-30}$$

可知，可用类物元、类事元表达诊断什么、谁诊断、什么时间诊断、诊断什么网络、诊断的程度等问题。

6.4.1.3 可拓学的可拓研究方法

到目前为止，可拓学已经研究了描述现实世界中事物、关系、信息、知识和问题的形式化方法，扩展事物的可能性、可扩展性和形式化表达可扩展性的方法，即扩展分析方法。并研究了从物质性、动态性、对立性、系统性等方面分析事物结构的方法，建立了基元的扩展分析理论和方法以及常见的事物软分析理论和方法，提出了矛盾问题转化的基本方法，包括将不相容问题转化为相容问题的可拓策略生成方法，处理对立问题的转换桥方法，以及从整体上考虑处理复杂问题的关键策略和协调方法。

可拓学方法论是在可拓学思想体系的指导下产生和形成的，其基本特点如下：

（1）形式化和建模特征。社会科学使用自然语言研究矛盾问题。为了使人们能够按照一定的程序推导出解决问题的策略，并使计算机能够帮助人们生成解决矛盾问题的策略，可拓学使用形式语言来表达事物、关系和问题，并建立了问题的可拓模型，它表达了量变和质变的过程和临界状态，表达策略的生成方法和技巧的生成过程，从而描述解决矛盾问题的过程。它是以符号方式反映研究对象内部关系的模型，是一种抽象模型。

（2）可扩展和收敛特性。在一定条件下，任何对象都是可扩展的，扩展后的对象又是可收敛的，即可拓学方法论的重要特点是它符合思维解决矛盾的“发散—收敛”模式，即所谓的钻石思维模式。多层次钻石思维模式表现为“发散—收敛、发散—反复收敛”，因为人们的创造性思维过程包括集中性思维和分散性思维，所以它可以作为研究思维过程，特别是创造性思维过程的正式工具。

（3）可转换和传导特征。可拓学研究事物的质与量的可变性、“是”与“非”的可转化性，不仅研究直接变换和变换的形式化，而且研究变换的传导作用。用形式化、定量化的工具研究不相容问题，为相容问题的策略生成、化对立问题为共存问题的转换提供桥梁，以及传导矛盾问题求解的方法，是可拓学方法论的重要特征。

（4）整体性和综合性。可拓学采用形式模型从四个角度对事物进行整体分析，研究共轭分析方法对事物进行全面理解，既体现了系统观的思想和中国古代的整体主义，又结合了还原论的分析方法。基元的概念在可拓集合中体现了质与量、作用、关系与阶段，价值观的变化表现了量变与质变的过程，宇宙的变化体现了从整体的角度处理矛盾的思想。

由于可拓方法特别适合于创新，所以又称为可拓创新方法，可拓创新方法体系如图6－5所示。下面对可拓创新方法体系中主要分析方法作简要介绍。

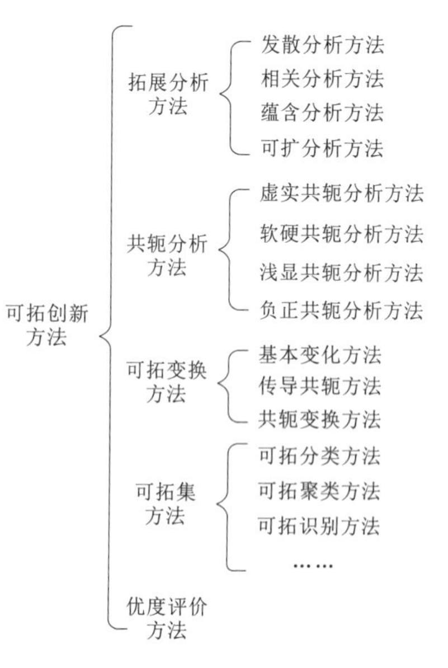

图6－5　可拓创新方法体系

1. 拓展分析方法

在处理矛盾问题的过程中，我们应该把事物和关系看作是可扩展的。解决矛盾问题就是根据事物、事物和关系的外延，改变问题的目标或条件，从而实现目标。为了将解决矛盾问题的过程形式化，基元被用作描述事物、事物和关系的形式化工具。这种方法为人们提供了解决矛盾问题的各种可能途径，可以使人们摆脱习惯领域的约束，是利用计算机处理矛盾问题、提高机器智能化水平的重要手段。

2. 共轭分析方法

对事物结构的研究有助于利用事物的各个部分及其相互关系来解决矛盾问题。事物具有物质性、系统性、动态性和对立性，统称为事物的共轭性。物元和关系元被用作分析虚拟部分、真实部分和虚实中介部、软部分、硬部分和软硬中介部、潜在部分的正式工具。明确部分、消极部分、积极部分和负正中介部之间的正式分析方法称为通用软分析方法。通过对事物共同部分及其相互关系和转化的分析，我们可以得到各种解决矛盾问题的策略。常用的软分析方法是基于整体主义与还原论主义相结合的思想，它为人们全面分析物质结构提供了新的视角，也是解决一些矛盾技巧的来源。

3. 可拓变换方法

转化矛盾问题的工具是变换。变换包括直接变换和间接传导变换。许多解决矛盾问题的策略都是通过与问题的目标或条件相关的事物、事物或关系的变换而产生的。因此，在解决矛盾问题的方法上，不仅要研究直接变换，还要研究间接传导变换。既要研究数量的变换，也要研究特征的变换。

在对于对象本身的属性研究时，不仅要讨论变换的形式，还要讨论变换的主体、方法、工具、时间和地点；既要从定性和定量两个角度研究变换的形式和内涵，又要考虑基于研究对象之间的相关性，有必要研究传导变换的形式、内涵和传导效应。在可拓学中所采用的变换统称为可拓变换方法。

从变换方式上看，可拓变换方法包括基本可拓变换法、变换运算法、复合变换法和传导变换法。考虑到变换的对象，可拓变换方法包括域的变换方法、相关准则的变换方法和域中元素的变换方法，包括基元及其元素的变换。如果变换的对象是一个事物，根据对该事物的共轭分析，可拓变换方法还包括共轭部分的变换和共轭部分的传导变换，可拓变换方法的研究为形式化矛盾解决过程提供了一个可操作的工具。

4. 可拓集方法

可拓集方法是一种从动态和变换的角度对研究对象进行分类、识别和聚类的方法。可拓集合是基于可拓变换和关联函数为基础的集合。对于不同的可拓变换，可拓集具有不同的可拓域和稳定域，导致不同的分类、聚类和识别结果，它形式化、定量地揭示了矛盾问题的转化过程和结果，从而使分类、聚类和识别是动态的、可变换的，更符合人类的思维方式和实际情况。

为了解决这一矛盾问题，有必要建立一个计算公式，用以表示在某种变换下事物性质的定量和定性变化。可拓学中，“距”和“侧距”这两个新距离概念的确立是为了打破这种局面。通过经典数学中点与区间的距离为零的规定，可以定量地描述“范畴内有差异”的客观现实，进而描述量变与质变的过程。

5. 优度评价方法

优度评价方法是一种综合评价对象、方案、策略等利弊的实用方法，在评价对象时，不仅要考虑优点，还要考虑缺点。

例如，一个企业生产一种产品可以获得很多利润，但是废气对环境的污染非常严重，而另一种产品却没有那么多利润，但它是无污染的。对于什么样的产品应该生产，我们必须考虑其优点和缺点，进行综合评价，并最终得到一个合适的筛选方案。此外，在评价中，我们往往需要考虑动态性和可变性，考虑潜在的利弊。优度评价方法在这方面具有优势，它使用关联函数计算每个测量条件满足要求的程度。因为关联函数的价值可以是正面的，也可以是负面的，以这种方式建立的优势可以反映一个对象的优劣程度，使评估更加现实。

6.4.1.4 可拓学的应用

1. 可拓学的研究应用

可拓学诞生后不久，以可拓学为主要研究内容的可拓论引起广泛关注，许多专家明确指出，可拓论“拥有强大的人工智能色彩”，“将渗透到人工智能及其相关学科”。从可拓学和人工智能的发展过程可以看出，它们之间有着密切的联系。

(1) 可拓论与人工智能之间的基础问题。

1) 问题处理。许多学者认为，用计算机来执行问题处理是人工智能的核心。事实上，许多智能活动的过程，甚至所有智能活动的过程，都可以被视为或抽象为“问题求解”的过程。可拓学研究中的矛盾问题是问题的难点。解决矛盾问题不仅是一项重要的智能活动，也是人工智能水平的体现。它比一般的解决问题更具创造性，强调智力的发挥。对解决矛盾问题的深入研究有助于提高人工智能的水平。同时，可拓学解决矛盾问题的形式化描述、可拓变换和可拓推理应用于人工智能，使计算机能够学会用可拓创新方法解决矛盾问题，这对提高人工智能的技术水平具有重要意义，对促进人工智能的发展具有重要价值。

2）可拓模型与信息知识的形式化表示。可拓学建立的形式化系统是一个逻辑单元的形式化系统，易于被计算机接受和操作。可拓模型为人工智能提供了一种简洁、逐步标准化的知识表示方法。用可拓模型描述信息和知识后，我们可以利用基元的可拓性开发新的信息和知识，进而建立可拓信息知识策略的形式化系统，为人工智能的策略生成技术提供基础，并为信息的获取和可拓学知识的挖掘扩展提供新的理论和方法。

3）可拓集合、分类与识别。解决矛盾问题的集合论基础是可拓集论，其实质是对“太平洋圈”“最后一顿饭”和“不属于”的形式化描述，是计算机处理矛盾问题的理论基础之一。可拓集合的本质体现在质变域、可拓变换中。计算机利用它们处理事物性质的动态变化，进行创造性思维和生成策略，并将关联函数作为定量工具，将定性和定量操作结合起来，这将大大提高计算机的智能水平。分类是人工智能进行识别、检索、决策和控制的前提。可拓分类方法为动态事物和动态过程的分类提供了一种新的方法。因此，将可拓变换的思想引入到识别中，将可拓学创新方法应用到识别研究中，将提高计算机的分类识别能力。

4）可拓学推理与人工智能的推理技术。推理技术是人工智能的一项重要技术，它研究前提与结论之间的逻辑关系以及真理或真理的传递规律。对推理的研究往往涉及对逻辑的研究。逻辑不仅是人脑思维的规律，也是推理的理论基础。人脑的大部分思维活动都是在知识不完全的情况下，在不断的探索中完成的。因此，可拓学推理将是一种形式化和模拟人类思维灵活性的创造性推理方法。可拓学推理包括基元的可拓学推理、传导推理、共轭推理和处理矛盾问题的推理。可拓学推理的核心是转换，它不同于传统的以蕴涵和匹配为核心的推理机制。它的目的是生成和选择合适的基元来改造原有的基元，从而解决矛盾问题。应用可拓学推理主要集中在以下两个方面：在策略生成方面，基于可伸缩性，分析了生成策略的推理过程，提出了解决矛盾问题的可拓策略生成方法，并在计算机上实现。将可拓学推理演绎问题转化为可拓算子，编写算法和软件，并应用它们生成可拓信息或可拓知识，在搜索技术和数据挖掘中具有重要价值。

5）基于可拓模型和可拓学推理的知识表示与推理。知识表示、知识获取和知识处理是知识工程的重要内容，其核心是知识表示。首先，可拓模型简洁、统一，易于描述客观世界中的对象、事物和关系，它们用于描述信息和知识，便于计算机操作；其次，基元的可扩展性系统地描述了事物扩展的各种可能性，为提高计算机的创造性思维能力和开发新的策略生成技术提供了新的理论和方法；最后，基元的可扩展性为知识获取提供了一种新的方法。可拓学从定性和定量的角度研究解决矛盾的规律和方法，为解决深层知识获取提供了新的工具。

（2）可拓学在人工智能中的应用。

1）知识推理是对隐性知识的发展，它包括显性知识和数据挖掘两部分。可拓创新方法简单明了，便于不同领域的学者使用，为潜在知识的表现提供了思维方法和可操作工具。运用可拓模型表达知识所涉及的基本概念和基本思想，然后利用基元的扩展性进行扩展并逐步完善，形成清晰的思维模式规范的显性知识将使潜在知识显性化的过程形式化和标准化，这将带来知识推理的新进展。

2）可拓学与人工智能相结合的研究方向是智能化处理、矛盾问题的解决。以问题处理为核心，用可拓模型描述信息和知识，而建立可拓推理和可拓算法，探索人工智能的理论体系和应用方法，将是未来可拓研究者和人工智能工作者的一个重要方向。对可拓推理、可拓算法、可拓分类、可拓策略生成、可拓数据挖掘、可拓模式识别、可拓神经网络等理论、方法和技术的深入研究，将为各种领域的智能化处理打下坚实的基础。

3）随着科学技术的发展，各个领域都需要智能地处理各种矛盾。研究如何使计算机生成解决矛盾问题的策略、提高计算机的智能化水平，是十分迫切的。随着网络和计算机渗透到人们生活和工作的各个层面，充分利用能够处理矛盾的智能系统将是未来国民经济许多领域现代化的一项重要任务。面对未来，没有软件和网络来处理矛盾，没有信息平台帮助用户解决矛盾，就无法实现真正的智能化。

4）为了解决具体的矛盾问题，必须研究能够处理一般矛盾问题和领域矛盾问题的形式化模型、定量工具、推理规则和独特方法。因此，研究利用计算机辅助处理各部门遇到的矛盾，是经济社会和国家安全需要解决的重要问题。通过近几年的研究，有望在以下几个方面取得突破性成果：在各个行业开发可拓策略生成软件，在各个领域开发可拓数据挖掘软件，在各行各业开发可拓策略（创意）生成平台。

2. 可拓学在工程技术中的应用

可拓设计是一种新的设计理论和方法，它在设计过程中（包括形式化表示、建模、转换、推理、评估和决策）使用可拓学和延伸创新方法来研究矛盾问题的处理，以找到更好的设计方案。它与其他设计理论和方法的最大区别在于它的形式化和定性与定量的结合。它所建立的模型是一种可拓模型，既避免了数学建模中经常忽略的一些实际内容，又避免了现有设计方法中形式化和量化不足的缺陷。

控制与检测领域存在着许多矛盾，如控制的准确性、稳定性和快速性之间的矛盾，检测参数与检测仪器之间的矛盾，检测仪器的要求与检测环境之间的矛盾等，无法控制和无法检测的问题会影响自动化水平。同时，机器运行中经常会出现各种矛盾。我们是否可以在机器上安装一个智能系统来处理这个领域的矛盾。当机器遇到无法解决的问题时，该系统可以提出处理策略，并命令机器将矛盾问题转化为非矛盾问题。这是一个前瞻性的重要课题，其目标是创造高水平的智能系统。

可拓论和可拓创新方法被应用于控制领域，以处理控制中的矛盾，它被称为扩展控制方法。它为解决控制领域的矛盾提供了一条值得探索的路径，扩展检测基于可拓论。利用可拓变换的方法，建立了基于可拓模型的检测理论和方法，有效地检测传统方法无法检测或难以检测的物理量。

6.4.2 基于多级可拓的诊断方法

“诊断”一词最初是一个医学术语，用于从医学角度判断人们的精神和制度状态。电力通信网诊断就是在一定的时间节点或一定的时间段内，对电力通信网络的建设和发展情况进行检验，找出存在和潜在的健康问题，挖掘需要进一步研究和解决的重点，确定基本诊断问题和发展建议，形成最终的电力通信网客观体检报告。评价和诊断的区别在于评价就是评价和估计，它只根据既定条件形成评价结论，既不寻找导致评价结果的关键因素，也不提出发展建议。诊断不仅要形成结论，还要找出导致结果的关键因素，并提出发展建议。

可拓学是古典数学的延伸。基元建立了一个结合物质和数量的可拓模型，然后利用关联函数来评估单因素事物。基于多级可拓的评价方法在单因素可拓评价的基础上引入了指标权重的概念，在隶属度的计算过程中，通过单因素关联度及其权重的复合运算得到指标权重，应用了上层因素的关联度。最后，根据最大值原理确定待评价对象的多级可拓评价结果。

基于多级可拓的诊断方法利用指标的权重、指标值和每一个等级的最优解集、最劣解集的复用运算从而得到上一级指标的贴近度，根据最大贴近度原则做出诊断结果。

6.4.2.1 可拓学诊断分析步骤

基于多级可拓的诊断方法利用指标权重、实际指标集和每一等级最优（劣）解集的复合运算从而得到上一级指标的隶属度，根据最大隶属度原则做出评价结果，其逻辑框图如图 6 - 6 所示。

1. 选取诊断指标模型

通过对电力通信骨干网的特性进行研究，依照综合性、科学性和灵活使用性的原则选取指标，为更加形象、具体地对该模型进行介绍，本小节引入算例进行分析。本算例建立了电力通信骨干网的指标体系，具体包括运行水平、发展水平和业务水平等多个方面，选取的具体指标体系见表 6 - 7。针对不同实际问题的不同诊断需求，具体指标可以从分层、多目标融合的全景诊断指标集中选取。

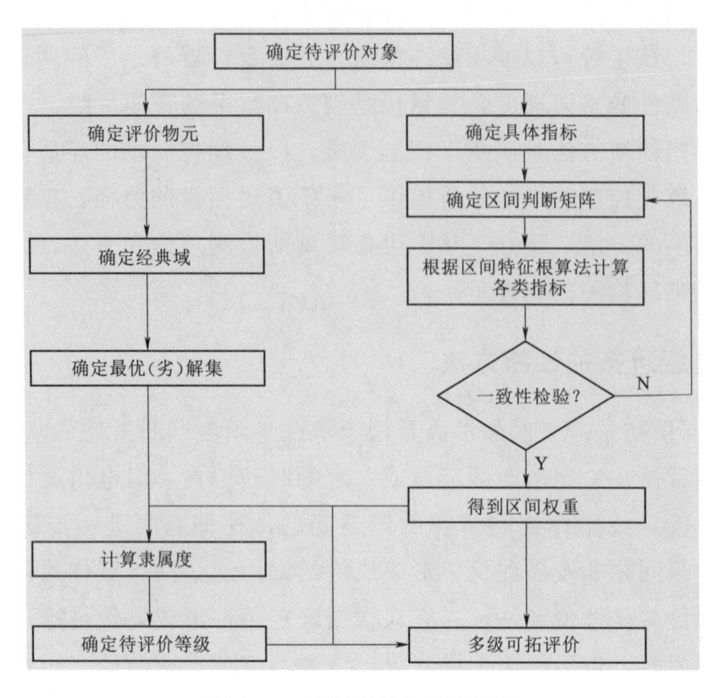

图 6-6　可拓评级的逻辑框图

表 6-7　结构模型以及评价指标体系

诊断对象	一级指标	二级指标
电力通信骨干网	运行水平 A	因工程施工光缆中断条次数 A_1
		光传输设备自然年故障次数 A_2
		光传输设备自然故障率 A_3
		光缆年故障折单总时长 A_4
		因工程施工光缆故障时间 A_5
		光缆自然故障率 A_6
		光缆年自然故障次数 A_7
	发展水平 B	光芯可用率 B_1
		投运 N 年及以上的光传输设备数目比例 B_2
		投运 N 年及以上光缆长度比例 B_3
		OPGW 光缆总长度 B_4
		ADSS 光缆总长度 B_5
	业务水平 C	平均线路带宽 C_1
		最大环路带宽 C_2
		平均汇聚接入网流量 C_3
		最大汇聚接入网流量 C_4
		网络效率 C_5

网络运行水平指标主要针对设备老化年限的分析和工程对网络运行的影响分析，本算例选取的指标主要包括因工程施工光缆中断条次数、光传输设备自然年故障次数、光传输设备自然故障率、光缆年故障折单总时长、因工程施工光缆故障时间、光缆自然故障率、光缆年自然故障次数。网络发展水平指标主要针对光缆和设备的应用现状进行诊断分析，本算例选取的发展水平指标主要包括光芯可用率、投运 N 年及以上的光传输设备数目比例、投运 N 年及以上的光缆长度比例、OPGW 光缆总长度、ADSS 光缆总长度。网络业务水平主要针对网络中节点的特性分析、网络的拓扑结构分析和网络的流量分析。本算例选取的业务水平指标主要包括平均线路带宽、最大环路带宽、平均汇聚接入网流量、最大汇聚接入网流量、网路效率。

2. 确定区间权重

根据表 6-8 的 1～9 标度规则对 m 个指标进行两两相对重要度比较。为消除不确定的主观判断，比较结果用区间数表示。最终形成的区间数判断矩阵为

$$\boldsymbol{A}=\begin{bmatrix} [1,1] & [a_{12}^{-},a_{12}^{+}] & \cdots & [a_{1n}^{-},a_{1n}^{+}] \\ [a_{21}^{-},a_{21}^{+}] & [1,1] & \cdots & [a_{2n}^{-},a_{2n}^{+}] \\ \vdots & \vdots & \ddots & \vdots \\ [a_{n1}^{-},a_{n1}^{+}] & [a_{n2}^{-},a_{n2}^{+}] & \cdots & [1,1] \end{bmatrix} \tag{6-31}$$

式中　a_{ij}^{+} 和 a_{ij}^{-}——第 i 个指标和第 j 个指标相对重要度比较结果的上下限。根据区间数的运算法，有 $\boldsymbol{A}=[\boldsymbol{A}^{-},\boldsymbol{A}^{+}]$。其中 $\boldsymbol{A}^{+}$、$\boldsymbol{A}^{-}$ 为上下限矩阵。

表 6-8　1～9 标度规则

等级	语言描述程度	含　义
1	同等	指标 a 和指标 b 同等重要
3	稍微	指标 a 比指标 b 稍微重要
5	明显	指标 a 比指标 b 明显重要
7	强烈	指标 a 比指标 b 强烈重要
9	极端	指标 a 比指标 b 极端重要

根据区间数特征根法（Intervalnumber Eigenvalue Method，IEM），计算 $\boldsymbol{A}^{+}$、$\boldsymbol{A}^{-}$ 对应的最大特征根 $\lambda_{\max}^{+}$、$\lambda_{\max}^{-}$ 以及具有正分量的归一化特征 w^{+}、w^{-}。然后判断矩阵 $\boldsymbol{A}$ 的正分量系数 m 和负分量系数 k，计算公式为

$$m=\sqrt{\sum_{j=1}^{n}\left(1/\sum_{i=1}^{n}a_{ij}^{-}\right)} \tag{6-32}$$

$$k=\sqrt{\sum_{j=1}^{n}\left(1/\sum_{i=1}^{n}a_{ij}^{+}\right)} \tag{6-33}$$

根据文献［6］计算矩阵 $\boldsymbol{A}^{+}$、$\boldsymbol{A}^{-}$ 对应的一致性检验指标值 CR^{+}、CR^{-}，当

$\frac{1}{2}(CR^+ - CR^-)$ 的值小于 0.1 时，则通过一致性检验。最后得到二级指标区间权重向量 $\boldsymbol{w}=[kw^-, kw^+]$，一级指标的区间权重向量 $\boldsymbol{\mu}=[\mu_1, \mu_2, \cdots, \mu_k]$，其中 μ_k 为区间数（$k=1$，2，…，t）。

3. 诊断评级

（1）确定待诊断物元。

假设待诊断目标包含 m 个指标，分别为 C_1，C_2，…，C_m。其诊断目标物元模型为

$$M=(U, C_k, v_k)=\begin{bmatrix} U & C_1 & v_1 \\ & C_2 & v_2 \\ & \vdots & \vdots \\ & C_m & v_m \end{bmatrix} \tag{6-34}$$

式中 M——物元模型；

U——待诊断目标对象所属的评价等级；

$v_k(k=1,2,\cdots,m)$——各个指标的实际数值。

（2）确定经典域。

将待评价物元的诊断结果划分为 n 个等级。其经典域模型可表示为

$$M_j=(U_j, C_k, v_{jk})=\begin{bmatrix} U_j & C_1 & \langle a_{j1}, b_{j1}\rangle \\ & C_2 & \langle a_{j2}, b_{j2}\rangle \\ & \vdots & \vdots \\ & C_m & \langle a_{jm}, b_{jm}\rangle \end{bmatrix} \tag{6-35}$$

式中 M_j——第 j 个等级的物元模型；

U_j——第 j 个等级下待诊断目标的评价效果；

$\langle a_{jk}, b_{jk}\rangle(j=1,2,\cdots,n;k=1,2,\cdots,m)$——第 j 个等级下第 k 个指标 C_k 的取值范围。

（3）确定每一等级的最优解集和最劣解集。

首先，将每一等级的正指标最大值和负指标最小值的集合作为该等级的最优解集合 V^+，将每一等级的正指标最小值和负指标最大值的集合作为该等级的最劣解集合 V^-，计算式为

$$V^+=\begin{bmatrix} v_{11}^+ & \cdots & v_{1m}^+ \\ \vdots & \ddots & \vdots \\ v_{n1}^+ & \cdots & v_{nm}^+ \end{bmatrix} \tag{6-36}$$

$$V^-=\begin{bmatrix} v_{11}^- & \cdots & v_{1m}^- \\ \vdots & \ddots & \vdots \\ v_{n1}^- & \cdots & v_{nm}^- \end{bmatrix} \tag{6-37}$$

式中　v_{ij}^{+}——第 i 个等级下第 j 个指标的最优解；

v_{ij}^{-}——第 i 个等级下第 j 个指标的最劣解。

(4) 确定二级指标实际值与各个等级的关联度。

首先，根据式（6-38)～式（6-41）构造实际指标值集 V^{+}、V^{-} 每一列（即每一等级）的接近度，即

$$(D_j^{+})_{-}=\sqrt{\sum_{i=1}^{m}(w_i)_{-}[(v_i-v_{ij}^{+})/(v_{ij}^{+}-v_{ij}^{-})]^2} \tag{6-38}$$

$$(D_j^{+})_{+}=\sqrt{\sum_{i=1}^{m}(w_i)_{+}[(v_i-v_{ij}^{+})/(v_{ij}^{+}-v_{ij}^{-})]^2} \tag{6-39}$$

$$(D_j^{-})_{-}=\sqrt{\sum_{i=1}^{m}(w_i)_{-}[(v_i-v_{ij}^{-})/(v_{ij}^{+}-v_{ij}^{-})]^2} \tag{6-40}$$

$$(D_j^{-})_{+}=\sqrt{\sum_{i=1}^{m}(w_i)_{+}[(v_i-v_{ij}^{-})/(v_{ij}^{+}-v_{ij}^{-})]^2} \tag{6-41}$$

式中　$D_j^{+}=[(D_j^{+})_{-},(D_j^{+})_{+}]$——与第 j 级最优解集的接近度区间；

$D_j^{-}=[(D_j^{-})_{-},(D_j^{-})_{+}]$——与第 j 级最劣解集的接近度区间。

然后，根据式（6-42)、式（6-43）计算实际指标值与各个等级最优解集和最劣解集的关联度，为

$$\rho(v,D_j^{+})=\frac{(D_j^{+})_{-}}{(D_j^{+})_{-}+(D_j^{-})_{-}}+\frac{(D_j^{+})_{+}}{(D_j^{+})_{+}+(D_j^{-})_{+}} \tag{6-42}$$

$$\rho(v,D_j^{-})=\frac{(D_j^{-})_{-}}{(D_j^{+})_{-}+(D_j^{-})_{-}}+\frac{(D^{-})_{+}}{(D_j^{+})_{+}+(D_j^{-})_{+}} \tag{6-43}$$

式中　$\rho(v,D_j^{+})$——实际指标值与第 j 级最优解集的关联度；

$\rho(v,D_j^{-})$——实际指标值与第 j 级最劣解集的关联度。

(5) 确定二级指标实际值与各个等级的隶属度。

相对各个等级的隶属度实际指标值的计算为

$$k_j(U)=\frac{\rho(v,D_j^{+})}{\rho(v,D_j^{-})+\rho(v,D_j^{-})}=\frac{\rho(v,D_j^{+})}{2\rho(v,D_j^{+})-1} \tag{6-44}$$

令

$$K_{j_0}(U)=\max_{1\leqslant j\leqslant n}K_j(U)$$

根据最大隶属度原则，取 j_0 为各二级指标的评价结果。

(6) 多级可拓评级。

利用上述的指标模型以及算法模型，通过二级指标的具体值对一级指标进行等级评价，诊断结果等级为 $j_k(1\leqslant j_k\leqslant n)$。

诊断目标的评价结果等级 j_k 可用计算式表示为

$$j=\sum_{k=1}^{t} j_k \mu_k \tag{6-45}$$

式中 t——一级指标的个数；

μ_k——一级指标的权重。

由于 μ_k 是区间数，所以得到的 j_k 也为区间数，最后诊断对象的评价等级即介于区间数之间。

6.4.2.2 实例分析

本小节以电力通信骨干网为例验证本节算法的可行性。本小节将每个指标的诊断结果划分为 5 个等级，分别为优秀、良好、中等、合格、差。根据前文已构建的指标体系以及相关数据资料，得到通信网络各个指标的等级划分及范围见表 6-9。根据上述内容，利用软件仿真可得到各级指标的区间权重。根据式（6-31）～式（6-45）计算出一级指标的最大隶属度，从而得到各个一级指标的等级，见表 6-10。根据式（6-45）可计算出整体网络的评价结果等级为 [2.3638，2.834]。所以最终整体网络的等级介于良好与中等之间。

表 6-9　　各个指标的等级划分及范围

等级	实际值	优秀	良好	中等	合格	差
A_1	12	0～20	20～40	40～60	60～80	80～100
A_2	40	0～5	5～30	30～55	55～80	80～100
A_3	0.019	0～0.01	0.01～0.02	0.02～0.03	0.03～0.04	0.04～0.05
A_4	500	0～200	200～400	400～600	600～800	800～1000
A_5	17	0～10	10～20	20～30	30～40	40～50
A_6	0.003	0～0.001	0.001～0.002	0.002～0.003	0.003～0.004	0.004～0.005
A_7	1	0～5	5～30	30～55	55～80	80～100
B_1	2.68%	30%～50%	20%～30%	10%～20%	5%～10%	0～5%
B_2	22.45%	0～20%	20%～40%	40%～60%	60%～80%	80%～100%
B_3	22.85%	0～20%	20%～40%	40%～60%	60%～80%	80%～100%
B_4	14443.062	10000～20000	5000～10000	3000～5000	2000～3000	1000～2000
B_5	14149.961	10000～20000	5000～10000	3000～5000	2000～3000	1000～2000
C_1	5001	5000～10000	2000～5000	1000～2000	500～1000	0～500
C_2	5161	5000～10000	2000～5000	1000～2000	500～1000	0～500
C_3	3902.2	5000～10000	4000～5000	3000～4000	2000～3000	1000～2000
C_4	4709	5000～10000	4000～5000	3000～4000	2000～3000	1000～2000
C_5	83%	90%～100%	80%～90%	70%～80%	60%～70%	0～60%

表 6-10　　指标权重及评价结果

一级指标	权重	等级	最大隶属度	二级指标	区间权重
业务保障能力 A	[0.5427，0.5904]	$J=3$	1.4715	A_1	[0.1987，0.2268]
				A_2	[0.1073，0.1429]
				A_3	[0.0361，0.0436]
				A_4	[0.1374，0.1663]
				A_5	[0.0293，0.0323]
				A_6	[0.3581，0.3761]
				A_7	[0.0512，0.0618]
设备资产状态 B	[0.2096，0.2608]	$J=2$	1.7216	B_1	[0.0365，0.0375]
				B_2	[0.0849，0.1013]
				B_3	[0.0598，0.0725]
				B_4	[0.4038，0.4527]
				B_5	[0.3191，0.3605]
网络支撑能力 C	[0.1507，0.1804]	$J=3$	1.5082	C_1	[0.0339，0.0349]
				C_2	[0.0562，0.0801]
				C_3	[0.2328，0.2652]
				C_4	[0.1411，0.1700]
				C_5	[0.4474，0.4708]

对上述算例进行分析可以看出，基于多级可拓的可靠性诊断方法能很好地从整体角度对通信网发展水平进行综合诊断。除此之外，该方法还可以分别对通信网的业务保障能力、设备资产状态以及网络支撑能力进行诊断评价，从而为建设通信网提供数据论据和理论基础。从本小节算例分析可以看出该方法可以很好地对电力通信骨干网整体综合诊断并评级，对电力通信骨干网的评估和改进建设都有较大的意义。

基于多级可拓的诊断方法利用指标权重、实际指标集和每一等级最优（劣）解集的复合运算得出指标隶属度，根据最大隶属度原则做出分析结果。采用可拓评级确定待诊断目标物元模型，再通过隶属度分析实际值与各等级的关联度，确定诊断目标评级。

6.5　电力通信网诊断案例分析

本节所选取案例为 2020 年我国某两个城市的四条电力通信骨干网，主要数据来源为“十三五”期间建设情况及电力通信骨干网现状，其中城市一两条电力通信骨干网，城市二两条电力通信骨干网，由于运行水平指标记录不完整，因此选取发展水平、拓扑水平、业务水平三层指标对所选网络进行诊断分析。下面给出四个网络在 2020 年发展现状及“十三五”期间建设情况。

6.5.1 电力通信网诊断案例数据分析

6.5.1.1 光缆芯数及运行时间分布

2020 年两个城市的光缆芯数、运行时间、长度、条数、类型占比等数据见表 6－11 和表 6－12。

表 6－11　　2020 年城市一光缆芯数及长度

内容	芯数						运行时间				总计	
	芯数<24		24≤芯数<48		芯数≥48		≤8 年		>8 年			
	条数	长度/km	条数	长度/km	条数	长度/km	条数	长度/km	条数	长度/km	条数	长度/km
OPGW	74	2003.2	145	5034.36	6	341.23	152	4324.6	73	3054.21	225	7378.81
ADSS	89	2018	14	300.8	5	73.54	72	1724.2	36	668.18	108	2392.11
其他	0	0	0	0	0	0	0	0	0	0	0	0
总计	163	4021.2	159	5335.16	11	414.77	224	6048.8	109	3722.39	333	9771.21
占比	49.0%	41.2%	47.7%	54.6%	3.3%	4.2%	67.3%	61.9%	32.7%	38.1%	100%	100%

表 6－12　　2020 年城市二光缆芯数及长度

内容	芯数						运行时间				总计	
	芯数<24		24≤芯数<48		芯数≥48		≤8 年		>8 年			
	条数	长度/km	条数	长度/km	条数	长度/km	条数	长度/km	条数	长度/km	条数	长度/km
OPGW	44	1802.26	46	2935.08	0	0	50	2890.44	40	1846.91	90	4737.35
ADSS	111	3207.9	16	286.02	3	61.72	87	2430.32	43	1125.33	130	3555.65
其他	0	0	0	0	0	0	0	0	0	0	0	0
总计	155	5010.16	62	3221.1	3	61.72	137	5320.76	83	2972.24	220	8293.00
占比	70.4%	60.4%	28.2%	38.8%	1.4%	0.7%	62.3%	64.2%	37.7%	35.8%	100%	100%

由表 6－11 可知，城市一电力通信骨干网以 OPGW 型和 ADSS 型光缆为主体，条数占比分别为 67.6%和 32.4%，对应的光缆长度占比分别为 75.5%和 24.5%。在光缆芯数分布方面，芯数低于 48 的光缆是现今城市一电力通信骨干网的主要组成部分，分别占光缆总条数和总长度的 96.7%和 95.8%。按芯数分类，芯数低于 24 的光缆与芯数在 24 与 48 之间的光缆条数分别占 49.0%与 47.7%，如图 6－7 所示，对应的光缆长度分别占 41.2%与 54.6%。

在光缆运行时间分布上看，OPGW 型与 ADSS 型光缆运行年限在 8 年以上的条数分别占 32.4%和 33.3%，对应的长度分别为 41.4%和 27.9%。城市一光缆条数分布（按运行时间分类）如图 6－8 所示，运行年限在 8 年以上的光缆条数和长度分别是总数的 32.7%与 38.1%，城市一的光缆老化较为严重，OPGW 型和 ADSS 型光缆都需要进行重点改造。

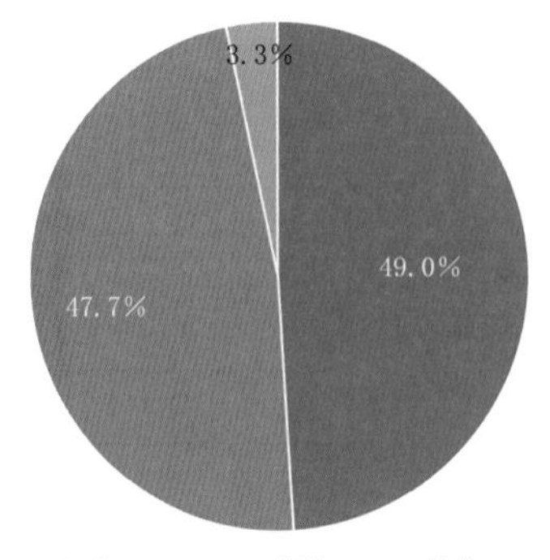

图 6-7 2020 年城市一光缆条数分布
（按芯数分类）

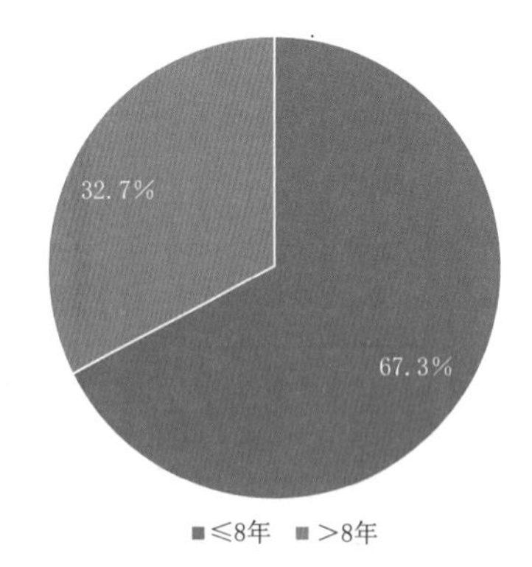

图 6-8 2020 年城市一光缆条数分布
（按运行时间分类）

由表 6-12 可知，城市二电力通信骨干网主要以 OPGW 型和 ADSS 型光缆为主体，在光缆芯数分布方面，芯数低于 48 的光缆是现今城市二电力通信骨干网的主要组成部分，占到了光缆总条数和总长度的 98.6%和 99.3%。按芯数分类，芯数低于 24 的光缆与芯数在 24 与 48 之间的光缆条数分别占 70.4%与 28.2%，如图 6-9 所示，对应的光缆长度占比分别为 60.4%与 38.8%。

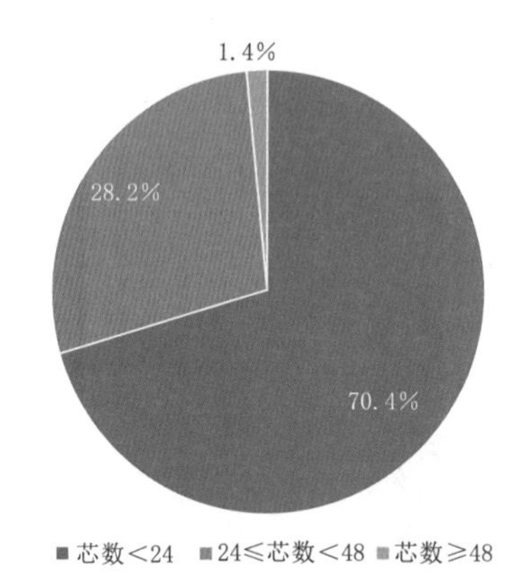

图 6-9 2020 年城市二光缆条数分布
（按芯数分类）

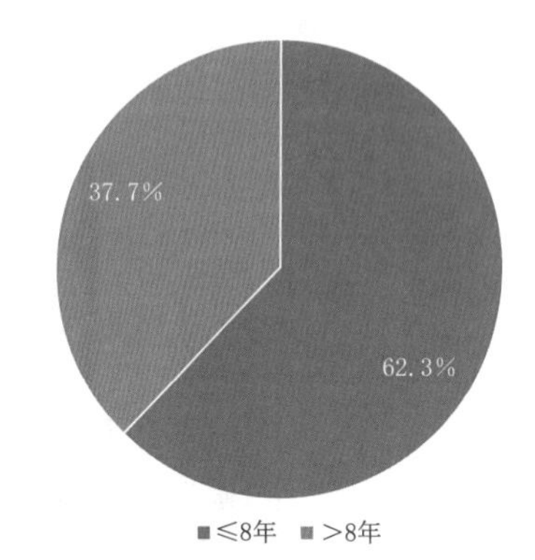

图 6-10 2020 年城市二光缆条数分布
（按运行时间分类）

在光缆运行时间分布上看，城市二光缆条数分布如图 6-10 所示，运行年限在 8 年以上的光缆条数和长度分别占总数的 37.7%与 35.8%。城市二的光缆老化较为严重，OPGW 型和 ADSS 型光缆均需要进行重点改造。

6.5.1.2 光缆新建情况

表 6-13 和表 6-14 分别给出了“十三五”期间四个电力通信骨干网的光缆新建情况。

表 6-13　“十三五”期间城市一光缆新建情况　单位：km

年份	2016	2017	2018	2019	2020
OPGW	494.49	495.44	900.74	467.40	6.46
ADSS	71.10	12.00	23.36	65.28	0
其他	0	0	0	0	0
合计	565.59	507.44	924.10	532.68	6.46

表 6-14　“十三五”期间城市二光缆新建情况　单位：km

年份	2016	2017	2018	2019	2020
OPGW	1285.45	95.76	159.87	54.95	415.00
ADSS	571.66	86.74	31.86	105.87	0
其他	0	0	0	0	0
合计	1857.11	182.50	191.73	160.82	415.00

图 6-11 给出了城市一“十三五”期间光缆新建情况，可以看出，该地区 OPGW 型光缆的新建速度维持在每年 467.40～900.74km，光缆长度年平均增长率为 9.4%，2018 年增长速度最快达到了 15.0%；ADSS 型光缆新建速度保持在 12.00～71.10km，新建光缆年平均增长率为 1.5%，可以看出，ADSS 型光缆建设速度较慢。总体上，“十三五”期间该地区光缆新建速度仍然较快。

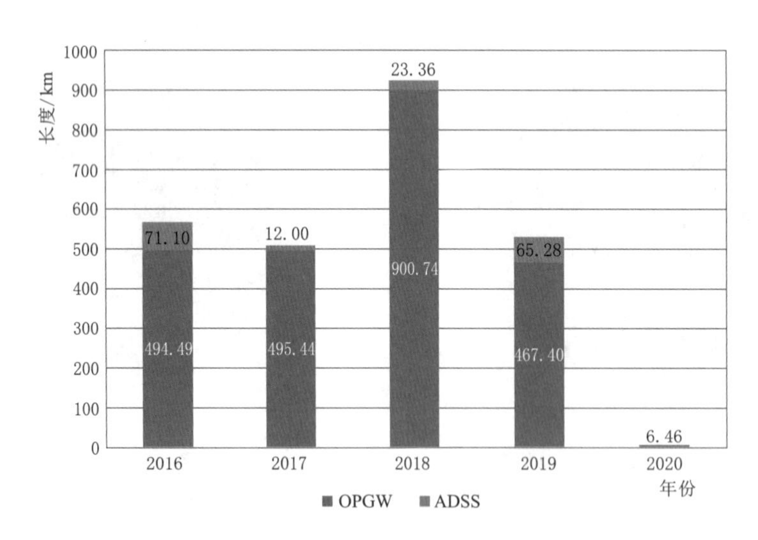

图 6-11　城市一“十三五”期间光缆新建情况

从图 6-12 可以看出城市二“十三五”期间光缆新建情况，该地区 OPGW 型光缆的新建速度维持在每年 54.95～1285.45km，光缆长度年平均增长率为 14.8%，2018 年增长速度最快达到了 47.1%。除了 2020 年未对 ADSS 型光缆进行建设外，ADSS 型光缆的新建速度维持在每年 31.86～571.66km，光缆长度年平均增长率为

5.6%，2016 年增长速度最快达到了 20.7%。总体上，“十三五”期间该地区光缆新建速度较快。

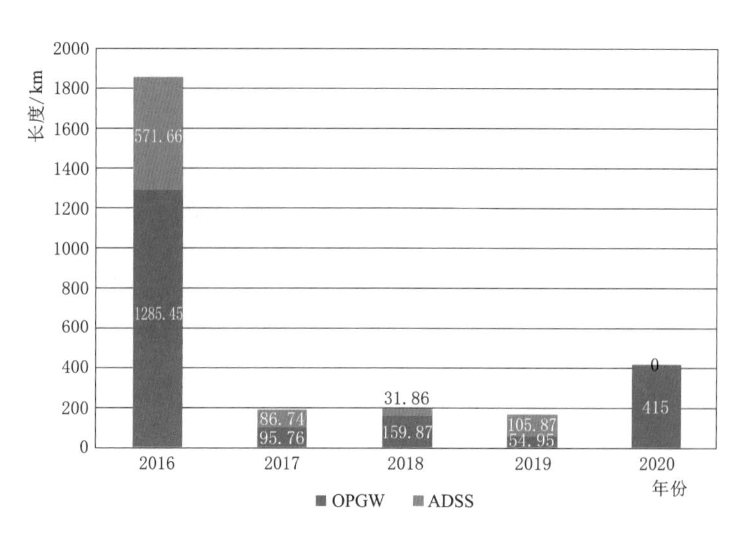

图 6-12 城市二“十三五”期间光缆新建情况

6.5.1.3 光传输设备现状

表 6-15 和表 6-16 分别给出了“十三五”期间城市一、城市二光传输设备容量及运行时间分布情况。

表 6-15 “十三五”期间城市一光传输设备容量及运行时间分布情况

项目	2016 年	2017 年	2018 年	2019 年	2020 年	>8 年	≤8 年
10G	20	25	40	49	81	5	76
2.5G	56	64	67	74	74	18	56
其他	144	150	161	173	179	46	133
总计	220	239	268	296	334	69	265

表 6-16 “十三五”期间城市二光传输设备容量及运行时间分布情况

项目	2016 年	2017 年	2018 年	2019 年	2020 年	>8 年	≤8 年
10G	1	8	23	42	43	0	43
2.5G	44	45	46	47	47	11	36
其他	172	176	178	179	179	29	150
总计	217	229	247	268	269	40	229

图 6-13 和图 6-14 给出了城市一光传输设备容量和光传输设备运行时间的分布情况。在设备容量方面，该地区主要对 10G 大容量设备进行了建设，也对 2.5G 容量以及其他容量设备进行了建设；传输设备运行时间在 8 年以内的占 79.34%，除了 10G 端口容量设备，其他容量设备老化率均较高。

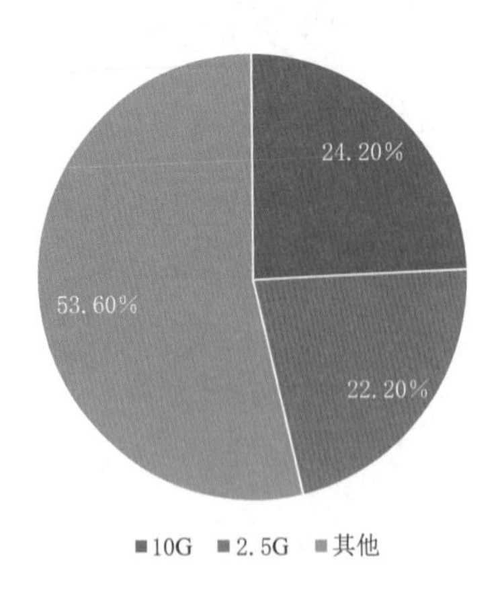

图 6-13 城市一光传输设备分布（按设备容量分类）

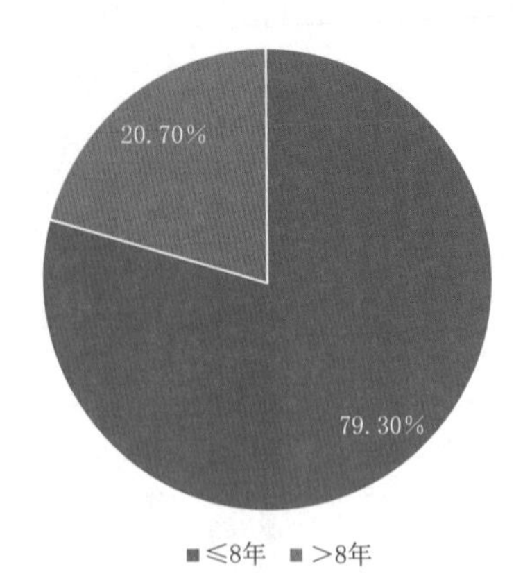

图 6-14 城市一光传输设备分布（按设备运行时间分类）

从图 6-15 分析得到，设备年平均增长率为 12.43%。10G 传输设备始终是城市一的主要建设目标。2016—2020 年 10G 设备新增总计 61 台，占新增总数的 47.66%，2.5G 容量设备新增 22 台，占新增总数的 17.19%，其他容量设备共增加 45 台，占新增总数的 35.15%。

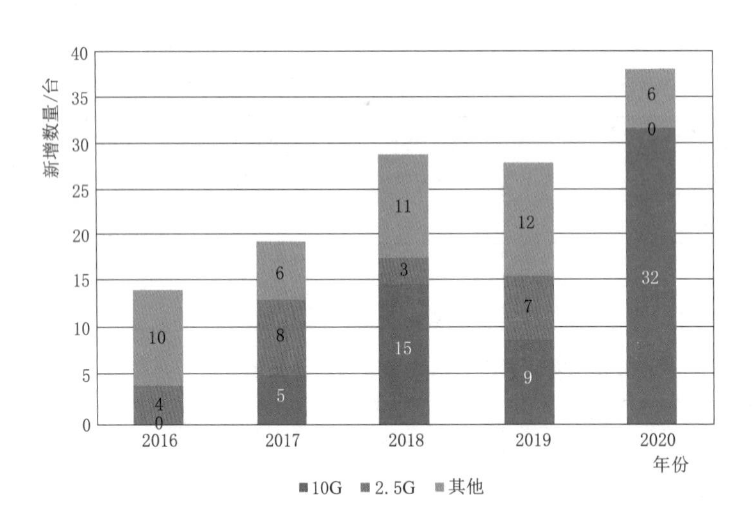

图 6-15 光传输设备新增数状况

图 6-16 和图 6-17 给出了城市二光传输设备容量和光传输运行时间的分布情况。在设备容量方面，该地区主要建设 10G 大容量设备，2016—2020 年，10G 容量设备从 1 台增加到 43 台，几乎是从无到有；传输设备运行时间在 8 年以内占比 85.10%，除了 10G 容量设备，其他容量设备老化率较高。

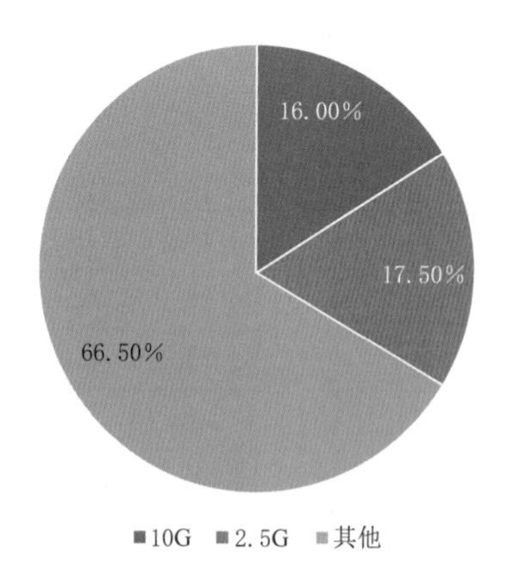

图 6-16 城市二光传输设备分布
(按设备容量分类)

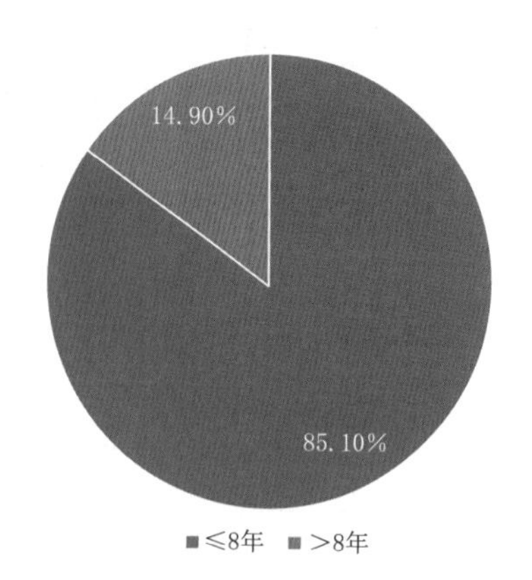

图 6-17 城市二光传输设备分布
(按设备运行时间分类)

从图 6-18 分析得知，该地区设备年平均增长率为 3.9%。10G 传输设备始终是该地区的主要建设目标，2016—2020 年 10G 设备新增总计 43 台，占新增总数的 41.7%。

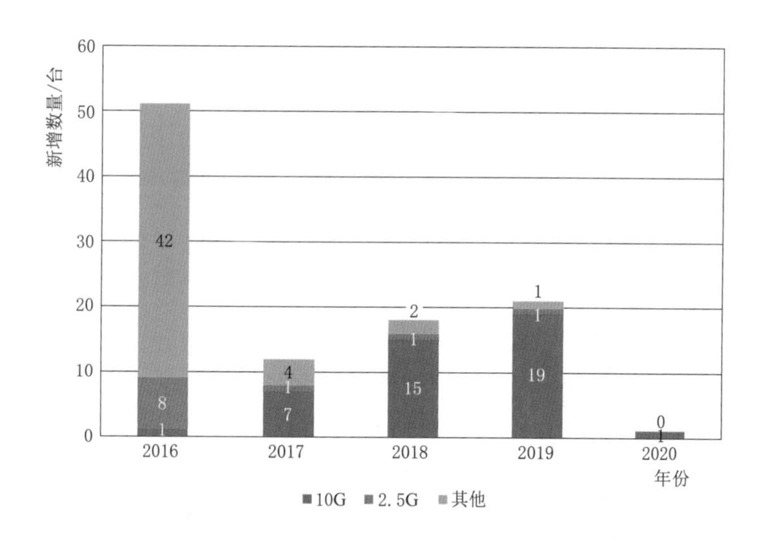

图 6-18 光传输设备新增数状况

6.5.1.4 光传输设备品牌分布情况

表 6-17 和表 6-18 给出了城市一、城市二光传输设备的生产厂家分布情况。

图 6-19 给出了城市一 2020 年光传输设备生产厂家分布情况，城市一现有光传输设备品牌已经达到 5 种，截至 2020 年，西门子占设备总数的 50.9%，是城市一设备的主要品牌之一。华为和中兴设备充分用于 500kV 变电站和 220kV 变电站光传输

表 6-17　城市一光传输设备生产厂家分布表

生产厂家	2016年		2017年		2018年		2019年		2020年	
	个数	比例	个数	比例	个数	比例	个数	比例	个数	比例
中兴	11	5%	20	8.4%	36	13.4%	52	17.6%	58	17.4%
西门子	142	64.5%	149	62.3%	160	59.7%	170	57.4%	170	50.9%
马可尼	25	11.4%	28	11.7%	30	11.2%	32	10.8%	32	9.6%
奥普泰	42	19.1%	42	17.6%	42	15.7%	42	14.2%	42	12.6%
华为	0	0	0	0	0	0	0	0	32	9.5%
合计	220	100%	239	100%	268	100%	296	100%	334	100%

表 6-18　城市二光传输设备生产厂家分布表

生产厂家	2016年		2017年		2018年		2019年		2020年	
	个数	比例	个数	比例	个数	比例	个数	比例	个数	比例
ECI	8	3.7%	8	3.5%	8	3.2%	8	3.0%	8	3.0%
UT	160	73.4%	164	71.0%	166	66.9%	167	62.3%	167	62.1%
格林威尔	1	0.5%	1	0.4%	1	0.4%	1	0.4%	1	0.4%
华为	1	0.5%	1	0.4%	1	0.4%	1	0.4%	1	0.4%
马可尼	13	6.0%	13	5.7%	13	5.2%	13	4.9%	13	4.8%
西门子	32	14.7%	33	14.3%	34	13.7%	34	12.7%	34	12.6%
震友	2	0.9%	2	0.9%	2	0.8%	2	0.7%	2	0.7%
中兴	1	0.5%	9	3.9%	23	9.3%	42	15.7%	43	16.0%
合计	218	100%	231	100%	248	100%	268	100%	269	100%

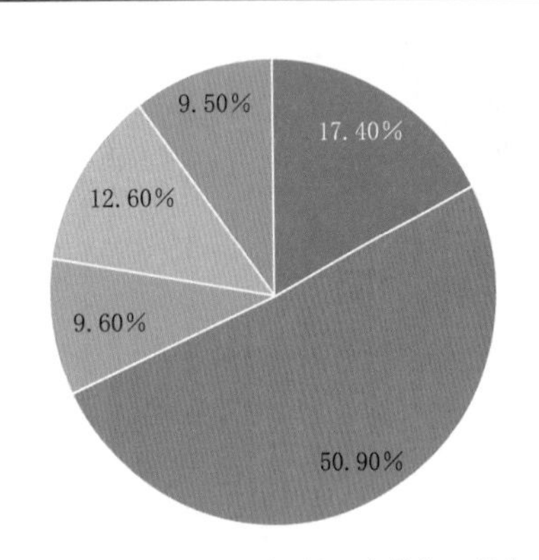

图 6-19　城市一 2020 年光传输设备生产厂家分布情况

系统的 10G 端口设备，并建成两条 10G 大容量电力通信骨干网。

该地区设备种类较多，2016—2020 年，国内品牌所占设备比例持续上升。该地区目前的设备国产化率为 39.5%，其中，运行年限在 8 年之内的国产设备占国产设备总数的 32.6%，从整体上可以看出，该地区传输设备国产化水平不高。

图 6-20 给出了城市二 2020 年光传输设备生产厂家分布情况，该地区现有光传输设备品牌较多，到 2020 年，主要品牌为 UT、中兴和西门子。中兴设备充分用于 500kV 变电站和 220kV 变电站光通信传输系统的 10G 端口设备，并建设成两条 10G 大容量电力通信骨干网。该地区设备种类繁多，是下一阶段重点改造方向。

自2016—2020年，格林威尔、华为以及震友等品牌设备比例基本保持稳定，分别维持在0.4%、0.4%以及0.7%，ECI、UT、马可尼和西门子等非国产品牌所占比例有所下降，中兴等国产品牌所占比例有所提高，可以看出，“十三五”期间该地区加大国产品牌建设力度，加速光传输设备国产化。该地区目前的设备国产化率为17.1%，其中，运行年限在8年之内的国产设备占国产设备总数的31.9%。

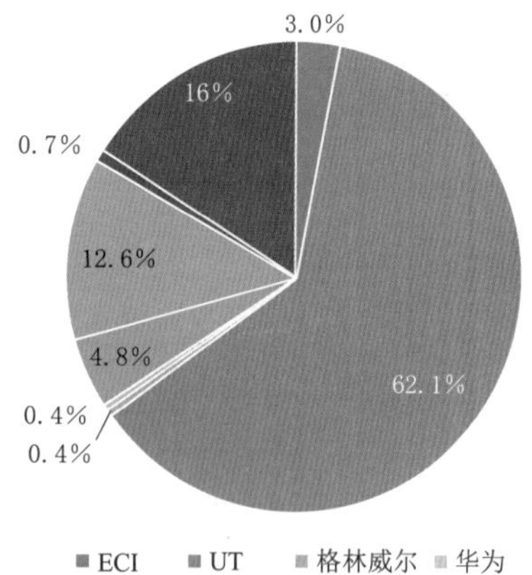

图6-20 城市二2020年光传输设备生产厂家分布

6.5.1.5 网络光传输设备和光纤链路数

城市一、城市二地区四个网络220kV及以上光传输设备数及光纤链路数见表6-19。

表6-19 四个网络220kV及以上光传输设备数及光纤链路数

网络	220kV及以上光传输设备数	220kV及以上光纤链路数
网络A	31	35
网络B	32	35
网络C	22	26
网络D	22	25

6.5.2 电力通信网发展水平诊断案例分析

发展水平反映物理存在特性，反映通信网体量、基础资源消耗度、基本特性、所处发展阶段等，本小节通过分析光缆、光传输设备情况，对城市一、城市二发展水平进行区域横向分析。由于网络A和网络B来源于城市一电力通信骨干网，网络C与网络D来源于城市二电力通信骨干网，同一个地市级骨干网络在光缆使用、光传输设备的使用上有较高的重合度，因此将城市一、城市二的通信网发展水平现状分别分析。本节选取四个电力通信网的部分发展水平指标进行分析，并给出电力通信网发展水平诊断评级结果，对四个网络分别进行诊断分析，最终得到诊断评级结果。

6.5.2.1 选取典型区域发展水平指标分析

对城市一、城市二发展水平进行分析，相应发展水平数据见表6-20和表6-21。

城市一和城市二光缆总长度相差不大，但城市一所覆盖地域较广，因此光缆总条数要多于城市二，且由于人口分布较为稠密，城市二人口密度较低，使得城市一光缆平均长度要低于城市二。近年来，城市二加快光缆的建设速度，新建光缆一般为24芯甚至48芯及以上光缆，因此城市二的光芯平均利用率低于城市一，同时，使城市

表6-20 城市一、城市二发展水平数据

一级指标	二级指标	城市一	城市二
光缆	光缆总长度/km	9771.21	8293.00
	光缆平均长度/km	29.3	37.7
	光缆条数	333	220
	平均光缆芯数	14.6	16.8
	光芯平均利用率/%	42.6	29.0
	平均运行年龄/年	7.5	7.3
	老化率/%	43.5	33.1
光传输设备	数量	334	269
	平均运行年龄/年	5.5	5.8
	老化率/%	60.2	25.7
	节点设备平均配置量	1.5	1.7

表6-21 城市一、城市二光缆发展水平数据

一级指标	二级指标	城市一	城市二
OPGW	平均运行年龄/年	7	7.4
	老化率/%	32.4	33.3
ADSS	平均运行年龄/年	6.4	7.2
	老化率/%	33.3	33.1

二光缆老化问题得到缓解，使光缆老化率远远低于城市一。

城市一的光传输设备数量也多于城市二，但城市二的光传输设备平均运行年龄要高于城市一，由于城市一光传输设备建设较早，使得设备老化严重，光传输设备老化率达到60.2%，远高于城市二光传输设备老化率的25.7%。考虑站点配置量，两地均存在冗余配置情况，由于现行政策不同类型站点光传输设备配置比要求不同，需对站点类型维度进行进一步指标追踪分析。

综合考虑两地区光缆和光传输设备现状，城市二的设备现状要优于城市一。

根据《国家电网公司生产技术改造原则》OPGW型光缆推荐运行年限为25年，ADSS型光缆推荐运行年限为15年，城市一OPGW型光缆平均运行年龄略优于城市二，且城市一OPGW型光缆老化率略低于城市二，因此，城市一的OPGW型光缆总体上略优于城市二。城市一的ADSS型光缆平均运行年数要高于城市二，并且两地区的ADSS型光缆老化率相当，城市二ADSS型光缆总体上略优于城市一。但考虑到OPGW型光缆在内某地区所占比例较高，因此城市一光缆整体上优于城市二。

6.5.2.2 电力通信网发展水平评级

对两地市电力通信网发展水平横向诊断分析，电力光传输网发展水平综合评级见表6-22。城市一发展水平评级结果表现为中等，城市二发展水平评级结果表现为良

好，城市二发展水平优于城市一发展水平。

表 6-22　　电力光传输网发展水平综合评级

一级指标	二级指标		二级指标实际值	
	指标名称	指标权重	城市一	城市二
电力光传输网阶段发展水平参数	光缆条数	0.0634	333	220
	光缆老化率	0.3478	43.5%	33.1%
	光传输设备数	0.0634	334	269
	光传输设备老化率	0.3478	60.2%	25.7%
	光传输设备国产占比	0.1776	39.5%	17.5%
综合评级结果	—	—	3	4

从光缆条数、光传输设备数可以看出，城市一电力通信网发展体量高于城市二，光传输设备国产品牌所占比例较高，说明城市一不仅体量大，国产化改造进程快，四个网络电力光传输网发展水平为中等，光缆老化率和光传输设备老化率较高，在后续的建设中应加强光缆和光传输设备的更新频率，提高电力光传输网的可靠性。城市二由于光缆和光传输设备更新频率较快，因此老化率低，但城市二电力通信网发展体量较小，光传输设备国产占比都低于城市一，在后续的电力光传输网建设中应加快光传输设备国产化进程，城市二电力通信网发展水平评级结果为良好。

6.5.3　电力通信网拓扑水平诊断案例分析

网络拓扑水平可以反映网络的连通特性，对电力通信网拓扑水平进行诊断具有重要意义。网络拓扑水平可客观地反映通信网性能、地市通信网拓扑构建的合理性及可靠性，本节以网络平均最短路径、网络效率、聚类系数、成环率、最大连通子图、收敛度、220kV 平均连接度这七个指标对某地区各地市抗毁水平进行横向对比分析。四个网络拓扑结构如图 6-21 所示。图中的节点代表各电力通信骨干网的光传输设备，

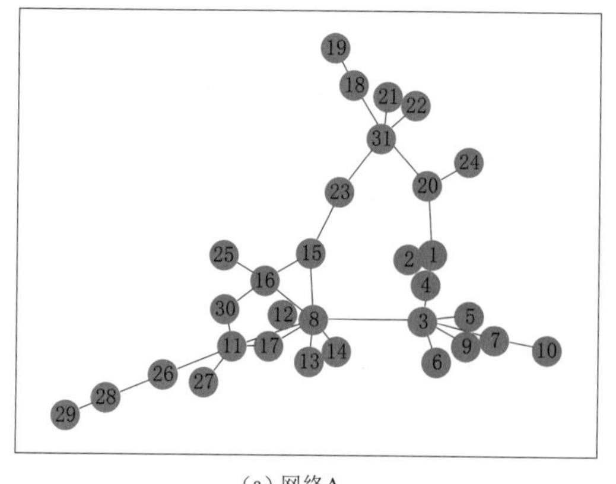

(a) 网络A

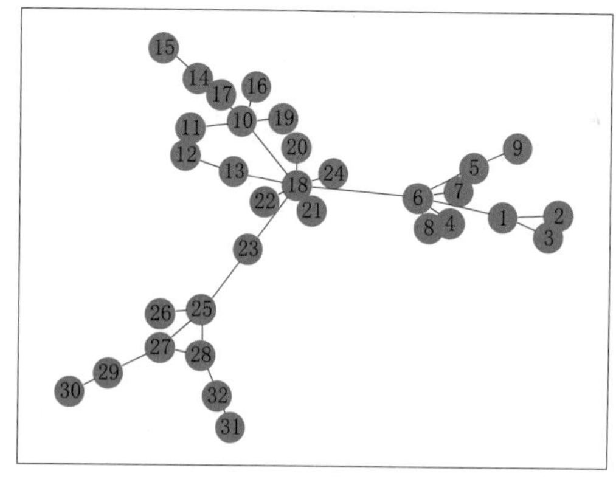

(b) 网络B

图 6-21（一）　四个网络拓扑结构图

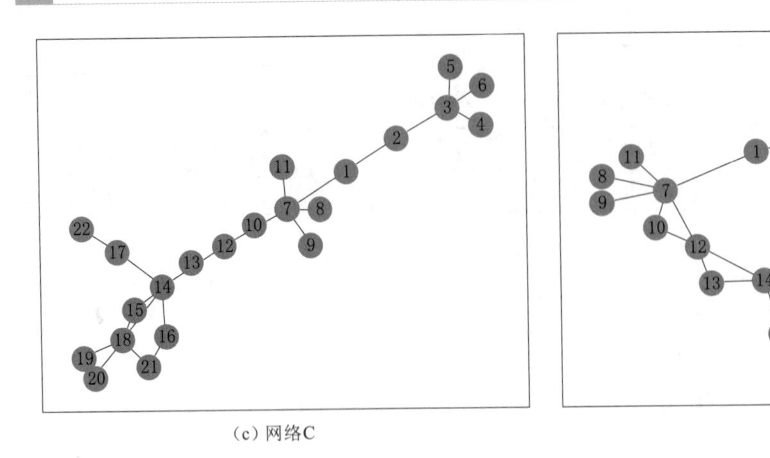

(c) 网络C　　　　(d) 网络D

图 6-21（二） 四个网络拓扑结构图

连线代表各电力通信骨干网的光纤链路，电力骨干通信网拓扑结构示意图可以直观地展示通信网各节点的连接状态。

图 6-22 为四个网络度分布示意图，其中横坐标 k 表示节点的度，纵坐标 $p(k)$ 表示节点的度分布情况，如网络 A 中 $p(3)=0.1$ 表示度为 3 的节点数量占总结点数量的 10%，度分布可以在某种程度上反映网络的拓扑结构水平，反映网络的连接水平，对于网络拓扑水平诊断具有重要意义。

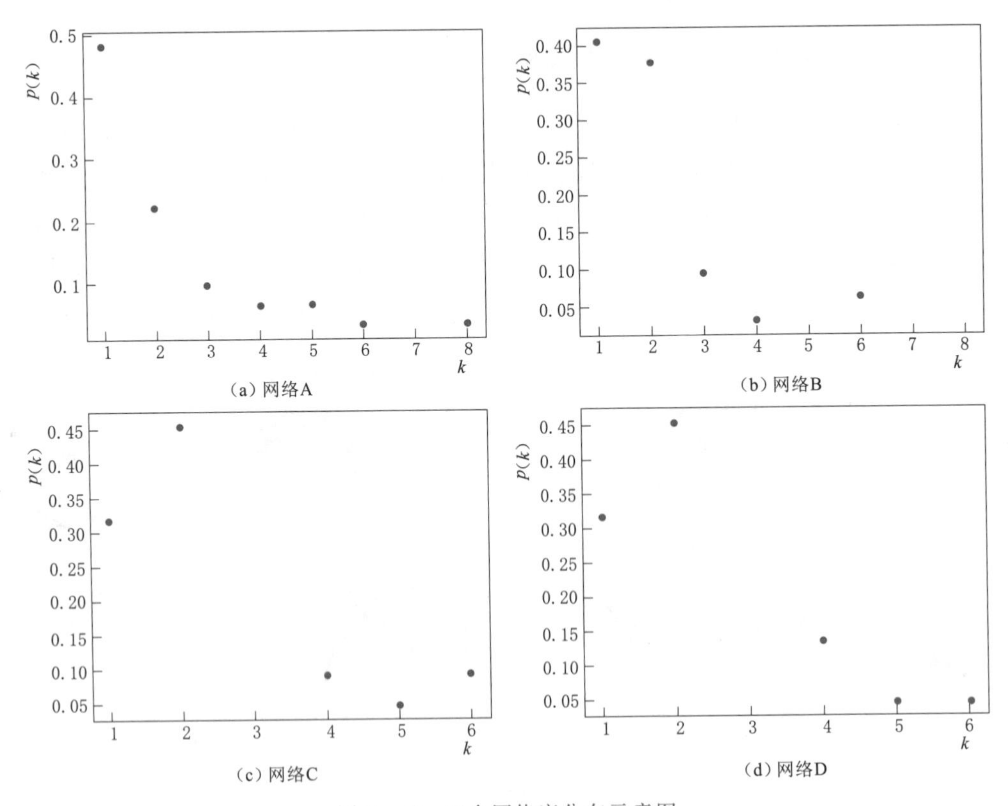

(a) 网络A　　　　(b) 网络B

(c) 网络C　　　　(d) 网络D

图 6-22 四个网络度分布示意图

1. 典型地区拓扑水平指标分析

四个网络拓扑水平数据见表 6-23，图 6-23 为表 6-23 的图形化表示。

表 6-23　　四个网络拓扑水平数据表

拓扑指标/地区	城市一		城市二	
	网络 A	网络 B	网络 C	网络 D
网络平均最短路径	3.6409	3.8065	3.7662	3.9740
网络效率	0.3505	0.3374	0.3742	0.3606
聚类系数	0.0991	0.1375	0.2606	0.2121
成环率	0.4194	0.4063	0.5000	0.5000
最大连通子图	0.5161	0.5000	0.5455	0.3636
收敛度	0.3048	0.2673	0.3635	0.3596
220kV 平均连接度	1.6154	1.5926	1.8333	1.8333

由表 6-23 和图 6-23 中的数据可以看出，城市一、城市二电力通信骨干网拓扑水平总体情况比较平稳，网络可靠性较高。

城市二网络平均最短路径大于城市一的网络平均最短路径，主要原因是城市二地广人稀，架设光缆条数要低于城市一，但单条光缆长度较大，四个网络平均最短路径整体相差不大，都集中在 3.6～4；四个网络的网络效率也都集中在 0.33～0.38，相差不大，主要原因是网络平均最短路径差距不明显；但对于网络的聚类系数、成环率、220kV 平均连接度三个拓扑指标，城市二要明显优于城市一，主要原因是城市一电力通信骨干网体量较大导致聚集程度下降。

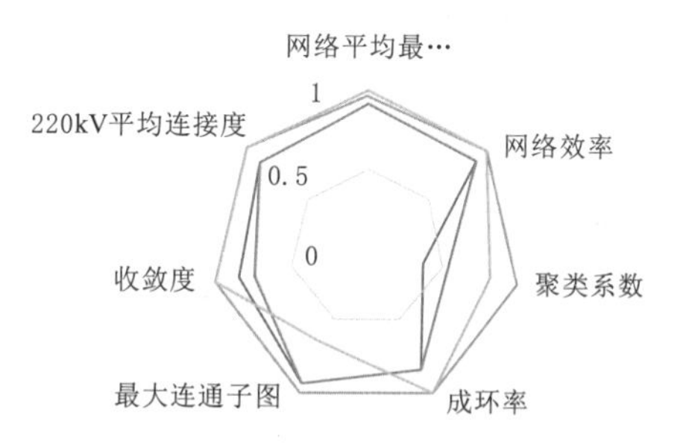

图 6-23　四个网络拓扑指标对比图

在破坏前 10%重要节点之后，可以看出，网络 D 的最大连通子图要明显低于其他三个网络，即网络 D 对于关键节点依赖性较强，当关键节点受到攻击时导致网络 D 瘫痪概率较大。同时可以看出，在破坏前 10%重要节点之后，网络 B 收敛度明显低于另外三个网络，说明在重要节点受到破坏之后各节点之间的连通程度降低，网络陷入瘫痪的概率较大。网络 C 拓扑抗毁性最好，网络 A 次之，网络 D 和网络 B 抗毁性较差。

综合考虑某地区两个典型地区电力通信骨干网络的拓扑水平以及抗毁性可以看出，城市二拓扑水平整体上优于城市一。

2. 综合发展评级

四个网络诊断结果见表6-24。

表6-24　　四个网络诊断结果

一级指标	二级指标		城市一		城市二	
	指标名称	指标权重	网络A	网络B	网络C	网络D
光缆网络水平	网络平均最短路径	0.0437	3.6409	3.8065	3.7662	3.9740
	网络效率	0.0437	0.3505	0.3374	0.3742	0.3606
	聚类系数	0.1243	0.0991	0.1375	0.2606	0.2121
	成环率	0.1243	0.4194	0.4063	0.5000	0.5000
	最大连通子图	0.2480	0.5161	0.5000	0.5455	0.3636
	收敛度	0.2699	0.3048	0.2673	0.3635	0.3596
	220kV平均连接度	0.1243	1.6154	1.5926	1.8333	1.8333
综合评级结果	—	—	3	1	5	4

城市一、城市二电力通信骨干网拓扑网络状态分别为中等、差、优秀、良好。网络A节点联系紧密程度最低，网络平均最短路径最短，节点间路径最短有利于提高网络效率，其他指标均为次优状态，最终诊断评价结果为中等；网络B网络效率、220kV平均连接度最低，说明网络节点较分散，节点之间连通性较低，并且该网络在受到攻击后网络收敛度最低，说明该网络抗毁性较低，在受到攻击后容易导致网络瘫痪，其他指标也均为较差状态，最终诊断结果为差；网络C的聚集程度、网络的成环率、节点间网络效率以及220kV平均连接度均为最优，并且网络的抗毁性最强，在攻击前10%重要节点之后，最大连通子图和收敛度为最优，最终诊断结果为优秀；网络D的网络成环率、220kV平均连接度为最优，网络效率、聚类系数等指标为次优，说明该网络聚集程度较低，但网络前10%重要节点被攻击之后，网络最大连通子图为最低，说明网络抗毁性较低，最终网络D诊断结果为良好。

6.5.4　电力通信网业务水平诊断案例分析

电力通信网的业务水平诊断结果可以反映该地区电力通信网业务承载能力。电力通信骨干网业务传输结构示意图如图6-24所示。

电力通信骨干网业务可以分为生产控制类业务和管理信息类业务，生产控制类业务中的调度继电保护、调度自动化、安稳系统等业务通过专线直接由10G传输网络A和10G传输网络B承载，部分调度电话业务直接由10G传输网络A承载，另一部分通过调度数据网承载；保护信息系统、自动化管理信息系统、电能计量业务由调度数据网承载，调度数据网通过10G传输网络A、10G传输网络B和OTN网共同承载。

四个网络承载业务及业务带宽情况见表6-25、表6-26。

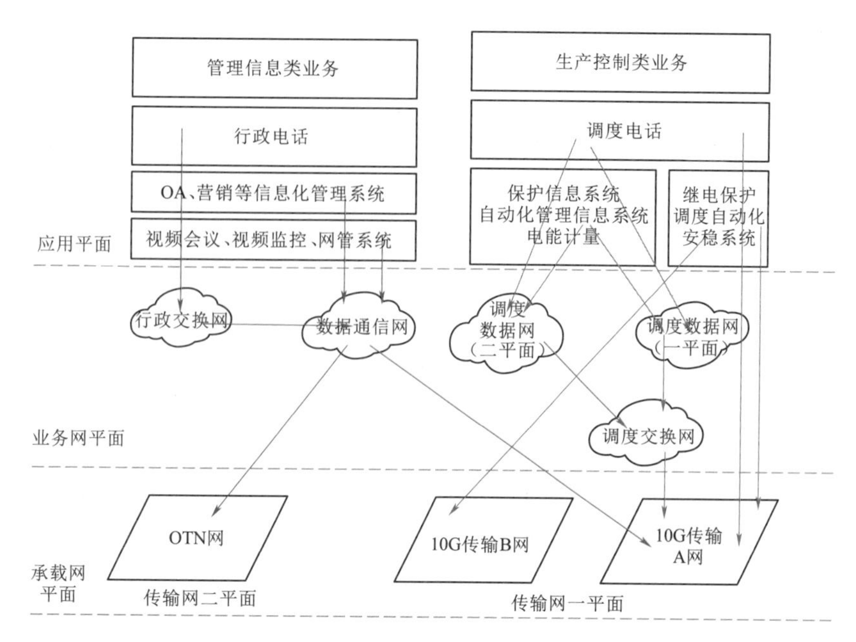

图 6-24　电力通信骨干网业务传输结构示意图

表 6-25　　网络 A、网络 C 承载业务及业务带宽情况

业务类型	单个业务带宽/(Mbit/s)	业务类型	单个业务带宽/(Mbit/s)
安稳系统	2	机器人巡检	25
营销采控专线	2	数据通信网	16.656
调度电话	2	配电网自动化	4
调度数据网	3.52	用电信息采集	4
变电站辅助监控系统及视频监控	50	继电保护	4
输电线路铁塔视频监控系统	16		

表 6-26　　网络 B、网络 D 承载业务及业务带宽情况

业务类型	单个业务带宽/(Mbit/s)	业务类型	单个业务带宽/(Mbit/s)
安稳系统	2	配电网自动化	4
营销采控专线	2	用电信息采集	4
调度电话	2	继电保护	4
调度数据网	3.52		

本小节选取两个城市的四个网络对其业务承载率进行分析，通过计算其承载率，用不同颜色标出线路承载情况，其中黄色代表承载率低于 20%，表示该线路业务承载率较低，还有较大带宽可用；蓝色代表承载率大于等于 20%低于 40%，表示该线路业务承载率较高，但仍在正常业务承载范围之内；红色代表承载率高于 40%，表示该线路承载率过高，可能会产生导致线路剩余带宽不足等问题。四个网络业务承载率分

布图分别如图 6-25～图 6-28 所示。

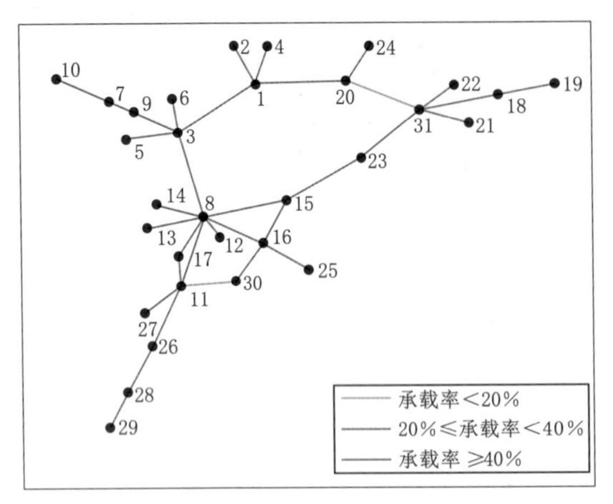

图 6-25　网络 A 业务承载率分布图

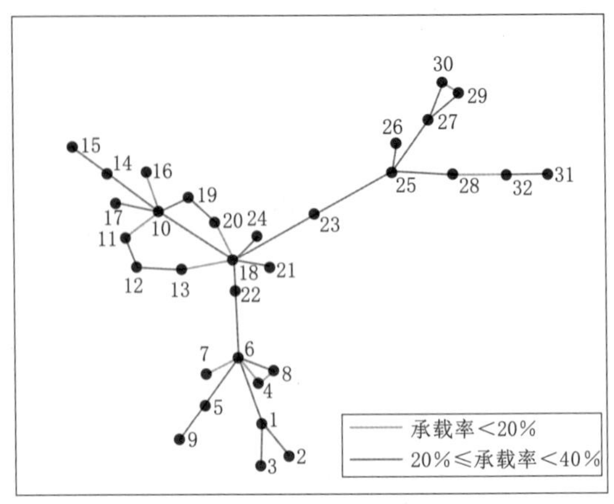

图 6-26　网络 B 业务承载率分布图

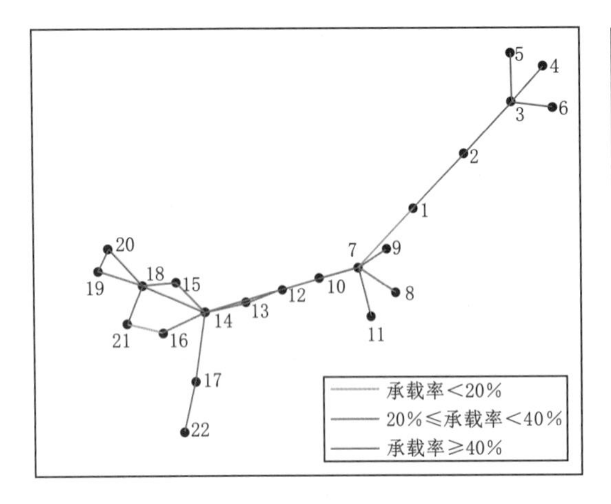

图 6-27　网络 C 业务承载率分布图

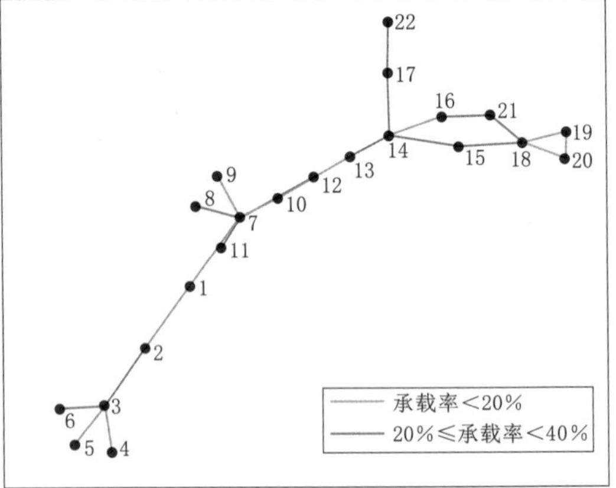

图 6-28　网络 D 业务承载率分布图

网络 A 业务平均承载率为 36.50%，平均承载率较高，且光纤链路平均带宽较高，为 3732.8Mbit/s，该通信网中承载率在 20%以上和 40%以上光链路条数分别为 35 条和 9 条，占比分别为 94.6%和 24.3%。

网络 B 业务平均承载率为 24.4%，且光链路平均带宽较低，为 2279.9Mbit/s。该通信网中承载率在 20%以上和 40%以上光链路条数分别为 26 条和 0 条，占比分别为 74.3%和 0。

网络 C 业务平均承载率为 35.70%，平均承载率较低，且光链路平均带宽较高，为 3657.7Mbit/s。该通信网中承载率在 20%以上和 40%以上光链路条数分别为 24 条和 8 条，占比分别为 92.3%和 30.8%。

网络 D 业务平均承载率为 20.2%，平均承载率较高，且光链路平均带宽较低，为 2069.3Mbit/s。该通信网中承载率在 20%以上和 40%以上光链路条数分别为 12 条和 0 条，占比分别为 46.0%和 0%。

四个网络的业务水平分析诊断结果见表 6-27，网络 A 业务水平诊断评级结果为差，网络 B 诊断评级结果为良好，网络 C 业务水平诊断评级结果为差，网络 D 诊断结果为中等，整体上网络 B 和网络 D 的评级结果好于网络 A 和网络 C，主要原因是网络 A 承载业务较多，网络 A 和网络 C 的平均承载率和平均带宽远远高于网络 B 和网络 D。从表 6-25 可以看出，网络 A 和网络 C 承载了调度电话、继电保护、调度自动化、安稳系统以及调度数据网和数据通信网上的业务，几乎覆盖了四个通信网络电力通信骨干网中所有业务种类。而网络 B 和网络 D 主要承载了调度电话、继电保护、调度自动化、安稳系统及部分调度数据网业务，从表 6-25 可以看出数据通信网中的变电站辅助监控系统及视频监控系统、输电线路铁塔视频监控系统、机器人巡检等业务所占带宽较大，直接提高了网络 A 和网络 C 中业务平均承载率和平均带宽等指标。

表 6-27　　四个网络业务水平分析诊断结果

一级指标	二级指标		网络 A	网络 B	网络 C	网络 D
	指标名称	指标权重				
网络业务水平	平均承载率	0.3788	36.5%	24.4%	35.7%	20.2%
	平均带宽/(Mbit/s)	0.3788	3732.8	2279.9	3657.7	2069.3
	承载率≥20%占比	0.0657	94.6%	74.3%	92.3%	46.0%
	承载率≥40%占比	0.1767	24.3%	0	30.8%	0
评级结果	—		1	4	1	3

网络 A 与网络 C 的评价等级均为很差，网络 B 评价等级为良好，网络 D 的评价等级为中等。但同等级不同网络也略有偏差。网络 A 与网络 C 相比，网络 A 的平均承载率与平均带宽以及承载率不小于 20%占比率略大于网络 C，地区二承载率不小于 40%占比率略大于网络 A，说明在整体上网络 C 业务水平略优于网络 A 业务水平。网络 B 业务水平诊断结果与网络 D 业务水平诊断结果均为好，但通过表 6-27 可以看出网络 D 的平均承载率、平均带宽以及承载率不小于 20%占比率均低于网络 B。

6.5.5 电力通信网诊断案例

综合考虑电力通信网发展水平、拓扑水平、业务水平，本小节给出城市一、城市二电力通信网最终诊断评级结果，并对诊断结果进行分析。

6.5.5.1 城市一诊断结果分析

城市一中的网络 A、网络 B 最终诊断结果为中等，城市一电力通信骨干网建设已经取得显著成效，但仍有许多需改进之处。从电网发展水平出发，城市一变电站整体上增长较为缓慢，“十三五”期间平均年增长率仅为 2.7%，平均每年新建数目保持在

10座之内，但城市一变电站基数较大，变电站总数在2020年已经达到238座，使得网络可以承载较大的负荷。输电线路随着变电站增长而增长，因此增长的幅度也较为可观。由于变电站和输电线路的影响，通电负荷处于稳步增长阶段，电网最大负荷基本可以满足全社会用电量。

从电力通信网发展水平诊断结果出发，在光缆类型方面，城市一OPGW型光缆所占比例较高，条数和长度占比分别为67.6%和75.5%，应继续提高OPGW型光缆占比。在光缆芯数方面，芯数低于48芯光缆是现今城市一电力通信骨干网的主要组成部分，低于24芯的光缆条数和长度占比分别为49.0%和41.2%，低芯数光缆已经难以满足电力通信网的通信需求，应不断将较低芯数光缆改造成为高芯数光缆。从光缆运行年份来看，光缆运行时间在8年以上的条数和长度占比分别为32.7%和38.1%，可以看出光缆老化率较高，应及时对老化光缆进行改造，防止因光缆老化问题而导致电力通信网受到破坏，影响正常通信。在光传输设备数量和容量方面，大容量光传输设备是城市一主要建设方向，“十三五”期间光传输设备数量年平均增长率为12.43%，而新增设备中10G设备占新增总数的47.66%，城市一应继续对高容量的光传输设备进行建设。在装备品牌方面，城市一目前的设备国产化率为39.5%，处于较低水平，应加速电力通信网光传输设备国产化。

从电力通信网拓扑水平诊断结果出发，网络A的聚集程度较低，主要因为电力通信网发展体量较大，网络节点较为分散，主要解决方法是进行新的光纤建设，以改善网络拓扑结构，如可进行节点10与节点19、节点19与节点29光纤链路建设，以提高网络的聚集程度、网络成环率以及网络的抗毁水平，对网络A结构进行优化。网络B在前10%节点受到攻击之后，网络的聚集能力较差，网络抗毁性较低，并且220kV以上节点平均度较低，需要对网络的重要节点进行保护以及分散重要节点的压力。例如节点6、节点10、节点18、节点25这四个节点在网络结构中过于重要，如果这几个节点受到攻击必然会导致网络瘫痪，因此需要减小这几个重要节点的不可替代性，可将节点1与节点15、节点24与节点27、节点21与节点28之间进行光纤建设。

综上所述，城市一电力通信网方面应该对低芯数光缆和老化设备进行新一轮的替换，加速光传输设备国产化进程，增加大容量光传输设备建设力度，以满足高容量的业务需求，光缆建设主要放在优化网络拓扑结构方面，同时加大对于重要节点的替换节点的建设力度，提高网络的抗毁能力。

6.5.5.2 城市二诊断结果分析

城市二中网络C、网络D的最终诊断评级结果为良好，电力通信骨干网整体上处于较优水平，但也存在一些问题。从电网发展阶段水平出发，变电站数逐年增加，“十三五”期间变电站年平均增长率较低，仅为1.9%，其中以110kV、35kV变电站增加得最多，分别增加了8座和9座，而220kV以上变电站数目基本保持平稳，说明220kV及以上电力通信骨干网变电站规模已经基本满足要求。

从电力通信网发展水平诊断结果出发，在光缆类型方面，城市二光缆主要以OPGW型和ADSS型光缆为主，其中ADSS型光缆在条数上所占比例较大，应该根据实际情况调整不同类型光缆比例。在光缆芯数方面，低于24芯光缆的条数和长度占比分别为70.4%和60.4%，低芯数光缆占比过高，应该对低芯数光缆进行整改和优化以应对越来越大的通信需求。在光缆运行时间方面，运行年限在8年以上的光缆条数和长度分别是总数的37.7%与35.8%，光缆老化较为严重，应该对老化光缆进行及时更新。在光传输设备建设方面，“十三五”期间，城市二进行了10G等大容量光传输设备的更新与升级，已经取得显著成果，10G光传输设备新增数量占总新增数的39.6%。在光传输设备品牌方面，城市二光传输设备国产化率为17.1%，处于较低水平，应加速电力通信网光传输设备的国产化进程。

从通信网拓扑水平诊断结果出发，网络C、网络D拓扑结构处于优秀水平，尤其是网络的抗毁水平，在前10%重要节点受到攻击之后，网络的最大连通子图和网络节点的汇聚能力都处于最优水平，但通过网络C、网络D拓扑结构图可以看出，最重要节点被攻击之后会导致网络内部通信受到影响，可在节点3与节点12、节点1与节点15等节点之间进行光链路建设，以优化网络的拓扑结构、提高网络的抗毁水平。网络D的节点间平均最短路径较高，说明网络节点之间通信效率较低，应该增加某些光传输设备间的光纤直连，以提高网络效率、降低节点间的最短路径。同时该网络在前10%重要节点受到攻击之后，网络的最大连通子图较低，网络的拓扑水平较低，在重要节点受到攻击之后网络陷入瘫痪的概率较大，需要改善网络的拓扑结构以提高网络节点间的效率和网络抗毁水平。

综上所述，网络C、网络D通信网在规划期间已对光缆和设备进行新一轮的替换，取得了一些成果。此外，城市二人口稀少，电力通信骨干网发展体量较小，但光缆平均长度较大，光传输设备平均距离较远，应加大光缆维护及检修的投资力度，以保证光传输通信网安全稳定运行。

参 考 文 献

[1] 何林芳．基于层次分析法的多属性群决策的悖论研究［D］．北京：华北电力大学，2016.

[2] 王平．电力通信网可靠性评估分析及软件实现［D］．昆明：云南大学，2012.

[3] 冉静学．基于模糊综合评价的电力通信网安全风险评估方法的研究［D］．保定：华北电力大学，2008.

[4] 向思阳，蔡泽祥，刘平，等．基于AHP-反熵权法的配电网低碳运行模糊综合评价［J］．电力科

学与技术学报，2019，34（4）：69-76.
[5] 张惠诗，赵晨. 数据包络分析法在电力项目中应用研究［J］. 电力与能源，2018，39（6）：853-855.
[6] 顾竞豪，王晓丹. 基于主成分分析法的代价敏感极限学习机［J］. 火力与指挥控制，2020，45（1）：139-143.
[7] 万文轩，徐文渊，裴剑，等. 应用D-S证据理论评估增量配电项目投资风险的方法［J］. 微型电脑应用，2021，37（9）：185-188，196.
[8] 王超峰，王德龙. 基于TOPSIS模型的机场网络节点重要度评估［J］. 数学的实践与认识，2021，51（1）：79-87.
[9] 杨春燕，蔡文. 可拓学［M］. 北京：科学出版社，2014.
[10] 薛中营. 可拓学：一门本土原创学科的创建与兴起［J］. 广西民族大学学报（自然科学版），2016，22（3）：38-41.
[11] 何建敏，于跃海. 基于粗集理论的医学诊断规则提取方法［J］. 系统工程学报，2002，17（6）：519-525.
[12] 蔡文，杨春燕. 可拓学的基础理论与方法体系［J］. 科学通报，2013，58（13）：1190-1199.
[13] 王涛云，马宏忠，崔杨柳，等. 基于可拓分析和熵值法的GIS状态评估［J］. 电力系统保护与控制，2016，44（8）：115-120.
[14] 罗田田. 基于可拓学的电力通信网发展水平诊断研究［D］. 北京：华北电力大学，2017.
[15] 李滨，王亚龙. 基于多级可拓评价法的变电站建设项目功能效果后评价［J］. 电网技术，2015，39（4）：7.

附录

主 要 缩 略 词

缩写名词	英语全称	中文
ADM	Add/Drop Multiplexer	分插复用器
ADO	Advanced Distribution Operation	高级配电运行
ADSL	Asymmetric Digital Subscriber Line	非对称数字用户线路
ADSS	All Dielectric Self Supporting	全介质自承式光缆
AGC	Automatic Generation Control	自动发电控制
AMI	Advanced Metering Infrastructure	高级计量体系
AMR	Automatic Meter Reading	自动智能抄表
APS	Automatic Protection Switching	自动保护倒换
ASR	Automatic Speech Recognition	语音识别
ATM	Asynchronous Transfer Mode	异步传输模式
Attention Bi - LSTM	Attention Bidirection Long Short - Term Memory	基于注意力机制的双向长短时记忆神经网络联合条件随机场模型
Attention CNNs	Attention Convolutional Neural Networks	基于注意力机制的卷积神经网络
AU	Administrative Unit	管理单元
AVC	Automatic Voltage Control	自动电压控制
BERT	Bidirectional Encoder Representation from Transformers	预训练的语言表征模型

Bi-LSTM	Bidirection LSTM	双向长短时记忆神经网络
BiLSTM-CRF	Bidirection Long Short-Term Memory Conditional Random Field	双向长短时记忆神经网络联合条件随机场模型
BoD	Bandwidth on Demand	按需分配带宽
BP	Backpropagation algorithm	反向传播算法
CART	Classification And Regression Tree	分类与回归树算法
CBOW	The Continuous Bag-of-Words	连续词袋模型
CDMA	Code Division Multiple Access	码分多址
CESoPSN	Circuit Emulation Service over Packet Switched Network	基于分组交换网络的电路仿真技术
CNN	Convolutional Neural Network	卷积神经网络
CR-CNN	Classifying Relations by Ranking with Convolutional Neural Networks	基于卷积神经网络排序的关系分类模型
CWDW	Coarse Wavelength Division Multiplexing	粗波分复用
DBA	Dynamically Bandwidth Assignment	动态和静态带宽分配技术
DER	Distributed Energy Resources	储能系统等分布式能源
DG	Distributed Generation	分布式发电装置
DKG	Domain-specific Knowledge Graph	领域知识图谱
DWDM	Dense Wavelength Division Multiplexing	密集波分复用
DXC	Digital Cross Connect	数字交叉连接设备
EDFA	Erbium Doped Fiber Application Amplifier	掺铒光纤放大器
EV	Electric Vehicle	电动汽车
FEC	Forward Error Correction	前向纠错
FSK	Frequency Shift Keying	频移键控

GFP	Generic Framing Procedure	通用成帧规程
GPRS	General Packet Radio Service	通用无线分组业务
GRU	Gated Recurrent Unit	门控循环单元
HDLC	High - Level Data Link Control	数据链路控制
HTML	Hyper Text Markup Language	超文本标记语言
ICI	Inter - Carrier Interference	载波间干扰
ICT	Information and Communication Technology	信息通信
ID	Identity Document	身份标识号
IEM	Intervalnumber Eigenvalue Method	区间数特征根法
IP	Internet Protocol	网际互联协议
IPTV	Internet Protocol Television	交互式网络电视
ISI	Inter Symbol Interference	符号间干扰
LAPS	Link Access Procedure & SDH	链路接入规程
LCAS	Link Capacity Adjustment Scheme	链路容量调整机制
LSTM	Long Short - Term Memory	长短期记忆网络
LSTM - CRF	Long Short - Term Memory Conditional Random Field	长短期记忆网络条件随机场模型
MIMO	Multiple - In Multiple - Out	多入多出
ML - PPP	Multi - link Point to Point Protocol	多链路点对点协议
MSP	Multiplex Section Protection	复用段保护
MSTP	Multi - Service Transport Platform	多业务传送平台
NB	Naive Bayes	朴素贝叶斯
NE	Network Element	网元
NER	Named Entity Recognition	命名实体识别
NFV	Network Functions Virtualization	网络功能虚拟化
NLP	Natural Language Processing	自然语言处理
NMGs	Networked Microgrids	互联微电网

NNI	Network to Network Interface	网络节点接口
NoDKG	Not only Domain - specific Knowledge Graph	扩展领域知识图谱
OA	Office Automation	办公自动化
OADM	Optical Add - Drop Multiplexer	光分插复用器
OCH	Optical Channel layer	光通道层
ODN	Optical Distribution Network	光分配网络
ODU	Optical Channel Data Unit	光通道数据单元
O/E/O	Optical/Electrical/Optical	光电光转换
OFDM	Orthogonal Frequency Division Multiplexing	正交多载波调制
OLT	Optical Line Terminal	光线路终端
OMS	Optical Multiplexer Section layer	光复用段层
ONU	Optical Network Unit	光网络单元
OPGW	Optical Fiber Composite Overhead Ground Wire	光纤复合架空地线
OPU	Optical Channel Payload Unit	光通道净荷单元层
OSI	Open System Interconnection Reference Model	开放式系统互联通信参考模型
OTH	Optical Transmission Hierarchy	光传送体系
OTN	Optical Transport Network	光传送网
OTS	Optical Transmission Section	光传输段层
OTU	Optical Channel Transport Unit	光通道传送单元
OWL	Web Ontology Language	网络本体语言
OXC	Optical Cross - Connect	光交叉连接设备
PCNN	Piecewise Convolutional Neural Network	分段卷积神经网络
PDH	Plesiochronous Digital Hierarchy	准同步数字系列
PDU	Protocol Data Unit	协议数据单元
PLC	Power Line Carrier	电力线载波技术
PLC	Programmable Logic Controller	可编程逻辑控制器

PMS	Production Management System	生产管理系统
POH	Path Over Head	通道开销
PPP	Point to Point Protocol	点到点协议
PSK	Phase Shift Keying	相移键控
PSN	Packet Switched Network	分组交换网
PTW	Paging Time Window	寻呼时间窗口
QoS	Quality of Service	服务质量
RDF	Resource Description Framework	资源描述框架
RE	Relationship Extraction	关系抽取
REG	Regenerative Repeater	再生中继器
RNN	Recursive Neural Network	递归神经网络
ROADM	Reconfigurable Optical Add - Drop Multiplexer	可重构光分插复用器
RPR	Resilient Packet Ring	弹性分组环
SCADA	Supervisory Control and Data Acquisition	数据采集与监视控制
SDH	Synchronous Digital Hierarchy	同步数字体系
SDN	Software Defined Network	软件定义网络
SFC	Service Function Chain	服务功能链
STP	Spanning Tree Protocol	生成树协议
SVM	Support Vector Machine	支持向量机
TCM	Terminal Compliance Management	终端行为管理系统
TDM	Time Division Multiplexing	时分复用
TF - IDF	Term Frequency - Inverse Document Frequency	词频—逆向文件频率
TM	Termination Multiplexer	终端复用器
TU	Tributary Unit	支路单元
URI	Uniform Resource Identifies	统一资源标识
VC	Virtual Container	虚拟容器
VCAT	Virtual Concatenation	虚级联

VLAN	Virtual Local Area Network	虚拟局域网
VM	Virtual Machine	虚拟机
VoIP	Voice over Internet Protocol	语音传输
WDM	Wavelength Division Multiplexing	波分复用
WiMAX	Worldwide Interoperability for Microwave Access	全球微波互联接入
WWDM	Wide Wavelength Division Multiplexer	宽波分复用
XML	eXtensible Markup Language	可扩展标记语言

《大规模清洁能源高效消纳关键技术丛书》
编辑出版人员名单

总 责 任 编 辑　王春学

副总责任编辑　殷海军　李　莉

项 目 负 责 人　王　梅

项 目 组 成 员　丁　琪　邹　昱　高丽霄　汤何美子　王　惠

《面向能源互联网的电力通信网诊断技术与应用》

责任编辑　王　梅

封面设计　李　菲

责任校对　梁晓静　王凡娥

责任印制　冯　强